AF464968

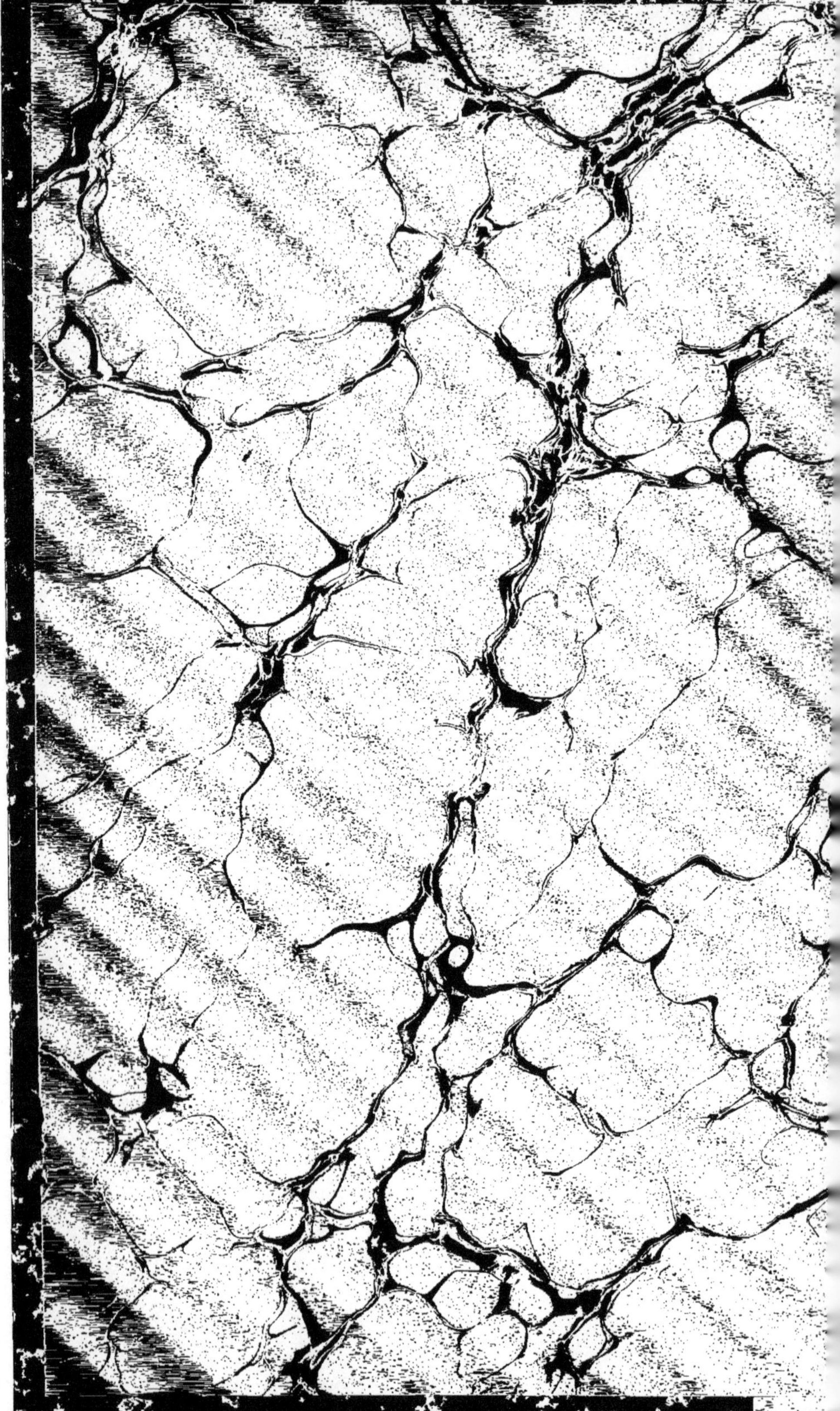

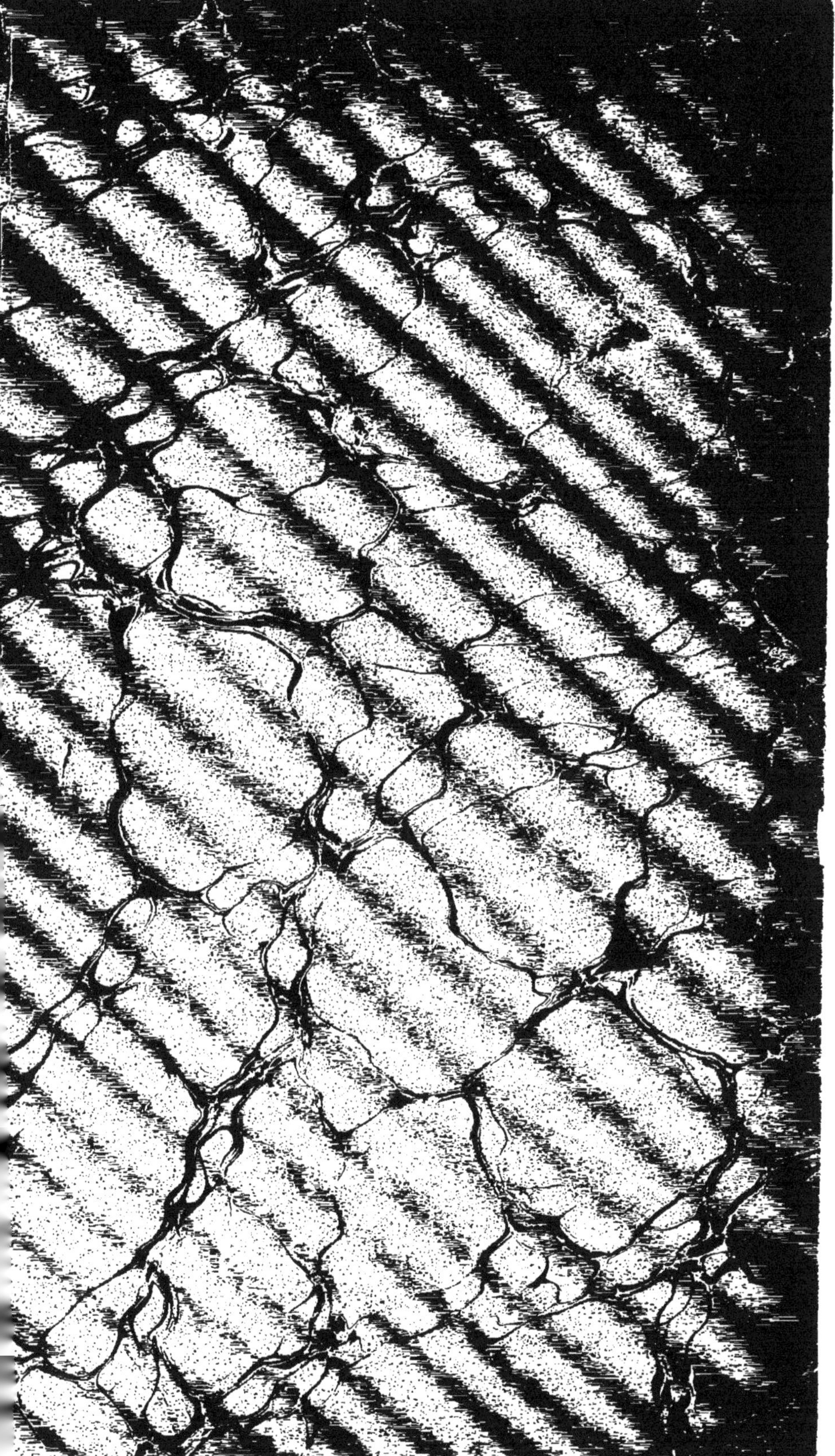

DE

L'AGRICULTURE

ET DE

L'ÉCONOMIE RURALE

EN FRANCE, EN BELGIQUE, EN HOLLANDE ET EN SUISSE,

Par Henri Colman,

Membre honoraire de la Société royale d'Agriculture d'Angleterre et des Sociétés Nationales d'Agriculture de France et des États-Unis;

Traduit de l'anglais,

PAR

le baron Hector Le Bailly de Tilleghem Mortier,

MEMBRE DU CORPS DIPLOMATIQUE BELGE;

Orné de plusieurs gravures sur bois et augmenté d'un très-grand nombre de notes.

Bruxelles,
IMPRIMERIE DE JANSSENS-DEFFOSSÉ, ÉDITEUR.
Rue de Ruysbroeck, 28.

1850.

DE

L'AGRICULTURE ET DE L'ÉCONOMIE RURALE

EN FRANCE, EN BELGIQUE, EN HOLLANDE ET EN SUISSE.

DE

L'AGRICULTURE

ET DE

L'ÉCONOMIE RURALE

EN FRANCE, EN BELGIQUE, EN HOLLANDE ET EN SUISSE,

Par Henri Colman,

Membre honoraire de la Société royale d'Agriculture d'Angleterre et des Sociétés Nationales d'Agriculture de France et des États-Unis ;

Traduit de l'anglais,

PAR

le baron Hector Le Bailly de Tilleghem Mortier,

MEMBRE DU CORPS DIPLOMATIQUE BELGE;

Orné de plusieurs gravures sur bois et augmenté d'un très-grand nombre de notes.

Bruxelles,
IMPRIMERIE DE JANSSENS-DEFFOSSÉ, ÉDITEUR,
Rue de Ruysbroeck, 28.
1850.

PRÉFACE.

En publiant ce travail, il ne nous suffit pas de dire que nous avons cherché, autant qu'il était en notre pouvoir, à le rendre digne d'être mis en lumière dans un temps et dans un pays où l'Agriculture doit, par la seule force des choses, tenir le premier rang dans les préoccupations des hommes sérieux; nous croyons devoir, en outre, exposer les motifs qui nous ont fait accorder la préférence au livre de M. Colman sur tant d'autres ouvrages d'Agriculture écrits en langues étrangères, méritant tous, à divers titres, les honneurs de la traduction.

L'art agricole belge a tenu longtemps le premier rang en Europe; c'est-à-dire que, pendant des siècles, il fallait venir en Belgique pour apprendre ce que peut rendre de produits divers une surface donnée de terrain, par un travail intelligent. Cette supériorité de notre Agriculture remonte aux temps les plus reculés; déjà sous l'Empire Romain, les plaines du Hainaut et du Brabant étaient renommées pour leur fertilité, la perfection de leur culture et la richesse de leurs produits. De nos jours, on accorde généralement la première place à l'Agriculture d'Écosse. On ne peut nier, en effet, que les fermiers de ce pays, ayant à lutter contre un sol ingrat et un climat rigoureux, obstacles dont ils triomphent à force de travail et de savoir, ne soient très-dignes d'être pris pour modèles, dans les contrées dont l'Agriculture est moins perfectionnée, bien qu'elle s'exerce dans des conditions évidemment plus favorables.

M. Colman, en visitant les Flandres, dont il décrit avec un soin tout particulier les procédés de culture, se plaît à rendre hommage à l'habileté traditionnelle des cultivateurs de ces provinces; il les montre dignes continuateurs de la gloire agricole de leurs ancêtres. Les éloges mérités qu'il leur accorde ne sauraient, de sa part, être suspects de partialité; nous avons été heureux de les recueillir. Tel a été notre principal motif pour traduire de préférence à tous autres le livre de M. Colman rendant à l'Agriculture flamande un éclatant mais juste hommage.

Une autre considération nous a guidé; il est très-vrai, comme l'a si bien exprimé l'auteur dont nous sommes aujourd'hui l'interprète, qu'on chercherait en vain dans le monde une terre mieux cultivée que celle des Flandres, et Colman, s'il avait visité nos autres provinces, aurait signalé, sans doute, avec la même justice l'état florissant de leur Agriculture. Mais il n'est pas moins vrai, malheureusement, que tout à côté de ces cantons dont rien ne dépasse en

Europe la bonne culture et l'inépuisable fécondité, le sol de la Belgique offre de vastes régions assez médiocrement et même tout-à-fait mal cultivées, et d'autres plus vastes encore, qui ne sont pas cultivées du tout. Il nous a paru opportun de montrer comment un étranger parfaitement compétent apprécie les travaux de nos meilleurs cultivateurs, ne fut-ce que pour inspirer aux autres l'envie de les égaler.

Nous avons conservé, autant que possible, dans la traduction, le caractère original du style de l'auteur, dont nous n'avons point jugé à propos de supprimer les excentricités américaines; il en conserve, bien entendu, la pleine responsabilité. Le lecteur remarquera en parcourant le livre de Colman, que cet agronome est parti de l'État de Vermont, son pays natal, avec la conviction bien arrêtée qu'on ne sait pas cultiver hors de l'Amérique, et qu'il allait trouver sur le Continent européen l'Agriculture, sinon dans l'enfance, au moins à un état fort arriéré. Aussi témoigne-t-il à chaque page la profonde surprise qu'il a éprouvée en trouvant la plus grande partie de la France très-passablement cultivée, contrairement à ce qu'on lui en avait rapporté et à l'opinion généralement accréditée à ce sujet, de l'autre côté de l'Atlantique. Son étonnement a été plus grand encore à l'aspect des riches plaines des Flandres; un cri d'admiration lui échappe comme malgré lui, et c'est le plus éclatant hommage qui ait jamais été rendu par un étranger à notre Agriculture nationale.

Sans doute, l'ouvrage de Colman n'est point exempt d'imperfections; l'auteur se donne le tort, très-grave à notre avis, de dénigrer, d'un bout à l'autre de son livre, les savants et leurs efforts pour vulgariser les applications de la science au progrès de l'Agriculture. Mais nous avons dû passer par dessus cette considération, parce que nous pensons qu'en thèse générale, il importe aux cultivateurs de notre pays de connaître ce qui se fait ailleurs, de regarder travailler les voisins, pour imiter au besoin ce qu'ils peuvent faire mieux que nous, et pour profiter même de leurs erreurs, non moins instructives que leurs succès.

DE L'AGRICULTURE

ET DE

L'ÉCONOMIE RURALE.

Omnium rerum ex quibus aliquid acquiritur, nihil est Agriculturâ melius, nihil uberius, nihil dulcius, nihil homine libero dignius.

De toutes les professions qui peuvent enrichir, l'Agriculture est la meilleure, la plus féconde, la plus agréable, la plus digne d'un homme libre.

CICÉRON. *De Off.* L. I.

OBSERVATIONS PRÉLIMINAIRES.

L'Agriculture est, sans contredit, le premier comme le plus important de tous les arts. Prenons qu'elle ne soit ni plus honorable ni plus morale que les autres professions : à coup sûr, elle vaut toujours bien autant que celle qui l'est le plus; en outre, on peut dire de l'Agriculture ce qui n'est vrai que de bien peu d'autres industries : *sans elle le genre humain ne vivrait pas.* Sans doute, sauf

1.

de bien rares exceptions, cette vérité rencontrera un assentiment unanime; mais ce sera le plus souvent un simple assentiment des lèvres; ce ne sera pas cette conviction profonde qui doit prévaloir dans la société bien autrement qu'elle n'existe aujourd'hui, conviction qui doit surtout être partagée par quiconque possède des talents ou une position, par ceux enfin qui exercent la principale influence sur les destinées du genre humain, qui en règlent les grands intérêts et disposent des conditions de la société.

Certes, les événements extraordinaires et déplorables des années 1846 et 1847 doivent faire une impression profonde sur tous les esprits sérieux. La perte d'une seule récolte, dans un seul pays, a fait périr cinq cent mille personnes au milieu des horreurs de la faim et des maladies engendrées par la disette. L'Irlande a cependant des millions d'hectares de terres fertiles qui restent en friche; elle a des millions de bras robustes qui restent sans travail. Si l'Agriculture de l'Irlande eût été ce qu'elle devrait être, ce terrible désastre, selon toutes les probabilités des choses humaines, ne serait pas tombé sur ce malheureux pays.

Le caractère essentiel de l'Agriculture commande, pour ainsi dire, notre attention de tous les instants. Pour moi, dès mon enfance, mon inclination m'a porté vers les travaux champêtres. Que de fois j'ai suivi la charrue pendant des jours entiers, aussi léger, aussi heureux de mes joies d'enfant, que l'oiseau voltigeant autour de moi, mêlant ses notes cadencées aux éclats de ma gaieté, et faisant redire à l'écho des bois la gracieuse mélodie de ses chants! Puis, je confiais la semence à la terre ameublie, et j'épiais la première pointe du germe soulevant le sol; je suivais avec une constante sollicitude les progrès de la plante jusqu'à sa maturité; puis enfin je recueillais la graine mûre dans le pan de ma robe d'enfant; alors, aucun langage ne saurait rendre l'exaltation de mes sentiments naïfs de pieuse reconnaissance envers l'Auteur de la nature.

Nous avons entendu dire que l'Agriculture est un métier purement matériel dans ses moyens, sensuel dans son but, qui ne mérite pas de prendre place parmi les arts. Pour un esprit matériel et sensuel en toute chose, tout devient en effet sensuel et matériel, dans le sens le plus bas et le plus mauvais de ces expressions. Cela n'empêche pas la pratique raisonnée de l'Agriculture d'être compatible avec le goût le plus épuré pour les choses de l'intelligence, avec l'exercice le plus complet de la vie intellectuelle. Sans doute, quand elle absorbe exclusivement les facultés de l'homme, elle lui permet difficilement d'exceller dans d'autres branches. L'Agriculture pratiquée uniquement comme objet de commerce et d'industrie, comme moyen d'acquérir, peut assurément rétrécir l'esprit, borner et limiter son activité, la concentrer vers un but de cupidité et d'avarice ; il en est de même des professions les plus savantes : lorsqu'on les prend au point de vue exclusif du lucre, on arrive, à coup sûr, au même résultat. Mais pour l'homme éclairé qui embrasse la profession d'agriculteur en considérant autre chose que le profit qu'il en peut tirer, l'Agriculture s'harmonise avec l'état le plus avancé de la culture intellectuelle. La plupart des sciences sont comme les filles d'honneur de l'art agricole, empressées à le servir et à l'ennoblir. Loin d'amoindrir et d'épuiser l'esprit humain, il donne au contraire un nouveau degré de vigueur et d'énergie à toutes ses facultés. L'âme inclinée au spiritualisme peut spiritualiser toutes les opérations de l'industrie rurale ; l'âme religieuse voit dans les curieux et souvent merveilleux résultats de ses travaux, une suite de prodiges admirables de la bienfaisante Providence. Trop d'exemples contemporains prouvent surabondamment qu'une étude approfondie de l'Agriculture et une connaissance intime de ses procédés pratiques, peuvent être compatibles avec le degré le plus élevé de science et de talent. Dans l'histoire, les noms immortels de Cicéron, de Bacon, de Washington, montrent que les hommes à qui le Ciel s'est plu à prodiguer les dons du génie, ont su faire leurs délices des travaux champêtres et de l'étude de l'art agricole ; comme une brillante constellation, cette réunion d'hommes de génie des temps anciens et des siècles modernes, jette un éclatant reflet sur la plus utile des professions humaines.

Quand j'entends reprocher à l'Agriculture ce qu'elle a de sensuel et de matériel, je demande que peut-il y avoir dans les œuvres de l'homme qui soit dégagé des sens et de la matière? Tous ses organes de perception sont matériels et sensuels ; tout ce qu'il lui plaît de nommer des choses purement intellectuelles ou spirituelles,

sans pouvoir exactement définir ce qu'il entend par ces expressions, est toujours mu, dirigé et dominé par son organisation physique; l'esprit, l'intelligence n'ont de vigueur et de santé que dans un corps robuste et bien portant; leur existence est celle du corps lui-même; elles ne vivent qu'autant que le corps est bien nourri et en bonne santé. Je ferai même observer aux pieux membres du Clergé qui prennent tant de soin de nous tenir en garde contre l'attachement aux choses du siècle, à tout ce qui est terrestre et temporel, que sans le travail du laboureur, sans le pain et la viande, la laine et la soie, le lait et le miel, depuis que la manne a cessé de tomber du ciel toutes les nuits et que la roche a cessé de verser le cristal de son onde à la voix du prophète, nous ne pourrions profiter de leurs exhortations ni de leurs prières; leurs mains pieuses ne pourraient se lever vers le Ciel pour nous bénir, et leurs lèvres éloquentes seraient condamnées au silence.

Je regarde l'Agriculture comme une profession essentiellement morale; je ne dirai pas qu'elle est plus morale que toute autre, mais je ne crois point exagérer en disant qu'elle l'emporte au moins sur beaucoup d'autres, au point de vue de la moralité. Peut-être m'objectera-t-on que les districts purement agricoles d'Angleterre fournissent leur contingent de crimes dans la même proportion que les autres pays? Je ne suis pas en mesure de nier un fait souvent affirmé avec assurance; mais je ne passe pas condamnation sur ce point, jusqu'à ce que j'aie sous les yeux des preuves autres que celles qu'on a pu m'administrer jusqu'ici. Tous les faits appartenant à ma propre expérience et à mes observations personnelles, prouvent directement le contraire. En effet, la surexcitation des passions et les tentations violentes sont deux sources fécondes de crimes; les travaux des champs, loin d'exciter les passions, les calment et les éteignent; l'isolément de la vie agricole offre bien moins de tentations que l'existence agitée, les occasions de débauche, le désordre habituel et la variété incessante des entraînements de toute sorte qui remplissent les journées de l'habitant des villes. Il n'est point étonnant de voir le vice croissant et poussant de profondes racines comme une plante forcée sur une couche chaude, au sein d'une population indigente, réduite à la demi ration, sans éducation, sans liens d'intérêt qui l'attachent au sol, sans amis qui s'intéressent à son bien-être, sans respect d'elle-même, sans le moindre sentiment de sa propre dignité, accoutumée à passer dans les cabarets tout le temps où elle ne travaille pas, livrée aux plaisirs les plus dégradants, logée pêle mêle sans aucun respect des règles de la décence; là, sans doute, doit se rencontrer une vraie pépinière de criminels.

Mes rapports personnels avec plusieurs districts purement agricoles d'Ecosse et d'Angleterre, confirment pleinement mon opinion quant au pouvoir moralisateur de la vie champêtre. Je ne doute pas que la même influence ne se manifeste partout par les mêmes effets, avec le concours d'un bon système général d'instruction publique, aidé d'institutions qui donnent au cultivateur le plus puissant de tous les encouragements, la certitude de recueillir les fruits de son travail intelligent et de sa bonne conduite.

Qu'il me soit permis de dire ici au lecteur quelques mots d'un pays où j'ai entretenu pendant nombre d'années d'intimes relations (1). Ce pays est exclusivement agricole; la population en est de près d'un million d'habitants, le climat froid et rigoureux; le sol, à quelques exceptions près, est d'une fertilité médiocre; il faut, pour le rendre productif, le travail énergique des bras robustes qui le labourent. On y trouve des écoles dans toutes les villes, dans toutes les paroisses; il y a de plus quelques colléges où se donne un enseignement d'un degré plus élevé comprenant toutes les branches d'une complète éducation scientifique et littéraire, offerte à si peu de frais qu'elle est à la portée même des familles le moins favorisées de la fortune. Partout des édifices religieux consacrés à toutes les variétés de croyances, permettent à chacun de suivre les inspirations de sa conscience. Le service divin s'y fait avec zèle et avec décence, au moyen de contributions volontaires; les sectes d'opinions les plus opposées y vivent en parfaite harmonie, reconnaissant la nécessité d'exercer les unes envers les autres une tolérance bienveillante et réciproque. Ce peuple, comme communauté, est le mieux informé qui soit au monde; les feuilles publiques et les écrits périodiques y sont en si grand nombre, que chaque localité a son journal. Les habitants n'ont de relation avec aucune grande place de commerce; ce qu'ils peuvent avoir d'excédant de produits

(1) L'auteur veut parler de l'état de Vermont, en Amérique, son pays natal.

à vendre au dehors, passe par les mains d'acheteurs étrangers. Il y a fort peu de pauvres, pour mieux dire il n'y en a pas ; car ceux qui s'y rencontrent sont des émigrants venant des États limitrophes. Le peuple est remarquablement sobre ; chaque maison abonde en tout ce qui constitue le luxe confortable qui accompagne l'aisance. L'hospitalité est générale et illimitée. Les habitants connaissent leurs droits et leurs devoirs ; on les a vus déployer dans l'occasion, pour défendre ou pour venger la patrie, une bravoure extraordinaire. Nulle part l'ordre public ne règne avec plus de régularité ; nulle part la paix publique n'est mieux respectée. Une grande partie de la population ne sait ce que c'est que de mettre un verrou à une porte ou à une fenêtre, la nuit comme le jour. Je connais dans un village de quelques milliers d'habitants, un jardin rempli des fruits les plus délicieux ; il n'a pour clôture qu'une barrière afin d'empêcher les bestiaux d'y entrer ; il est sans exemple que les maraudeurs y aient jamais pénétré; les produits y sont aussi en sûreté que s'il était enclos de murs comme une prison, ou protégé par une enceinte de *chevaux de frise*.

Les crimes sont relativement très rares dans ce pays ; les cours de justice n'ont le plus souvent rien à faire ; les prisons n'ont pas de prisonniers, et c'est à peine s'il y a une exécution capitale en un demi siècle !

Un tel exemple pris chez un peuple exclusivement agricole, justifie mon opinion que la vie champêtre est bien réellement aussi essentiellement morale que le prétendent ses plus enthousiastes admirateurs (1).

L'état actuel de surexcitation de tous les peuples du monde civi-

(1) La statistique judiciaire démontre partout la supériorité des populations exclusivement agricoles sur celles purement industrielles, au point de vue de la moralité. Citons quelques faits à l'appui. En 1827, la cour d'assises du département de la Creuze, pays essentiellement agricole où l'industrie est nulle et qui n'a pas de villes, même de second ou troisième ordre, se réunit pour ne rien faire; il n'y avait personne à juger; il ne s'était commis dans le département aucun crime du ressort de la cour d'assises. En 1832, la cour royale de Douai jugeait un procès où figurait comme témoin un jardinier des environs d'Amiens. Le président saisit cette circonstance pour faire remarquer qu'en remontant aussi loin que possible dans les annales judiciaires du pays, il n'avait pu trouver un seul individu des 1200 familles de jardiniers nommés *Hortillons* qui cultivent les marais desséchés autour d'Amiens, impliqué dans un procès criminel ou correctionnel ! L'hon-

lisé, doit plus que jamais appeler sur l'immense importance de l'Agriculture l'attention des amis de l'humanité et celle des gouvernants. Je me suis trouvé en France au milieu des scènes tumultueuses d'une révolution politique ; j'ai vu des milliers d'ouvriers privés de travail; j'ai vu des populations entières dépendre, pour leur pain quodidien, de la charité publique. Ce qui m'affligeait le plus dans ce triste spectacle, ce n'était pas la pensée des dangers qu'une si grande multitude de pauvres dénués de tout faisait courir à la cause de l'ordre et de la liberté, c'était surtout la vue de leurs souffrances actuelles, c'était le triste avenir qui les attend. A Londres, mon cœur se serrait en rencontrant dans les rues des milliers d'indigents affamés, décharnés, désespérés, sans autre ressource que la mendicité ou le crime. Un des grands industriels de l'un des comtés manufacturiers d'Angleterre, me disait qu'il y avait alors 500,000 ouvriers sans travail et mourant de faim! Dans la classe des commerçants et des gens de métier, l'encombrement est tel que chaque jour vous entendrez répéter cette exclamation douloureuse et pourtant bien fondée : *il y a trop de monde!* Cela rappelle le naufrage de la frégate française, *l'Alceste* (1) ; une partie de l'équipage flottant sur un radeau construit des débris du bâtiment, fut jetée à la mer pour sauver le reste. Ce serait, de ma part, plus qu'une absurdité d'essayer de prescrire un remède à des maux tellement profonds que l'énergie des plus grands esprits, des cœurs les plus généreux, s'est épuisée vainement à les combattre. Je veux seulement montrer ce qui me semble être la cause de ces maux cruels, laissant à d'autres plus sages et plus habiles, le soin d'en indiquer le traitement. Un fait est évident : du train dont vont les choses, le paupérisme grandit incessamment; chaque jour il devient plus menaçant et plus terrible, et nul ne met en avant un remède quelconque pour en arrêter les progrès. Quant à la population de Paris en particulier, dont la situation semble, sinon désespérée, du moins bien déplorable, les moyens proposés

neur est héréditaire parmi cette population livrée exclusivement depuis des siècles à la culture du sol. Nous ne doutons pas que si l'on scrutait les annales judiciaires de la Belgique, on ne trouvât la confirmation du pouvoir moralisateur de la vie agricole.

(1) L'auteur veut sans doute parler de la *Méduse*.

pour la secourir par des hommes dont je ne veux pas du reste suspecter les intentions, ces moyens publiquement et longuement discutés, sont misérables, impraticables, absurdes. L'intervention du gouvernement pour limiter les heures de travail des artisans adultes, pour tenter d'établir un salaire fixe, sans égard au temps, pour faire payer la même journée à l'homme habile ou maladroit, vigilant ou paresseux; la proposition de fournir aux frais de l'État de l'occupation à tous les ouvriers sans emploi, et de ruiner la libre concurrence entre les particuliers par l'institution des ateliers nationaux, qu'était-ce autre chose sinon vouloir enchaîner les vents inconstants et empêcher la marée de l'Océan de monter à son heure? Rien de tout cela ne touche à la cause réelle du paupérisme.

Il y a, dit-on, trop de gens dans le monde, et il est né des millions d'êtres humains pour lesquels la Providence n'a pas réservé de place au banquet de la vie. Et n'y a-t-il pas en France huit millions et demi d'hectares de terres incultes? N'y en a-t-il pas plus de trois millions et demi en Angleterre, et toutes ces terres ne peuvent-elles produire de quoi nourrir et vêtir d'innombrables multitudes d'êtres souffrants, sans parler des terres cultivées dont il y a des millions d'hectares qui, faute d'être convenablement travaillés, ne rendent pas la moitié de ce qu'on pourrait en obtenir?

Dans l'ancienne Rome, une métairie de sept *jugera* (environ trois hectares) était réputée suffisant à la subsistance d'une famille. Dans les Flandres, dont le sol naturellement stérile n'a été fertilisé que par le travail humain, un terrain d'un hectare et un quart rapporte amplement de quoi faire vivre un ménage composé du père, de la mère et de trois enfants, représentant à eux cinq, trois adultes et demi; que l'on y ajoute un hectare et demi que la main-d'œuvre fournie pour une semblable famille peut parfaitement cultiver, et le ménage flamand obtiendra un excédant de produits qui le mettra dans une grande aisance relative.

Donc, la grande cause du mal que chacun déplore, est que le travail agricole se trouve déserté, est qu'une foule tous les jours plus compacte, se rue des campagnes sur les villes, pour envahir les avenues de tous les commerces, de toutes les industries, de toutes les professions mécaniques; c'est que ces branches de travail se ruinent par la production *illimitée* d'articles dont la demande est nécessairement *limitée*. Nous avons trop de médecins, trop de gens de loi, trop de procureurs, pour que tous puissent vivre honorablement de leur profession; nous avons trop de chapeliers, trop d'imprimeurs, trop de boutiquiers. Quand toutes ces classes de travailleurs fabriquent chacune leur article en quantité disproportionnée avec les besoins de la communauté, leur travail est illusoire; ils n'ont que *fabriqué*, ils n'ont pas *produit*; ils n'ont pas, comme le producteur de viande, de lin ou de laine, créé quelque chose qui possède une valeur intrinsèque et constante. Qu'on me montre dans l'histoire une époque où il y ait eu encombrement par excès de production de denrées agricoles, de celles surtout qui s'obtiennent annuellement pour la nourriture, le vêtement et les autres besoins de la vie sociale!

Tant que durera cet état de choses, la société sera en proie à la misère, et celle-ci grandira en proportion de l'accroissement de la population.

Dans les villes, le type de la richesse, le signe unique de la prospérité, c'est l'argent. L'argent, c'est le paiement des salaires, l'indispensable agent de la vie, du gain et des plaisirs. Sous l'empire d'un tel régime, la cupidité poussée à l'excès va jusqu'au crime inclusivement! Le bonheur des hommes devient subordonné à la possession de ce qui a une valeur, non pas intrinsèque, mais arbitraire, valeur toujours capricieuse et changeante de sa nature. S'il était possible d'amener l'homme à embrasser exclusivement la vie champêtre, à se contenter du degré d'aisance que la terre donne toujours à ceux qui savent la cultiver; s'il voulait prendre pour mesure de la propriété, non pas le plus ou le moins de petits morceaux brillants d'or ou d'argent qu'il peut avoir dans son coffre, mais bien la possession des produits de son travail en vivres et en denrées d'une valeur positive, servant réellement aux aisances de la vie dans une situation modestement heureuse et au sein de l'abondance que la bienfaisante Providence ne refuse pas au plus humble des travailleurs ruraux, combien la condition de l'humanité prise dans son ensemble, ne serait-elle pas améliorée! Si les hommes savaient préférer l'air pur des forêts et des montagnes à l'atmosphère corrompue des rues étroites et des habitations resserrées et malsaines où n'ont jamais pénétré librement les rayons du soleil; s'ils savaient goûter les plaisirs purs et fortifiants de la vie champêtre, au lieu des joies énervantes qui abrègent la vie du citadin; si leur goût épuré rendait plus agréable à leurs yeux l'aspect des vertes campagnes avec leurs moissons ondoyantes et leurs prairies émaillées de fleurs que la vue des riches tapis et des lambris dorés d'un salon; s'ils préféraient la contemplation des milliers d'étoiles étincelant sur la voûte azurée, aux lustres éblouissants d'une lumière artificielle, éclairant ces magnificences factices d'un ordre inférieur, œuvre mesquine du génie humain; si vous pouviez inspirer aux hommes comme aux femmes, surtout à la jeune génération, *l'amour de la campagne;* si enfin, vous pouviez les retenir aux champs par leur propre inclination, faire que tant de garçons robustes et tant de florissantes jeunes filles s'abstiennent volontairement de venir dans les villes encombrer toutes les carrières industrielles, semblables aux moucherons qui tourbillonnent un soir d'été autour d'un flambeau, engloutissant à la fois, santé, vertu, sagesse et bonheur; oh! alors, quelle somme immense de bien n'auriez-vous pas réalisé pour la moralité et pour le bonheur général de la race humaine!

Mais tant que les choses suivent un autre cours; tant que des millions d'hectares de terres restent incultes, que des milliers et des milliers d'individus continuent à obstruer les avenues des professions éclairées, des métiers mécaniques et de toutes les branches de commerce; tant que leur flot déborde sur les villes, poussé par le puissant aiguillon de l'ambition et de la cupidité, du luxe et des plaisirs d'une vie déréglée, nous continuerons à déplorer la surabondance de la population, parcequ'elle entraînera partout avec soi le vice et la misère! On ne viole pas impunément les décrets de la Providence; toute passion sans frein doit porter des fruits amers, toute infraction aux lois morales de l'humanité doit être suivie d'un juste et inévitable châtiment.

Dans ma conviction intime, la cause dominante des maux dont souffre partout la société, spécialement chez les vieilles nations d'Europe, est, avant tout, comme je viens de l'exposer, l'encombrement excessif des carrières savantes, commerciales, industrielles,

joint au préjugé partout implanté dans les esprits, que la seule mesure de la prospérité c'est l'argent.

La concurrence qui, poussée à l'excès, est si funeste dans les arts mécaniques et dans le commerce, est toujours un bien pour la profession agricole. Cultivez la terre de votre mieux, elle ne pourra jamais produire trop. Il est une théorie généralement admise, c'est qu'il n'y a jamais de surplus de production annuelle des denrées agricoles, et que s'il y avait manque absolu de récolte une année, la race humaine périrait. Je ne discuterai point à ce sujet ; ceci peut être bien fondé, mais fort heureusement, le Ciel ne permet pas que l'expérience nous en donne la confirmation. Quelques récoltes présentent un excédant de certains produits, un déficit sur quelques autres; mais il n'est point à ma connaissance que la terre ait donné *trop,* ni que le genre humain ait eu à se plaindre d'avoir trop de pain, trop de vêtements, trop de toutes les choses que rapporte le sol cultivé pour les aisances de la vie. Si l'homme possédait partout le nécessaire, il faudrait lui souhaiter en outre un peu de superflu, surtout de ce superflu qu'il peut acquérir par un travail honorable, et dont cette circonstance même augmente le prix à ses yeux.

Y a-t-il quelque chose à faire pour guérir ou, tout au moins, pour combattre ce fléau, pour détourner ce torrent furieux qui tend à grossir sans mesure la somme effrayante des misères humaines? C'est un grand sujet de méditations et de recherches pour les philanthropes et pour tous les États qui ont à cœur ce qui devrait être le but de tout gouvernement : *le bien-être des administrés.* La divine Providence inflige souvent un châtiment rigoureux à la cupidité et à la folie des hommes, mais la guerre, la peste, la famine, les inondations, qui enlèvent des dizaines et des centaines de mille hommes à la fois, sont d'atroces remèdes ; l'action n'en est jamais que temporaire. Ces fléaux laissent après eux la dévastation à la place de la fertilité ; ils jettent le cœur de l'homme dans le découragement et l'abattement; ils ne laissent après eux ni consolation ni espérance ! Il n'est pas d'esprit sérieux ayant quelqu'expérience des choses de la vie, qui puisse admettre qu'une panacée puisse être trouvée et être appliquée sans désemparer à la plaie sociale du paupérisme. Il n'y a qu'une tête folle qui puisse croire à

la possibilité d'un changement subit et radical dans la forme et dans les conditions de la société, qui puisse s'attendre à voir du jour au lendemain se lever un beau matin à l'horizon sans nuage, un soleil radieux ramenant avec lui l'âge d'or, dissipant toutes les ténèbres de la nuit, tarissant à jamais la source des misères humaines, et faisant couler à pleins bords le flot inépuisable de l'abondance, de la paix et de la félicité universelles. Il n'y a point de remède complet à espérer tant que les faiblesses et les passions de l'humanité resteront ce qu'elles sont. Il ne paraît pas qu'il entre dans les vues de Dieu de réaliser le parfait bonheur dans ce monde. Selon nos humbles perceptions, il semble que ce soit l'intention de la divine Providence de stimuler par la nature incertaine, incomplète et fugitive des choses humaines, l'ambition vertueuse, et d'éveiller dans tous les cœurs bien placés, dans tous les esprits justes et pénétrants, la passion d'améliorer par tous les moyens imaginables le sort de leurs semblables. C'est là, en effet, le plus grand encouragement pour leurs philanthropiques tentatives. Quelque faible que soit un individu ou une association de personnes qui tente de faire le bien, elle ne manque jamais d'en faire un peu; l'expérience montre constamment que le grain confié à la terre peut y rester longtems enfoui ; les yeux de celui qui l'a semé ne sont pas toujours réjouis par sa végétation, mais il n'en est pas moins certain que cette semence ne manquera pas de produire une moisson abondante quoique tardive.

Tout le monde reconnaît la puissance de l'opinion; chacun sait quel empire exerce sur le monde la mode ou ce qu'on est convenu de nommer le sentiment public. Un homme sort du temple, quelqu'un lui demande, comme c'est l'usage en pareil cas: que pensez-vous du prédicateur? — Moi? Rien, répond-il avec candeur, je n'ai pas écouté un mot de ce qu'il a dit. Cette anecdote met en relief un des traits saillants de l'esprit humain; elle montre qu'une grande partie de nos jugements, par conséquent de nos actions, dépend, jusqu'à un certain point, du rang où beaucoup de choses sont placées dans l'opinion publique.

J'espère voir le jour où la vie champêtre deviendra l'existence de prédilection des hommes riches, influents et capables, occupant les rangs supérieurs de la société, et cela non pas seulement comme amateurs, mais comme cultivateurs pratiques dans le vrai sens du mot. Ce ne seront plus simplement des promeneurs venus sur la plage, par une belle matinée, pour admirer comme objet d'art le magnifique navire, brillant au soleil toutes voiles dehors; ce ne seront plus des enthousiastes jouissant, dans un accès de poétique fantaisie, des magnificences de l'Océan, des gracieuses ondulations de ses flots d'un vert profond et du murmure imposant de ses vagues ; ce seront des marins parfaitement au fait de la manœuvre, connaissant, par leur nom, toutes les pièces du vaisseau, tous les cordages, toutes les chevilles, la nature et la valeur de la cargaison et les fonctions et le rang de chacun des hommes de l'équipage.

J'ai consacré des semaines, des mois, des années à louer, selon la faiblesse de mes moyens, l'Agriculture, cette noble profession ; à réclamer en sa faveur l'attention de ceux qui ont à cœur leur propre bien-être et celui de la communauté, m'appliquant à montrer qu'elle est une source de bénéfices, non point énormes, quoique vrais, mais très raisonnables; que, comme emploi de l'existence, elle est aussi honorable que profitable; qu'elle donne, à la fois, la santé du corps et la paix de l'âme; que les plaisirs champêtres, loin de fatiguer et d'épuiser un esprit juste et maître de soi, sont les plus purs et les plus inoffensifs que l'homme puisse goûter en ce monde; que dans la vie la plus exclusivement agricole, autant que dans l'exercice de toute autre profession, il y a place pour l'étude des sciences, pour le développement du goût le plus épuré; si bien que ceux qui réunissent fortune, talents, instruction, et qui dissipent tout cela dans les frivoles amusements de la société des villes, sacrifiant la santé corporelle et le calme de l'esprit à cette excitation fébrile que produisent les maladies incurables de la vanité et de l'ambition, trouveraient dans les habitudes simples et hospitalières de la vie champêtre, la vigueur du corps et celle de l'âme, avec l'indépendance, la libre disposition du temps et de leur argent, le loisir d'agrandir le cercle de leur savoir, d'approfondir leur science de prédilection, quelle qu'elle soit; toutes choses qui leur sont impossibles, tant qu'ils restent liés à ce cercle d'engagements et de plaisirs futiles, sans cesse répétés, qui constituent, dans les villes, l'existence des gens de leur condition; car c'est à cela qu'il faut s'en prendre si les intelligences le plus heureusement douées donnent souvent si peu de fruits, et ne répondent pas à ce qu'il était permis à la société d'en espérer et d'en attendre. La manifestation la plus humble n'est jamais entièrement dépourvue d'action sur l'opinion publique. Je suis heureux de penser que j'ai souvent fait vibrer une corde sympathique dans bien des cœurs généreux, et s'il m'arrive quelquefois de rencontrer des motifs de découragement, je me console par la pensée que j'ai toujours travaillé avec un entier désintéressement dans un but d'utilité générale.

Que doivent faire les gouvernements contre le paupérisme? c'est une grave question. Une grande partie de ceux qui ont existé jusqu'à présent n'ont été que des fléaux pour l'humanité. Accumuler des trésors, acquérir des territoires, agrandir la puissance des familles régnantes, satisfaire une ambition purement égoïste, s'entourer de toute la pompe d'un luxe effréné, tout soumettre au despotisme du sabre, à la domination militaire : voilà tout ce qu'ont fait, tout ce qu'ont voulu les États de ce monde ! Pourtant, un gouvernement ne peut avoir qu'un seul but légitime, la sécurité et le bien-être des gouvernés; mais combien peu s'en sont occupés, même légèrement ! combien ne s'en sont point occupés du tout (1) !

Pour moi, convaincu, comme je le suis, que toute guerre offensive, quel qu'en soit le prétexte, est un crime contre Dieu et contre l'humanité, mon cœur saigne quand je parcours l'histoire qui est toute composée d'une série de conquêtes sanglantes, de boucheries humaines, de villages saccagés et incendiés, de millions d'êtres humains moissonnés par la famine ! Si ces millions innombrables de bras laborieux détruits par la guerre, si ces trésors à grand'peine amassés, dissipés dans cette œuvre de sang, eussent été appliqués à conquérir et à réunir au domaine de l'homme pacifique des terres fertiles, demeurées sans culture ; enfin si la société, au lieu de dépenser sa force à *détruire*, s'était donné pour tâche de *produire*,

(1) M. Colman, citoyen d'un pays démocratique, voit les gouvernements des autres contrées à travers le prisme des idées de l'union américaine. Sous une monarchie constitutionnelle, les intérêts nationaux ne peuvent être sacrifiés à ceux de la famille régnante; le jeu naturel des institutions démocratiques suffit pour rendre un tel abus impossible. En général l'auteur ne voit dans les gouvernements européens que de simples exploitations des gouvernés au profit des gouvernants.

de multiplier les denrées nécessaires à l'entretien et au bien-être de l'existence de l'homme, combien le résultat eût été différent pour le bonheur du genre humain!

Quelle singulière anomalie morale, si je puis me servir de cette expression, présente la France au moment où j'écris! Une nation reste sous le coup de la banqueroute, avec une armée de 400,000 hommes et 8 millions et demi de terres incultes, toutes susceptibles de culture, pouvant fournir à des millions d'individus toutes les aisances de la vie! Et la Grande-Bretagne, n'offre-t-elle pas la contre partie de ces faits monstrueux, avec sa dette nationale toujours croissante dont le remboursement est parfaitement impossible; avec des taxes si lourdes qu'il n'y a qu'un cri pour s'en plaindre, et des millions sur millions perdus pour maintenir sur pied ses flottes et ses armées; avec ses prisons et ses dépôts de mendicité pleins jusqu'à déborder; avec ses milliers et ses centaines de milliers de sujets qui meurent littéralement de faim? Et il y a dans ces deux grandes îles où resplendit la plus brillante civilisation du monde, plus de 6 millions d'hectares en friche, et si toute l'étendue de leur territoire était utilisée par une agriculture perfectionnée, il produirait de quoi nourrir et faire vivre dans l'aisance plus du triple de ses habitants actuels dont le travail ne peut seulement faire sortir de son sein de quoi ne pas mourir de faim. Quel ensemble étrange de circonstances! Ces faits horribles ne sont-ils pas profondément douloureux pour le philanthrope et extrêmement humiliants pour l'orgueil humain? Si, chez les deux nations les plus éclairées, les plus civilisées et les plus polies qui aient jamais existé, c'est là tout ce qu'on a su faire de mieux; s'il reste tant à faire pour le bien-être de l'humanité, si tant de crimes et si tant de misères débordent sur la société sans que nulle digue leur soit opposée, ne peut-on pas se demander : *que sont donc les bienfaits de la civilisation, et qu'est-ce donc que son triomphe?*

Nous sommes assurément en droit de nous demander si c'est bien là le but et la fin d'une société et d'un gouvernement, si tout le bien réalisable a été fait jusqu'aux dernières limites du possible, et s'il n'y a pas encore de sérieuses études à faire sur les arts de la paix et sur le bien-être général. Les sommes dépensées, rien que pour construire et pour armer les fortifications de Paris, auraient suffi à

convertir tout un département en un véritable jardin, regorgeant de tout ce qui peut contribuer à l'abondance et aux agréments de la vie (1). Les frais énormes des guerres de l'Empire, dont il ne reste que des arcs de triomphe, monuments splendides de la gloire d'un des plus grands génies, auraient changé la France entière en un champ fertile, où s'élèveraient de tous côtés des écoles, des colléges, des églises, de riants villages, enrichis par une active industrie et embellis par les monuments des arts; les produits du sol, façonnés par l'industrie, ménagés avec une sage économie, auraient banni pour toujours l'indigence du territoire français, et chacun de ses 38 millions d'habitants vivrait heureux et paisible, à l'ombre de sa vigne et de son figuier. Et la Grande-Bretagne? L'argent dépensé pour ses armements maritimes et pour ses munitions de guerre en une seule année de la même période de son histoire, aurait suffi pour défricher et mettre en valeur toutes ses terres incultes. Les sommes prodiguées par son gouvernement pour la défense de l'Irlande, pour la répression des troubles excités par l'aiguillon de la misère, et les autres sommes non moins énormes, versées en Irlande à titre d'aumône rendue nécessaire uniquement par l'état d'infériorité et d'abandon de l'Agriculture, tous ces trésors si mal employés, quelles merveilles n'auraient-ils point opérées s'ils avaient été destinés à assainir ses prairies, à dessécher ses marais, à changer ses affreuses masures en cottages confortables, à préserver des millions d'êtres humains des horreurs de la famine, à les relever d'une dégradation où il semble impossible que l'homme descende jamais, enfin à les ramener au niveau du reste de l'humanité civilisée, ou même à un degré supérieur de lumière et d'abondance de toutes choses.

Que feront maintenant les gouvernements pour combattre cet effroyable déluge des maux sous lesquels succombe la société civilisée, communauté où une moitié des enfants de Dieu l'accuse, dans

(1) Comme traducteurs, nous n'avons pas le droit de substituer notre pensée à celle de l'auteur; aussi nous empressons-nous de constater que M. Colman n'a pas réfléchi à ce fait incontestable, qu'au milieu des guerres continuelles et glorieuses de son règne, Napoléon, comme législateur et comme chef de l'Empire français, a *créé* plus qu'il n'a *détruit;* tel est son plus beau titre de gloire. On sait d'ailleurs que la grande guerre fut une des nécessités de son époque.

ses plaintes impies, d'avoir fait naître l'autre moitié avec des droits égaux; où la concurrence effrénée, l'encombrement dans toutes les professions savantes, commerciales et industrielles, enfantent à toute heure la misère et le crime? Je ne dis pas que le seul remède doive être dans l'extension et dans le perfectionnement de l'Agriculture, je n'oserais même pas affirmer que ce doive être un remède certainement curatif; mais je crois fermement à son efficacité dans des limites fort larges; je demande que l'on m'en indique un autre plus sûr et plus puissant. Améliorer l'Agriculture, peu ou beaucoup, c'est accroître la richesse nationale, multiplier les moyens d'existence, arracher des victimes à la concurrence commerciale et industrielle; c'est, par dessus tout, attacher les hommes au sol et leur faire donner à leur pays les garanties les plus certaines d'ordre, de loyauté et de patriotisme.

Les efforts du gouvernement devraient être dirigés vers ce but principal : donner toutes les facilités et toute la protection en son pouvoir à la pratique de l'Agriculture. Il peut, dans ce but nécessaire, rendre la terre accessible, annuler ces vicieux systèmes d'admodiation sous le régime desquels, au moyen de diverses clauses dignes des temps barbares, la terre demeure sans culture; alléger autant que possible le fardeau des impôts qui pèsent sur le sol; prêter son concours à toutes les améliorations qui dépassent les moyens des particuliers; répandre l'instruction, faciliter l'enseignement professionnel de l'Agriculture; faire connaître et introduire les procédés agricoles et les plantes cultivées dans d'autres pays; éveiller, par des honneurs et par des récompenses, l'émulation dans la seule carrière où elle ne puisse jamais prendre les caractères de l'envie et soit toujours utile au progrès; enfin, ne rien négliger des moyens dont il dispose pour raviver l'Agriculture et faire pénétrer le progrès dans toutes les branches de l'économie rurale.

Ce que le gouvernement peut faire sur une grande échelle, la classe des propriétaires le peut encore avec plus de facilité et d'efficacité, chacun dans les limites de son domaine; songent-ils à l'immense responsabilité qui pèse sur eux en raison même de leur situation? Si chacune des grandes nations de l'Europe voulait consacrer à l'amélioration de son Agriculture, seulement la moitié de ce qu'elle a sacrifié à perfectionner l'art de la guerre et à accroître sa force militaire, nul doute que le progrès dans l'art de *produire* ne devînt bientôt égal au progrès dans l'art de *détruire*. Lequel mérite la préférence, *détruire* ou *produire*? J'en fais juge le lecteur.

Il y a quelques mois, je passai une journée à Waterloo. Je vis ondoyer les plus riches moissons sur cette terre engraissée de torrents de sang humain. Je m'assis sur le tertre gazonné sous lequel reposent dix mille hommes égorgés dans cette plaine. J'éprouve un sentiment de profonde vénération pour l'héroïsme de ceux qui défendent jusqu'à la mort le droit, la justice, la liberté; je n'en ai pas pour cette férocité de tigre qui se plait au milieu du carnage, qui rend ceux qui l'éprouvent indifférents pour leur propre vie comme pour celle des autres, et les pousse à la poursuite de ce fantôme sanglant qu'on nomme gloire militaire.

Le grondement du canon, les panaches flottants des guerriers, le bronze étincelant de leurs casques, l'éclat des baïonnettes qui scintillent au soleil, n'ont aucun charme pour moi. Je ramassai un crâne humain percé d'un trou de balle, que la charrue venait de ramener à la surface du sol. Ma pensée s'arrêta un moment sur les passions violentes, sur le farouche emportement, la soif de vengeance, de conquête et de sang qui peut-être fermentèrent dans cette petite boîte osseuse, la plus belle manifestation de la puissance divine, au moment où la mort vint instantanément réclamer son tribut. Puis, une autre série d'idées traversa mon esprit; je me représentai jadis joyeux, maintenant désolés, une mère privée de l'appui de ses vieux jours, une veuve laissée seule et sans amis sur la terre, des orphelins dans le deuil et des amis dans la douleur. Voilà, me dis-je, ce que vaut la gloire militaire; ce sont là les trophées de la victoire! Une foule d'autres sentiments vinrent alors émouvoir mon âme; je reportai mes yeux et ma pensée vers d'autres champs de victoire que je venais de visiter récemment. Là, j'ai vu des centaines de milliers d'hectares arrachés à la mer par un esprit d'entreprise vraiment gigantesque, un courage vraiment héroïque, un travail que rien n'a pu rebuter. Les flots orgueilleux de l'Océan ont reculé; les sables stériles qu'ils recouvraient ont été conquis à la production; là où naguères les vagues en fureur et les vents déchaînés déployaient sans obstacle leur violence destructive, le calme et la paix de la vie champêtre règnent aujourd'hui sans partage; les champs portent partout les gages de l'abondance, et de joyeux troupeaux bondissent sur de gras pâturages; des villes et des villages peuplés de milliers d'habitants heureux et occupés possèdent, outre le nécessaire, le goût des arts et les jouissances de ce que ceux-ci leur offrent de plus délicat. Je ne me demandai pas lequel des deux triomphes est le plus noble? J'espère que le lecteur bénévole ne trouvera pas ces réflexions déplacées, comme préambule à l'exposé de faits quelque peu arides que je vais avoir à lui présenter.

Un des plus grands agronomes qu'ait jamais possédés la Grande-Bretagne a dit : « *Un des moyens le plus certains d'améliorer l'Agriculture, est de regarder autour de soi et de voir ce que font les voisins.* » Je viens de passer quelque temps en Angleterre et sur le Continent; j'ai vu ce que font en Agriculture les peuples étrangers; j'ai étudié, par mes propres observations, l'état véritable de l'art agricole et de l'économie rurale dans l'ancien monde. Je puis donc offrir au public de mon pays et à celui des autres nations, d'amples sujets d'instruction; les uns y verront des exemples dignes d'être imités, et les autres, s'ils ont d'avance pénétré plus loin dans la voie du progrès, se féliciteront d'avoir devancé les améliorations des autres pays.

Une revue complète de l'Agriculture européenne eût exigé plusieurs années de travail et le concours assidu de plusieurs hommes compétents; c'eût été une œuvre trop au-dessus de mon talent et de mes forces. Je n'aspire qu'à l'honneur d'avoir contribué, pour ma part d'utilité, à cette grande et magnifique entreprise. Je n'aborde le champ qu'en qualité de glaneur. On dit que ce dernier rapporte quelquefois au logis le grain le meilleur et le plus mûr, parce qu'il est tombé le premier sur le sol; je serais heureux si le lecteur trouvait cette analogie applicable à mon œuvre.

Je commence par un exposé de l'Agriculture française, suivie et parfois entremêlée d'esquisses sur celle des Flandres ainsi que sur celle de Suisse, et de quelques autres remarques recueillies pendant mon voyage. On y rencontrera peut-être quelques lacunes; elles tiennent à ce que je me suis fait une loi de ne rien avancer que je ne l'aie vérifié par mes observations personnelles; mais, par compensation, tout ce que j'affirme, j'en réponds. Je me suis proposé avant tout de ne donner que des renseignements d'un caractère d'utilité pratique. Si par hasard ce peu de notions sont interrompues par des digressions, que l'indulgence du lecteur veuille bien les regarder seulement comme des lieux de rafraîchissement sur la route, où le voyageur se délasse un moment en quittant le sentier aride et poudreux, prêt ensuite à reprendre sa marche avec plus d'ardeur et de courage.

FRANCE.

L'Agriculture est le grand intérêt dominant de ce pays; sans doute l'industrie manufacturière et le commerce y sont aussi fort importants, mais l'industrie a principalement pour objet de mettre en œuvre, et le commerce de transporter et d'échanger les produits du sol. Il me serait facile de donner ici la statistique de l'Agriculture en France; mais ce genre de travail n'a qu'un rapport indirect avec mon sujet, et d'immenses colonnes de chiffres contribueraient faiblement à l'instruction du lecteur. Je ferai seulement observer que c'est un avantage énorme pour cet État que de posséder ces relevés, dressés régulièrement. C'est ainsi que pendant la dernière disette de grains et de pommes de terre, le gouvernement a pu de bonne heure prendre des mesures pour parer, autant qu'il est donné à la prudence humaine, à des calamités pressenties. Je me bornerai à dire que la France a 36 millions d'habitants, et qu'elle peut, année commune, pourvoir largement à tous les besoins de sa consommation intérieure avec les produits de son propre territoire.

SOL ET EXPOSITION.

Il y a une corrélation nécessaire entre l'Agriculture d'un pays, le climat, le sol et l'exposition; mais à part les conditions physiques, l'état de l'industrie agricole dépend d'une foule de circonstances morales et politiques et de quelques autres qu'on peut nommer accidentelles. Le territoire français, compris entre huit degrés de latitude, admet une très grande variété de cultures. Il reçoit, à l'Est, la froide influence d'une chaîne de montagnes couvertes de neiges éternelles; à l'Ouest, son climat est adouci par le voisinage du vaste Océan; au Nord, l'humidité du climat océanique se fait sentir; le Midi de la France jouit d'un printemps précoce et d'un été presque tropical, tempéré par les vapeurs de la plus belle des eaux du globe, la Méditerrannée, qui baigne ses rivages. La France est traversée en tous sens par des fleuves magnifiques: le Rhin, le Rhône, la Loire, la Garonne, la Seine, avec leurs nombreux affluents qui, s'ils n'ont pas la grandeur de quelques-uns des fleuves du nouveau Continent, offrent cependant plusieurs avantages pour le transport des denrées et la navigation intérieure, en même temps que les vallées qu'ils traversent sont formées d'un sol d'alluvion de la plus grande fertilité.

Autant ces terres d'alluvion sont productives, autant le sol des plateaux élevés est de qualité inférieure, du moins partout où j'ai pu l'observer par moi-même. Le sol en est généralement fort calcaire; la chaux et la craie en forment presqu'exclusivement la couche superficielle. Pendant la saison chaude, les terres de cette nature ont beaucoup à souffrir de la sécheresse, et, à l'époque des pluies, rien n'est plus difficile et moins agréable à labourer qu'un pareil terrain. Il s'y trouve aussi de grands espaces de terres composées à peu près uniquement d'un sable ou plutôt d'un gravier ocreux, mêlé çà et là d'alumine et fortement chargé de fer; le tout ensemble constitue un sol assurément peu favorable à la végétation. J'ai vu en France peu de terres de nature purement alumineuse ou argileuse; mais j'en ai remarqué beaucoup d'une nature mixte, dont un *loam* d'une épaisseur considérable occupe la superficie. Elles sont susceptibles de recevoir de grandes améliorations et un accroissement considérable de force productive. La chaux et le plâtre abondent sur quelques points du pays; on y trouve en beaucoup d'endroits une marne onctueuse, très riche en principes fertilisants.

—

RÉCOLTES.

Le froment, le seigle, l'orge, l'avoine, les fèves et les pommes de terre sont les récoltes le plus communément demandées au sol de la France; elle a aussi d'autres produits spéciaux, notamment la betterave à sucre, la vigne et les mûriers pour l'élève du ver-à-soie.

Les plantes légumineuses et potagères, pour la nourriture de l'homme, sauf quelques exceptions locales, m'ont paru généralement peu cultivées. L'orge et l'avoine ne m'ont pas semblé occuper un bien vaste espace; j'ai vu du sarrasin dans les parties les plus pauvres du pays, mais en petite quantité. Quoique tout le Midi de la France, pour mieux dire environ la moitié de ce pays, soit propre à la culture du maïs, ce grain m'a paru peu cultivé et surtout peu apprécié des fermiers (1). Les plantes fourragères, servant à former des prairies artificielles, n'occupent pas une bien large place; mais il y a de vastes pâtures naturelles permanentes. Parmi les plantes cultivées comme fourrage artificiel, la luzerne et le sainfoin tiennent le premier rang (2). La luzerne fauchée verte, est la princi-

(1) L'auteur se trompe quant au sarrasin; ce grain est cultivé dans l'Ouest de la France sur une si grande échelle, que plus de deux millions de Français ont pour nourriture principale, pendant tout le cours de l'année, la bouillie et les galettes de farine de sarrasin. Cet aliment est malsain et de difficile digestion à cause d'un principe vireux d'une nature particulière contenu dans l'écorce grise du sarrasin, écorce dont la farine, même blutée, renferme toujours une assez notable portion. Dans tout l'Orient de l'Europe, en Hongrie, en Pologne, de même qu'en Tartarie, où il se consomme d'énormes quantités de sarrasin, cet inconvénient n'existe pas; ce grain est toujours consommé sous forme de gruau, complétement dépouillé de son écorce. Les Tartares qui ont appris à l'Europe la culture et l'emploi de cette plante, savent de toute antiquité que l'écorce de la graine est un poison, et qu'il faut l'en dépouiller avec soin. Un réfugié polonais, M. Saniewski, a introduit en France une sorte de moulin simple et peu coûteux dont on se sert dans son pays pour préparer le gruau et la semoule de sarrasin. L'introduction de cet appareil et sa vulgarisation en Belgique ne seraient pas moins utiles qu'en France. Quant au maïs (*blé de Turquie*), apparemment M. Colman n'a vu ni le Sud-Est ni le Sud-Ouest de la France; il y aurait trouvé cette plante traitée en grande culture. Le nombre de Français qui vivent principalement de farine de maïs, est de plus d'un million.

(2) La préférence exclusive accordée par les cultivateurs de ce pays à la luzerne sur les autres plantes fourragères propres à faire des prairies artificielles, n'est point arbitraire; elle est fondée sur les propriétés de cette plante essentiellement

pale nourriture du bétail, l'été; elle est aussi excellente comme fourrage sec. J'ai peu rencontré de vesces; j'attribue cela à la préférence marquée qu'on accorde à la luzerne.

Quelques districts cultivent la fève et la lentille. On récolte aussi en France le lin, le chanvre et le tabac; mais ces plantes ne forment nulle part le principal emploi du sol. J'ai vu, dans plusieurs cantons, les choux cultivés en grand pour le bétail; je n'ai observé ni les turneps ni les rutabaga traités en grande culture; le colza et la navette, bien que j'en aie rencontré des champs de vaste étendue, ne constituent nulle part la principale culture. Je dois déclarer que je ne donne ces remarques qu'avec beaucoup de défiance; la France est grande; les diverses parties du territoire diffèrent essentiellement les unes des autres. Afin de présenter un tableau complet de son agriculture, il m'eût fallu des années d'observations et d'études, au lieu d'une description rapide à laquelle se réduit tout ce que peut admettre le cadre où je dois me renfermer.

—

FORÊTS.

Le voyageur qui traverse la France est frappé de l'immense étendue des forêts qu'il rencontre sur son passage. La forêt attenant

remontante, qui résiste mieux que toute autre aux longues sécheresses dont souffre habituellement plus de la moitié de la France. Partout où l'on peut l'arroser en été, la luzerne donne jusqu'à huit coupes de fourrage excellent sous le climat de la Loire à la Méditerranée. En Belgique où, grâce à l'humidité du climat, elle n'aurait pas besoin d'être arrosée, la luzerne, malgré la longueur ordinaire de nos hivers, donnerait au moins six coupes, si on lui accordait un terrain de bonne nature, convenablement fumé et défoncé. Mais, un préjugé trop généralement répandu parmi les cultivateurs belges, leur fait considérer la luzerne comme un mauvais fourrage, bon seulement pour utiliser les mauvaises terres qui ne produiraient pas d'autres récoltes. Pouvant être six à sept ans en plein rapport, elle ne donne durant cet intervalle d'autre peine que celle de la faucher et d'en employer le produit, et quand on la retourne, ses profondes racines, qui pourrissent dans le sol, sont l'équivalent de la meilleure fumure. Tous ces faits bien connus des cultivateurs français, justifient la préférence qu'ils accordent à la luzerne pour la formation de leurs prairies artificielles.

au palais de Fontainebleau, éloignée seulement de 66 kilomètres de Paris, contient, dit-on, 15,000 hectares; celle qui dépend du château de Chambord, en contient 9,000. Il y a en France d'autres bois d'une grande étendue; quelques-uns appartiennent à l'État, d'autres sont des propriétés particulières. Toutefois, il n'en est aucun qui soit maintenu comme objet de luxe, ou pour le seul plaisir de la chasse. Les bruyères et les terres communales de ce royaume qui restent incultes et improductives, contiennent 8 millions et demi d'hectares, soit un septième environ de toute sa superficie. Dans ce pays, le combustible consiste généralement en bois et en charbon de bois. On y trouve de vastes et de nombreux dépôts de charbon minéral (houille); mais les bassins houillers ne sont ni exploités sur une grande échelle, ni facilement accessibles; cependant leur valeur commence à être mieux appréciée que par le passé. Par suite de cet état de choses, le bois est cultivé pour le chauffage; les rivières et les canaux le transportent vers les lieux de vente et de consommation, sous forme de bûches ou de charbon. Les forêts sont exploitées en coupe réglée pour le bois d'œuvre ou de chauffage; elles sont reboisées ensuite, soit par de nouvelles plantations, soit en laissant reproduire aux vieilles souches de nouveaux taillis.

La loi permet aux propriétaires d'abattre les bois de taillis, seulement tous les dix-huit ans (1), sous le contrôle d'un inspecteur du gouvernement; les coupes se font à blanc, sauf la réserve des arbres propres aux constructions navales ou à d'autres usages, que le gouvernement a le droit de prendre pour le service public moyennant une juste rétribution. Grâces à ces sages dispositions, la provision de bois de chauffage de France est assurée; c'est à peine si le prix

(1) La loi française n'impose point aux propriétaires l'obligation de ne couper les taillis qu'à dix-huit ans; il y a des taillis de chêne et de châtaigner qu'on abat tous les six ou sept ans, pour en faire des cercles de tonneaux ; d'autres, en très grand nombre, sont aménagés à neuf ans; le plus grand nombre varie de quinze à vingt-deux ans, selon la rapidité de la croissance, laquelle dépend de l'exposition plus ou moins méridionale et de la nature plus ou moins fertile du terrain. Les forêts occupent en ce moment environ *un vingt-troisième* de la surface totale du sol de la France; mais tous les bois croissant en terres fertiles pouvant être rendues à la production des céréales et des fourrages, sont en voie de *déboisement*. Par compensation, un système général de *reboisement* est appliqué aux frais de l'État, des départements et des particuliers, à tous les terrains en pente, impropres à toute autre production qu'à celle du bois.

du bois à brûler a varié depuis un quart de siècle. Dans plusieurs villes et dans une grande partie de la France, ce combustible se vend encore au poids (1). Ces immenses bateaux de bois et de charbon qui descendent la Seine, et les énormes piles de bûches qui dans l'intérieur de la capitale couvrent des espaces de plusieurs hectares et rivalisent de hauteur avec les maisons les plus élevées, sont une des curiosités de Paris. La valeur du bois d'œuvre et de chauffage des immenses forêts de France est, comme on le voit, fort considérable. Bien que dans cet État la pierre soit la base de toutes les constructions, il se fait néanmoins une forte consommation de bois de charpente pour les toits, les planchers, les cloisons et divers autres usages. Aussi, bien des propriétaires ne croient pouvoir faire rien de plus avantageux pour l'avenir de leurs enfants, que de planter des forêts ou de repeupler celles qu'ils possèdent.

PAYSAGE.

Le paysage en France offre un aspect tout particulier; une grande partie du sol est presque de niveau, avec peu de notables accidents de terrain, ce qui lui donne beaucoup de ressemblance avec certaines parties des grandes prairies des États-Unis (2). Cela tient à cette circonstance que, dans une grande partie de la France, les clôtures de toute espèce sont inconnues. Çà et là se dresse une vaste ferme ou bien ce qu'on appelle *un château* avec ses dépendances ordinaires. Les travailleurs agricoles habitent généralement des villages qui ressemblent de loin à des îles et se font remarquer par le clocher de leur

(1) Dans le Nord, il se vend à la mesure (par stère).

(2) On nomme aux États-Unis *la prairie*, d'immenses solitudes déboisées dont le sol se couvre d'une herbe épaisse pendant l'été. Cette herbe, n'étant jamais fauchée, pourrit sur place et forme comme un *feutre* épais sur la terre; c'est là que vivent les innombrables troupeaux de bisons, seuls habitants de ces pays. Le feu du ciel y allume souvent de terribles incendies qui s'étendent sur plusieurs myriamètres de surface, et à la suite desquels l'herbe repousse plus abondante qu'auparavant. Telle est la contrée qu'on appelle en Amérique *la prairie*, et dont M. Colman a retrouvé l'aspect dans le paysage d'une partie de la France.

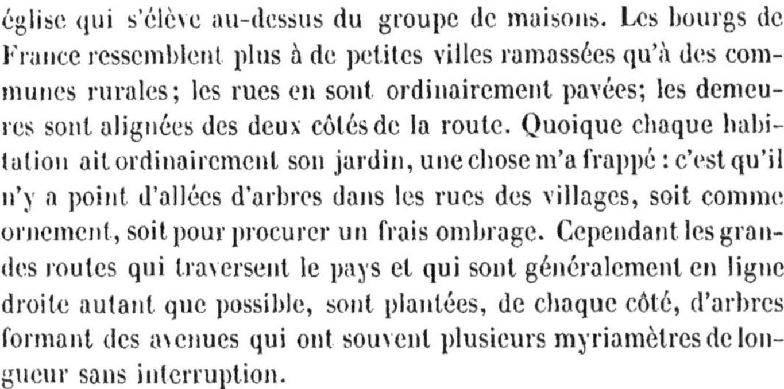

église qui s'élève au-dessus du groupe de maisons. Les bourgs de France ressemblent plus à de petites villes ramassées qu'à des communes rurales; les rues en sont ordinairement pavées; les demeures sont alignées des deux côtés de la route. Quoique chaque habitation ait ordinairement son jardin, une chose m'a frappé : c'est qu'il n'y a point d'allées d'arbres dans les rues des villages, soit comme ornement, soit pour procurer un frais ombrage. Cependant les grandes routes qui traversent le pays et qui sont généralement en ligne droite autant que possible, sont plantées, de chaque côté, d'arbres formant des avenues qui ont souvent plusieurs myriamètres de longueur sans interruption.

—

PAYSANS.

Excepté dans les grandes fermes où les ouvriers habituellement employés sont logés dans les dépendances du bâtiment principal d'exploitation, les paysans habitent les villages, quelquefois assez loin de leur besogne. Ils se lèvent de bonne heure; leurs devoirs religieux passent avant tout; leur première visite est pour l'église du village, ouverte à toute heure. J'ai vu le matin ces temples remplis de fidèles, à une heure où il fesait à peine assez clair pour voir son chemin; j'y ai trouvé la même foule le soir, au retour de l'ouvrage, à la nuit tombante, quand les deux cierges allumés sur l'autel jetaient à peine assez de lumière pour permettre de distinguer à deux pas devant soi la couleur d'un vêtement. C'est une des beautés du Catholicisme, d'être à la fois *social* et *individuel*. Bien que les cérémonies du culte catholique soient splendides et pompeuses, les fidèles semblent n'y voir que l'acte religieux en lui-même, et ne faire attention qu'au service divin qui se fait au milieu du silence et d'un profond recueillement. J'ai vu dans des églises dont les décorations et la magnificence mériteraient d'être décrites par la plume d'un brillant écrivain, le paysan entrer, dans son costume de travail, déposer sa bèche ou sa pioche à la porte, et prier avec une ferveur édifiante; j'ai vu la paysanne revenant du marché, le panier au

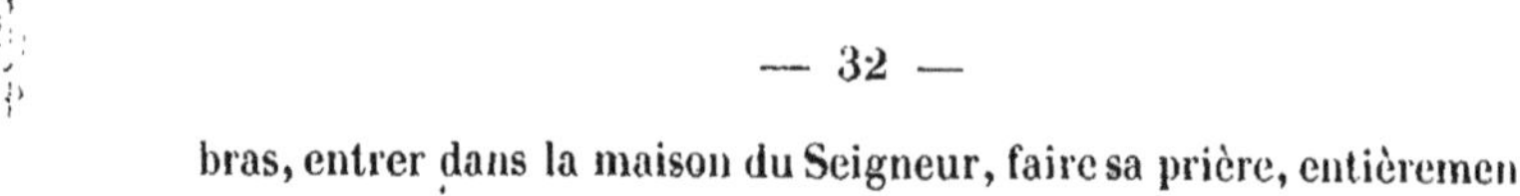

bras, entrer dans la maison du Seigneur, faire sa prière, entièrement absorbée par ce pieux devoir, puis retourner à l'ouvrage.

Dans tous les pays de l'Europe, les femmes prennent aux travaux des champs une part presqu'égale à celle des hommes, exécutant à peu près la même besogne. J'ai beaucoup vécu chez les fermiers et au milieu des classes laborieuses en général, soit dans mon pays, soit dans les contrées étrangères; je puis dire que je n'ai jamais connu de peuple plus poli, plus propre, plus actif, plus sobre et mieux vêtu que le paysan français, eu égard à sa condition, du moins dans les parties de la France que j'ai visitées; cette observation s'applique surtout aux femmes. Les cultivateurs du rang le plus humble, se font remarquer par leur civilité et par leur courtoisie; il n'y a chez eux ni servilité, ni insolence; l'esprit d'ordre et d'économie leur est habituel; l'ivrognerie est à peine connue; ils savent conserver la propreté à laquelle ils tiennent particulièrement, même en exécutant les travaux les moins propres de leur profession; la gaieté et une disposition naturelle au rire franc et inoffensif, sont les traits les plus saillants de leur caractère. Sous tous ces rapports, le paysan français m'a paru offrir un contraste frappant avec une partie de la population rurale d'Écosse, que j'ai trouvée remarquablement sale; avec beaucoup de paysans anglais, serviles, hébêtés, entêtés dans leur routine; avec le pauvre Irlandais à demi sauvage, pour qui les mots sincérité et bonne foi n'ont pas de sens; avec l'Italien irritable, que la moindre offense réelle ou imaginaire met en fureur, et chez lequel l'étranger a des motifs pour ne pas croire ses jours en parfaite sûreté.

La journée du paysan français est d'un franc à un franc et demi; le salaire des femmes est des quatre-neuvièmes de celui des hommes. D'ordinaire, ils doivent avec cette journée pourvoir à tous leurs besoins et ne reçoivent rien en nature. Pendant la moisson, et dans quelques circonstances exceptionnelles, ils reçoivent un salaire plus élevé. Ils connaissent à peine le thé et le café; ils ne boivent pas de liqueurs fortes; leur boisson habituelle est un vin aigrelet, moins fort que le cidre commun des États-Unis, encore y mettent-ils de l'eau. Ils mangent rarement de la viande et encore moins du poisson; leur mets fondamental est la soupe faite de pain et de légumes; le pain de farine de froment et de seigle, est littéralement le soutien de leur

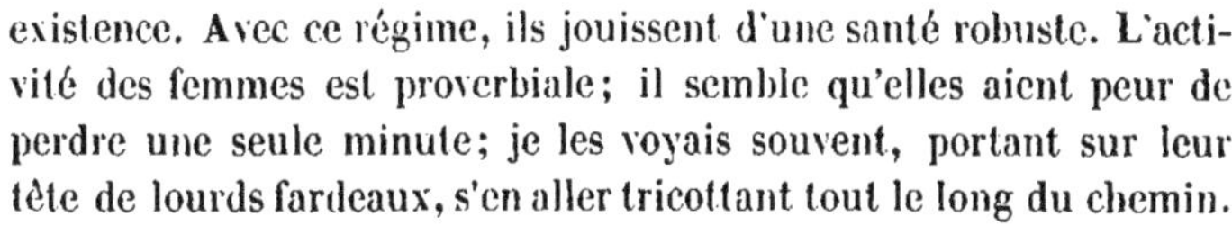

existence. Avec ce régime, ils jouissent d'une santé robuste. L'activité des femmes est proverbiale; il semble qu'elles aient peur de perdre une seule minute; je les voyais souvent, portant sur leur tête de lourds fardeaux, s'en aller tricottant tout le long du chemin.

—

ÉTENDUE DES FERMES, DIVISION DE LA PROPRIÉTÉ.

On a beaucoup discuté sur l'étendue des exploitations rurales de France. Le droit d'aînesse a cessé d'exister dans ce pays depuis sa grande révolution; la loi ordonne, à la mort du propriétaire, le partage de la terre entre tous les héritiers au même degré. Cela n'a pu se faire sans un grand scandale de la part des grands propriétaires; on prédisait la ruine de l'Agriculture comme suite infaillible de cette loi; les fermes allaient devenir si petites qu'on ne pourrait les cultiver. Or, la loi a été maintenue, et ses effets, d'après ce que j'ai vu de mes propres yeux, ont été des plus salutaires pour l'Agriculture française (1). On avait prédit que sous le régime de l'égal partage des successions, aucune amélioration agricole ne pourrait être seulement essayée; que les petits propriétaires se multipliant à l'excès et les ouvriers devenant ainsi propriétaires, les terres allaient tomber en partage à des gens *sans argent*, trop ignorants pour comprendre ou pour apprendre les meilleures

(1) En France, le chiffre total des terres payant l'impôt foncier était, en 1835, de 10,896,682, divisé en 123,366,338 pièces séparées. On suppose que les chefs de famille possédant une propriété territoriale formée d'un grand nombre de pièces de terre, est d'environ 5,000,000, ce qui réduit énormément la division, et la rend dans la plupart des cas purement nominale. En prenant le chiffre 4 pour moyenne du nombre d'individus formant une famille, on trouve qu'il y a en France 20 millions d'individus intéressés dans la propriété foncière. A la même époque, le nombre des propriétaires possédant en Angleterre, y compris le pays de Galles, des terres d'un revenu de plus de 2,500 francs, était de 38,000; le nombre total des propriétaires de terres pour l'Angleterre et le pays de Galles était de 200,000, et celui des trois royaumes, de 600,000. L'étendue du Royaume-Uni de Grande-Bretagne et d'Irlande est égale aux deux tiers de cellé de France. *(Statistique générale de France, par Schnitzler,* tom. III p. II.)

méthodes de culture, et trop pauvres pour les appliquer, quand même ils parviendraient à les connaître.

Ces objections n'étaient pas sans force ; comme ce sujet offre un puissant intérêt pour un très-grand nombre de lecteurs, j'espère qu'on me pardonnera de le traiter avec quelques développements.

Il arrive souvent à l'égard de bien des choses qui semblent funestes par elles-mêmes, ou qui doivent avoir des conséquences fatales, qu'une force compensatrice agit en sens contraire et les contrebalance, et que si cette force conserve sa liberté d'action, elle corrige les irrégularités, rétablit l'équilibre, et prévient en définitive les malheurs qu'on avait redoutés. Si la France avait dû être toute découpée en morceaux grands comme une pièce de drap, ce qui devait avoir lieu sous l'empire de la loi nouvelle au dire de ceux qui n'y entendaient rien, sans doute il en serait résulté un état de choses très préjudiciable à son Agriculture et à sa prospérité nationale. Mais, ne perdons pas de vue que si la loi a prescrit l'égal partage des successions entre les héritiers au même degré, elle n'a pas ordonné que la terre resterait pour cela partagée. Cela dépend de la volonté des héritiers dont la détermination peut être influencée par les mille circonstances qui, en cela comme en tout, influent sur la conduite des hommes. Un père laissant à sa mort plusieurs héritiers, garçons ou filles, il est peu probable que tous voudront se consacrer à l'Agriculture; ils trouveront d'ailleurs, le plus souvent, chaque lot trop petit pour la subsistance et l'entretien d'une famille ; il en résultera presque toujours que l'un des héritiers rachetera les droits des autres, et que la propriété ne sera pas partagée.

Quel est donc, s'il en est ainsi, l'avantage de cette loi ? D'abord, elle laisse, comme cela doit être, le choix libre à la volonté des intéressés ; ensuite, elle prévient de fait la concentration de la propriété du sol entre les mains de quelques individus. Il ne peut y avoir de plus grand fléau, dans les pays où la main-d'œuvre surabonde et où les travailleurs ont peine à trouver des moyens d'existence, que de laisser de vastes étendues de terrain susceptibles d'être rendues productives, échoir en partage à des gens qui ne les travaillent point par eux-mêmes et ne souffrent point que d'autres les cultivent. Cela semble une violation flagrante des lois de la raison et de l'humanité; il y a dans les conditions de la société, chez les peuples de l'ancien monde, une foule de circonstances qui parlent hautement de la nécessité de modifier ou d'abolir de tels abus.

Un des premiers devoirs de la société est d'assurer à chacun une sécurité parfaite dans la jouissance des fruits de son industrie; mais c'est également le devoir de la société d'assurer autant que possible à tout homme disposé à travailler, l'occasion d'exercer ses talents le plus complétement et le plus fructueusement possible. Les gouvernements, dans leur intérêt, s'appliquent d'ordinaire à protéger la propriété, et comme les lois sont faites presque partout par les propriétaires, celle-ci demeure efficacement soutenue. La richesse n'a-t-elle point toujours la force d'être défendue, et n'est-ce pas la pauvreté qui a surtout besoin de l'être? La vraie richesse d'un peuple est le travail productif. Un homme n'en est pas plus riche pour posséder des maisons s'il ne peut y loger, des terres s'il ne peut les cultiver, de l'argent s'il ne peut le dépenser. Vous pouvez être propriétaire d'un continent dans la lune : qu'en ferez-vous? Vous pouvez mourir de faim dans les caves pleines d'or de la banque d'Angleterre; la propriété incontestée des plus riches mines d'or du Pérou ne vous sauvera pas de la disette. Le travail est la grande source de la production des denrées, le grand instrument de la richesse ; donc, en toute circonstance, tout gouvernement juste doit protéger et encourager avant tout *le travail* (1). Les lois doivent avoir pour but d'assurer le champ libre à toute honnête industrie;

(1) Chez les peuples de l'antiquité, le travail était le partage de la classe des esclaves : Thèbes, Athènes, Rome et Carthage nous en ont légué d'irrécusables exemples. Au moyen-âge, il ne fut point entouré de plus de considération et resta toujours le lot de la servitude. Les temps modernes, au contraire, en ont fait la base de la société dont il est, à la fois, de nos jours, le plus puissant aiguillon et le plus brillant titre d'honneur. En effet, n'excite-t-il point l'émulation du pauvre et celle du riche? Est-il un pays civilisé où la Chaire et la Tribune ne retentissent, à chaque instant, des paroles les plus éloquentes pour l'encourager, en lui prodiguant les plus éclatants hommages? Il devient aujourd'hui le besoin le plus impérieux comme la préoccupation la plus constante et la plus chère de tout gouvernement. Le Christ tendit le premier une main tutélaire et toute puissante au travail : il le commanda, le sanctifia et le bénit, à l'égal de la prière! A l'exemple de son divin Maître, la Religion s'en proclama l'émancipatrice; et, de St-Pierre jusqu'à nous, le Clergé en demeura toujours le défenseur le plus intrépide et le plus zélé.

tel est l'esprit de la loi française sur l'égal partage des héritages de propriétés territoriales entre les héritiers au même degré. L'esprit des lois de *primogéniture* qui font passer la propriété foncière exclusivement entre les mains du fils aîné, et l'esprit des décrets de *main-morte* qui donnent aux terres une appropriation fixe à perpétuité, sont l'opposé des tendances de la loi française. Bien des gens trouvent essentiellement injuste le droit de primogéniture qui favorise un seul héritier aux dépends des autres dont les droits à l'affection des parents étaient évidemment les mêmes. La *main-morte* et le principe de l'appropriation perpétuelle d'une terre à une destination déterminée, rencontrent également de très ardents adversaires. Ces antagonistes demandent, et je laisse au lecteur à juger si c'est avec raison, si la terre n'a pas été donnée à l'homme pour en faire sortir sa subsistance par son travail ; et en vérité, il lui serait difficile de tirer ses vivres d'ailleurs que du sol. Laissera-t-on, en présence de cette vérité, un individu ou une réunion de personnes monopoliser la propriété foncière et s'en emparer de manière à pouvoir la détourner de sa destination de nourrir le genre humain? Il semble que la terre appartienne à celui qui la possède de fait, et que quand il quitte ce monde pour l'éternité, ses droits doivent cesser ; pas du tout! La société, quand elle reconnaît le droit d'aînesse, admet, chose réellement surprenante, que la volonté d'un homme mort il y a des siècles, détermine l'usage et l'appropriation actuelle de la terre, et décide si elle sera ou non utilisée d'une manière quelconque.

Je m'écarterais trop de mon sujet en pénétrant plus avant dans l'examen d'une question d'une si haute importance, livrée à la discussion publique et privée. Je suis convaincu de la nécessité de protéger les droits de la propriété et de lui donner la sécurité la plus parfaite, ainsi que l'admet la société; mais il me semble que ce droit doit être subordonné à un autre d'un ordre plus élevé, à celui *de vivre*. Ce qu'un homme produit par son industrie ou par son travail, par son activité ou par son génie inventif, exercé sans préjudice des droits d'autrui, est sa propriété exclusive; il en dispose comme il l'entend et à perpétuité, sans contrôle, si ce n'est pour empêcher qu'il n'en fasse un usage immoral pour quelqu'objet nuisible à la société, à son bien-être et à son repos. Mais

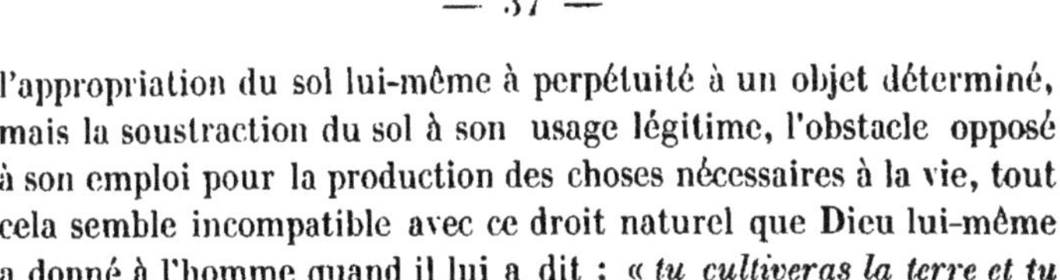

l'appropriation du sol lui-même à perpétuité à un objet déterminé, mais la soustraction du sol à son usage légitime, l'obstacle opposé à son emploi pour la production des choses nécessaires à la vie, tout cela semble incompatible avec ce droit naturel que Dieu lui-même a donné à l'homme quand il lui a dit : « *tu cultiveras la terre et tu en feras sortir ta subsistance par ton travail.* »

Dans plusieurs des États de l'Union-Américaine, la loi, lorsque les propriétés d'un débiteur sont saisies par ses créanciers, a pris grand soin de lui réserver les instruments de son travail ou de son industrie, afin qu'il conserve les moyens de pourvoir à ses besoins et à ceux de sa famille. En présence de l'intérêt évident de la société tout entière et du devoir de cet homme envers les siens, qui lui imposent l'obligation de faire vivre par son travail ceux dont il est le soutien, si la loi lui enlevait ces instruments de son travail, le caractère d'une telle mesure serait le même que celui des lois qui, sous une forme quelconque, au milieu de centaines et de milliers de malheureux mourant de faim, leur interdirait l'usage de la terre, désignée par le Ciel même comme la seule source où l'homme doive chercher son pain quotidien qu'il ne saurait trouver ailleurs. Un des grands résultats de la révolution qui a donné l'indépendance aux États-Unis, comme de la grande révolution française, fut de briser les lois restrictives, de laisser la propriété territoriale subir les mêmes conditions que les autres genres de propriété, et par dessus tout, de rendre accessible à tous la possession du sol.

Aux États-Unis, où la terre est abondante et où des millions d'hectares restent incultes de temps immémorial, les obstacles mis par la loi à la concentration, au monopole de la propriété territoriale, sont moins nécessaires qu'ailleurs ; mais, même aux États-Unis, la loi doit empêcher l'appropriation à perpétuité de la terre pour un objet quelconque, quand même elle aurait pour excuse des motifs de morale ou de piété, parceque d'une part c'est une violation directe du droit qu'apporte en naissant chaque génération de juger *par elle-même* et seulement *pour elle-même* sans engager l'avenir, de ce qu'elle peut conserver ou rejeter, et que d'autre part, c'est conférer un pouvoir dont l'expérience montre à quel point l'abus est grave et préjudiciable à la société.

Une des principales objections élevées contre la subdivision du

sol, c'est que cet état de la propriété ne permet pas l'exécution des grandes améliorations agricoles, notamment celle des deux pivôts de l'Agriculture moderne : le drainage et le défoncement. Cet argument ne manque pas d'une certaine force. Mais d'abord, on peut espérer que, fort souvent, les propriétaires comprenant assez leur propre intérêt qui ne peut manquer de les frapper par son évidence même, s'entendront pour combiner leurs efforts et améliorer en commun. Ensuite, on sait que dans l'exploitation de la petite propriété, le sol étant travaillé, non pas à la charrue mais à la bêche, les labours équivaudront à des défoncements, et l'effet désiré, quant au développement complet de la force productive du sol, sera obtenu. Quand l'utilité des améliorations est évidente et que les frais dépassent les moyens des possesseurs du sol, je ne vois pas ce qui pourrait empêcher l'État de s'en charger, sauf à répartir les frais entre les intéressés, en accordant des termes de remboursement assez longs pour que l'amortissement des sommes avancées ne leur soit pas trop onéreux.

On a dit encore que les petits cultivateurs ne possédant point de capitaux, étrangers par leur éducation aux applications modernes de la science à l'Agriculture, ne peuvent cultiver que d'une manière fort imparfaite. On ne peut nier la valeur de cette objection ; mais on peut répondre que la petite culture se pratique sous l'empire du plus fort de tous les stimulants : l'intérêt personnel des cultivateurs. Possédant eux-mêmes la terre qu'ils labourent, toute amélioration agricole leur profite directement. L'étendue de leur culture étant fort restreinte, il devient pour eux de la plus haute importance de faire atteindre à la terre son maximum de production, afin de pourvoir à leurs besoins. Aussi ne manqueront-ils pas de mettre tous leurs soins à se procurer, le plus possible, les meilleurs engrais pour enrichir le sol de leur petite exploitation. Certes, le travail et l'économie ainsi appliqués à la terre, constituent un capital réel, dont on ne peut contester l'action sur la production.

Mais, sortons des raisonnements, et rentrons dans l'examen des faits ; voyons comment fonctionne en ce moment en France le système de la division des propriétés territoriales. Ce système a produit, quant à la possession des terres, une grande révolution ; or, de l'aveu unanime des hommes les plus intelligents et les plus dignes de foi, près desquels j'ai cherché à m'éclairer sur ce point, cette révolution a produit les plus heureux résultats. Dans les districts qu'on peut nommer purement agricoles, éloignés des villes et des centres de population, on trouve des fermes de 50, 100, 200 et jusqu'à 500 hectares, et au-delà. Rien ne fait présumer que cet état de choses ne doive pas se maintenir. La loi, en prescrivant la division de la propriété territoriale entre les héritiers au même degré, n'a pas prétendu les engager à poursuivre ce système de partage. Elle n'a fait autre chose que de faire rentrer la propriété de la terre dans la circulation, pour qu'il en fût disposé selon les circonstances de temps et de lieu.

En cas de partage, voyons ce que deviendrait une terre de 600 hectares, répartie entre quatre héritiers ; chacun d'eux aurait une ferme d'une étendue fort raisonnable. Supposons une seconde division, chaque exploitation aura 37 hectares et demi; c'est l'étendue ordinaire des métairies dans la Nouvelle-Angleterre ; c'est plus que la contenance moyenne des fermes flamandes. Admettons encore un troisième partage, les lots seront de 9 hectares chacun ; c'est l'étendue des exploitations les plus productives de Belgique. Ceux qui raisonnent contre ce système supposent que la division peut être poussée à l'infini ; cela est absurde. J'ai déjà fait remarquer précédemment que le mal résultant d'une trop grande subdivision de la propriété foncière porte en lui-même le principe qui en corrige les effets, et doit nécessairement s'arrêter au point où il deviendrait funeste aux intérêts sociaux ; c'est ce qui est arrivé en France dans les districts exclusivement agricoles. Mais, dit-on, le voyageur parcourant les environs des grandes villes, voit d'un coup d'œil que la division y a été poussée fort loin ; les champs ressemblent souvent à des plate-bandes de jardin et sont découpés en effet en tous petits morceaux. C'est exactement ce qui pouvait arriver de mieux. Chaque partie de terre est la propriété d'un de ces maraîchers dont le travail approvisionne les marchés des villes en fruits et en légumes ; chacun d'entr'eux doit, en raison même de l'exiguité de son terrain, porter sa culture au plus haut point de perfection possible, et dans le fait, la variété, la quantité et la qualité des produits qu'ils y récoltent, tiennent du prodige. Très souvent, ces lots de terrains appartiennent à des gens livrés à quelque profession mécanique dans les villes, et qui trouvent dans la culture de leur petit domaine la santé et la plus douce récréation. Une chose est assurée dans tous les cas, c'est que pas un centimètre carré des terres dans le voisinage des villes ne peut demeurer inculte ; c'est que de la manière dont ces terres doivent forcément être cultivées, elles doivent atteindre leur maximum de production.

Si nous considérons les grandes exploitations de l'Angleterre, les fermes de plusieurs centaines d'hectares (à l'exception de quelques cantons des mieux cultivés, comme le Lothian en Écosse et les comtés de Northumberland, Lincoln et Norfolk en Angleterre et de quelques métairies seulement dans chacun de ces comtés), nous trouverons que toute leur surface n'est pas également bien cultivée, et que soit négligence, soit absence de capital suffisant, de grandes portions de terre n'y produisent rien du tout. C'est ce qui arrive bien plus rarement dans les petites exploitations, par la seule raison que les cultivateurs soignent davantage leur culture, et qu'ils ont pour cela plus de facilités que les chefs des très-grandes fermes. J'ajoute que dans les très-petites cultures de 3, 5 ou même 10 hectares, on n'a point à supporter les frais énormes que nécessitent ailleurs les attelages et le matériel en instruments aratoires d'un prix élevé. J'ai vu très-rarement en Angleterre, mais assez souvent dans le Continent, spécialement en Suisse, les petits fermiers tirer doublement parti de leurs vaches laitières en les fesant travailler. Une vache laitière qu'on traite avec douceur et qu'on nourrit largement, peut supporter un travail modéré de quatre à six heures par jour, sans que ce travail nuise à la production du lait. Dans la culture d'une grande ferme, consistant surtout en terres arables, l'entretien des bêtes de somme, des harnais et du matériel, absorbe *d'un quart à un tiers du produit brut.* C'est donc une notable économie que celle d'une telle dépense ; on la réalise dans les petites fermes, en faisant labourer les terres par les vaches, qui par ce travail et par la valeur de leurs veaux, paient leur nourriture ; il en est de même quand l'exploitation est assez petite pour que tous les labours soient faits par l'homme sans le secours des animaux, par la bêche sans l'intervention de la charrue. Je crois, par conséquent, que toute proportion gardée, les petites fermes sont plus productives que les grandes, et qu'elles livrent à la consommation une plus forte somme de produits, obtenus avec moins de frais que dans la grande culture.

Ce que je dis ici du résultat économique, je puis avec bien plus de raison le dire de l'influence morale du système de division de la propriété foncière.

De toutes les causes qui peuvent stimuler l'activité et l'industrie d'un homme et le maintenir dans le droit chemin, il n'en est pas de plus puissante assurément que l'espoir d'améliorer sa position. Je puis ajouter, comme une vérité constante qu'il est inutile d'appuyer par des raisonnements, que rien n'inspire plus de respect de soi-même associé à un juste sentiment d'indépendance, que la possession d'une propriété foncière, d'un champ ou d'une maison. Cet effet se manifeste constamment parmi les populations agricoles en France. Toute l'ambition d'un paysan français est de posséder un coin de terre, et lorsqu'il le possède, de l'agrandir. C'est là ce qui aiguillonne son activité, c'est là ce qui lui impose la plus sévère économie (1). La subdivision de la propriété territoriale rend possible en France, sous ce rapport, ce qui ne l'est pas dans les pays où prévaut le système des substitutions, et où la propriété est agglomérée en grandes masses maintenues avec de jalouses précautions. Cette possibilité d'aborder la propriété, est la plus forte des garanties pour le maintien de l'ordre public et de la paix du pays. Les gens les moins disposés à s'associer à des projets de révolution sont, à coup sûr, ceux dont chaque révolution met la position en péril, ceux dont les propriétés consistent en biens fonds qui ne se déplacent point à volonté ; ces biens constituent pour eux le gage le plus certain de loyauté et de patriotisme. Plus la propriété est divisée dans

(1) Il y a quelques années, un notaire de l'arrondissement de Nantua, département de l'Ain, fit la spéculation d'acheter une grande propriété pour la revendre par petits lots aux paysans de sa commune. Sachant qu'ils n'avaient pas d'argent, il leur en prêtait à un intérêt usuraire, comptant bien que les acquéreurs imprudents ne pouvant payer, seraient expropriés; de sorte qu'en fin de compte, il aurait, comme on dit, l'argent et la marchandise. Mais son espoir fut complétement trompé. Les paysans travaillèrent avec tant d'ardeur et s'imposèrent tant de privations, qu'ils payèrent jusqu'au dernier centime, et se trouvèrent en peu d'années libres propriétaires de leurs champs si laborieusement acquis. Ils eurent encore une autre satisfaction, celle d'obtenir de la justice la condamnation du notaire, pour délit d'usure habituelle.

un pays, moins elle offre d'inégalités; ou mieux, plus elle est facilement accessible à tous, et plus ce pays offre de sécurité pour le droit de propriété, plus la paix publique y est assurée. Le plus humble travailleur agricole en France peut voir dans l'avenir, avec de l'activité, de la tempérance et de l'économie, une propriété, la possession d'une portion de la terre qu'il cultive. Cet espoir est le plus puissant encouragement qui puisse le porter à se bien conduire ; l'influence bienfaisante qu'exerce sur le caractère des paysans français l'espoir de la propriété, ne saurait être l'objet d'un doute.

Peu de faits m'ont plus vivement impressionné que le contraste entre la condition des populations rurales de la France et celle des mêmes classes dans la Grande-Bretagne; j'en ai déjà dit quelques mots. Je n'ai vu nulle part de peuple plus robuste, plus proprement vêtu, plus heureux que le peuple des campagnes en France. L'heureux caractère, le bon tempérament et l'extrême sobriété qui distinguent le peuple français en général, y sont sans doute pour quelque chose; mais c'est bien plus encore, à mon avis, le fruit de la législation qui permet aux paysans de prétendre à la condition de propriétaire.

Je suis on ne peut plus éloigné de vouloir établir des comparaisons fâcheuses, et je conviens d'avance que mon jugement peut être erroné ; mais je ne pense pas que l'expression calme de ma conviction de bonne foi puisse offenser aucun lecteur non prévenu. La situation vraîment misérable d'une grande partie de la population rurale en Angleterre est un fait de notoriété publique ; jamais le paysan anglais ne saurait, dans aucun cas, atteindre à la propriété. La grande difficulté pour la famille, c'est de ne pas mourir de faim ; en cas de maladie, elle n'a d'autre ressource que la charité privée ou l'assistance de la paroisse. Quand les laboureurs anglais ne peuvent plus travailler, ils n'ont, la plupart du temps, que la triste perspective de l'hôpital.

Je déclare que je crois qu'il existe chez le peuple anglais autant de philanthropie et de sentiments de justice et d'humanité que chez toute autre nation. Mais, dans un pays où la possession de la richesse est la plus précieuse et la plus enviée des distinctions; dans un pays où tant d'aliments sont offerts au développement de la cupidité portée à l'extrême, il n'est pas raisonnablement possible d'espérer que la grande masse de la nation soit juste, humaine, ou philanthrope. La richesse est le grand instrument de la puissance dans la vie des peuples qu'on nomme civilisés et qu'on a souvent bien tort de nommer chrétiens ; la possession de ce pouvoir est toujours dangereuse et l'on peut toujours en abuser. La seule garantie contre cet abus, c'est la division de la propriété, c'est de donner aux classes les plus humbles de la société le pouvoir de se protéger elles-mêmes. Dans la Grande-Bretagne, les classes ouvrières sont, comme je l'ai dit, placées dans des conditions déplorables. Il leur est d'ordinaire absolument interdit d'aspirer à la propriété d'un champ. Quelques personnes, dans un esprit de véritable philanthropie, ont imaginé de louer aux travailleurs, sur divers points du pays, de petits lots de terrain à bon marché; c'est ce qu'on nomme en Angleterre *le système d'allotement*. Mais bien que les lots aient été limités à une étendue de *six ares seulement*, les fermiers se sont ligués contre ce système; ils refusent d'accepter les baux où la clause *d'allotement*, pour les ouvriers qu'ils emploient, leur est imposée. On a constaté partout où le système d'allotement a pu être mis en vigueur, ses heureux effets sur la condition physique et morale des travailleurs agricoles ; mais, même sous l'empire des circonstances les plus favorables, jamais ce système ne peut équivaloir à un ordre de choses où le travailleur peut aspirer à la propriété.

Je ne prétends pas contester qu'il n'y ait certaines améliorations agricoles dont la réalisation est possible seulement dans les grandes propriétés et moyennant l'avance d'un capital considérable, bien que ces mêmes améliorations soient peut-être plus réalisables sur des propriétés de moyenne contenance, de 50 ou même de 25 hectares, que sur des domaines d'une étendue beaucoup plus considérable; car ces propriétés moyennes sont à la portée d'un plus grand nombre de cultivateurs, et la majorité des fermiers n'est pas composée de grands capitalistes. Les immenses améliorations résultant de l'endiguement, du *colmatage* (1) des terres basses, ou de

(1) On nomme en italien *colmata*, et au pluriel *colmate*, des remblais effectués au moyen des eaux qu'on introduit troubles sur des terrains bas, et qu'on laisse écouler claires après qu'elles ont déposé leur limon. Ce terme a donné lieu au mot *colmates* et *colmatage*, adoptés par les ingénieurs en France. De grands travaux de

la création de polders repris sur la mer elle-même, comme j'en ai vu en Hollande et en Angleterre dans les comtés de Lincoln et de Cambridge, ne peuvent être exécutés que par de riches associations de propriétaires ; il n'y a pas de fortune privée qui puisse suffire à de telles entreprises.

Je ne nierai pas non plus que le système de la très-grande culture ne puisse donner plus de produits pour la vente, et qu'au point de vue commercial, il ne rende plus d'argent et ne soit l'occasion de plus belles fortunes privées. Mais je n'admets pas que la richesse répartie comme elle l'est ordinairement, soit le symptôme certain de la prospérité d'une nation. La condition la plus heureuse pour la société, est assurément de n'avoir ni richesse excessive ni extrême pauvreté, et de ne pas offrir le déplorable contraste entre l'opulence exorbitante et le dénûment absolu, comme on le voit dans tant de pays ! A coup sûr, la condition la plus favorable d'une société quelconque, est que chacun de ses membres, sans exception, possède au même degré les moyens d'améliorer sa position.

Si l'on considère l'Agriculture au point de vue exclusivement commercial, et c'est ce qui a lieu en Écosse et en Angleterre, on trouve qu'elle fait aux travailleurs agricoles une condition fort dure. J'ai connu en Angleterre et en Écosse des propriétaires en assez bon nombre qui, cultivant leur propre bien, se montrent envers leurs ouvriers non-seulement justes, mais bienveillants ; ils leur distribuent des salaires convenables, les logent dans des cottages *confortables*, et prennent soin d'eux quand la maladie ou la vieillesse les empêchent de travailler. Mais quoi qu'il puisse y avoir, je n'en doute pas, de très-nombreuses exceptions, on n'en peut pas dire autant des fermiers, surtout des chefs de vastes exploitations où, toute proportion gardée, il y a pour les ouvriers moins de salaires à gagner que dans les petites fermes. Je ne crois pas être injuste envers les fermiers en disant que le but principal qu'ils veulent atteindre, en raison même des charges qu'ils ont à supporter,

colmatage sont en voie d'exécution en Belgique ; il s'agit d'inonder des milliers d'hectares de bruyères avec les marées de l'Escaut qui doivent y déposer une vase fertilisante, comme cela se pratique sur une très-grande échelle à l'embouchure de l'*Humber* en Angleterre ; le succès n'est pas douteux.

est de faire faire leurs travaux au plus bas prix possible. Hors de là, l'ouvrage fait et les salaires payés, ils ne prennent qu'un très-faible intérêt au bien-être de leurs ouvriers; ils ne s'en occupent que pour empêcher par tous les moyens, humains ou non, qu'ils ne tombent sous l'application de la loi des pauvres (1). Le sort des travailleurs agricoles, tel qu'il a été constaté par une enquête officielle dans les comtés de Dorset et de Devon, est réellement déplorable. J'ajoute que je n'ai observé nulle part un système plus inhumain, plus oppressif, plus profondément démoralisateur que celui qu'on suit dans le Norfolk sous le nom de *Gang-System*, dont j'ai donné ailleurs un exposé complet et exact. Les chaumières habitées par de pauvres laboureurs sont éloignées des grands centres d'exploitation; la population rurale est entassée dans des hameaux étroits et malsains, et le paysan est entièrement à la merci du grand fermier, *Gang-Master*. Je déclare que, quant au bien-être matériel, le sort du nègre esclave dans les États du Sud de l'Union Américaine, est un paradis en comparaison de celui des habitants du Norfolk. Je n'hésite pas à signaler cet atroce système à l'indignation publique. On dit que ce peuple est libre; oui, libre de subir la loi qu'on lui impose ou de mourir; c'est la seule liberté qu'on lui laisse sans autre alternative. Et c'est là de la liberté! Alors qu'est-ce que l'esclavage peut avoir de plus dur? Il n'y a qu'un cri contre les ouvriers chaque fois qu'ils s'avisent de se coaliser, soit pour faire élever les salaires, soit pour empêcher de les réduire. N'y a-t-il rien à faire contre les maîtres quand ils se coalisent pour abaisser ou supprimer les salaires? On répond que le fermier est écrasé de loyers et de taxes de toute sorte, et que par ce motif, il est forcé de réduire le prix du travail au taux le plus bas possible. L'ouvrier du Norfolk est à l'égard de son maître dans une dépendance aussi absolue que s'il était sa propriété; l'avarice et la tyrannie du maître ont le champ libre à son égard. Je n'en dirai pas plus sur ce

(1) La taxe des pauvres constitue à proprement parler le revenu des pauvres; c'est le sens propre du mot anglais *Poor-rate*. Or, un homme n'a droit à sa part de cette rente que quand il manque absolument de moyens d'existence; les grands cultivateurs anglais s'arrangent de manière à ce que les ouvriers, bien que fort malheureux, ne puissent pas réclamer de secours comme indigents; ils leur donnent, comme dit le proverbe du pays wallon, *trop pour mourir, trop peu pour vivre*. C'est là ce que veut dire M. Colman.

sujet ; j'ajoute seulement qu'une telle pratique de l'Agriculture foule aux pieds les lois de la justice et de l'humanité, et que si la très-grande culture n'est possible qu'au prix de tant de crimes et de tant de misères, un honnête homme doit y renoncer.

Le sort du paysan français est complétement différent ; l'amélioration de sa condition résulte en grande partie de la loi sur l'égal partage des successions. Le cultivateur en France sait qu'il peut devenir, non seulement fermier, mais aussi propriétaire. Cette pensée l'élève à ses propres yeux et lui inspire le respect de lui-même ; elle est pour lui le plus puissant élément de moralité. Le paysan anglais envisage l'avenir avec désespoir; le cultivateur français est animé par l'espoir toujours présent à sa pensée d'améliorer sa condition ; cela seul le rend actif et tempérant. La révolution française, en abolissant les droits féodaux, a changé du tout au tout les rapports du maître au serviteur. Le peuple français a pris connaissance de ses droits ; il n'est pas prêt à les oublier. Sans aucun doute, le souvenir des horreurs de la révolution de 1793 et celui de la rapidité soudaine de la révolution de 1830 a influé sur la marche du gouvernement français d'une façon salutaire; cette influence doit se prolonger. L'État en France maintient les seuls rapports équitables qui puissent exister entre les administrateurs et les administrés ; il n'y a pas de maîtres, il y a des serviteurs de la nation ; la souveraineté leur est confiée non pour leur avantage personnel, mais pour le bien-être du peuple qu'ils régissent. S'il s'écartait de cette ligne, le gouvernement y serait vite ramené par ces remèdes énergiques, très-bien compris du peuple en France, mais trop hasardeux pour qu'on doive en provoquer légèrement l'application.

—

MESURES PRISES PAR LE GOUVERNEMENT POUR L'AMÉLIORATION DE L'AGRICULTURE.

Les mesures du gouvernement en faveur du progrès de l'Agriculture, pourvu qu'elles soient accomplies avec exactitude et intelligence, ne méritent que des éloges.

1° **Ministère de l'Agriculture.**—D'abord, il y a un ministre de l'Agriculture (1), et c'est un des personnages les plus importants du royaume; il est spécialement chargé de protéger les intérêts agricoles, de faire dresser les relevés statistiques des produits du sol de toutes les parties de la France, de constater l'état de l'Agriculture, de rechercher quelles améliorations ont été effectuées, quels autres progrès sont réalisables et semblent le plus urgents; enfin quelle est la condition des populations rurales.

2° **Relevés statistiques.**—La statistique des produits du sol de la France vient d'être terminée; c'est un travail immense et fort bien exécuté. Évidemment, il ne peut contenir que des approximations, mais ces données n'en ont pas moins une grande valeur; quelques-uns des faits qu'elles mettent en lumière, sont d'une nature encourageante au plus haut degré. Elles ont été obtenues directement des hommes les mieux informés et les plus dignes de confiance; tous les documents ont été adressés des divers points du territoire au bureau central de Paris. Les tableaux comprennent une grande variété de sujets dont les principaux sont l'étendue des terres en culture, l'espace occupé par chaque récolte, les engrais employés, les quantités de semences confiées au sol, et les produits obtenus. Ils donnent aussi le nombre des personnes livrées à l'Agriculture comme profession, le nombre des animaux domestiques dans chaque départe-

(1) Le monde agricole connaît l'œuvre remarquable (1) de Louis-Napoléon Bonaparte. On y trouve, à certains égards, des opinions analogues à celles de l'illustre ami d'Henri IV, Sully, dont chacun se rappelle les sages paroles devenues proverbiales: *l'Agriculture et le Commerce sont les deux mamelles de l'État.* Cette noble pensée guide aujourd'hui le Président de la République Française dans le choix de ses Ministres; et, nul doute que, tant par ses connaissances spéciales que par sa constante sollicitude, ce Prince éclairé ne contribue puissamment à favoriser et à encourager les progrès de l'Agriculture.

(1) *Extinction du Paupérisme* (Fort de Ham, Mai 1844).

ment, avec une grande variété de renseignements concernant l'Agriculture et le Commerce, offrant autant d'intérêt que d'utilité. Ce magnifique travail fait le plus grand honneur au gouvernement et à tous ceux qui ont concouru à son exécution (1).

(1) Ce relevé statistique, fait en 1841, présente trop d'intérêt pour que nous ne donnions point ici un extrait de ce travail remarquable et rare.

Sommaire de l'étendue des 86 départements agricoles de la France et de la valeur de ses productions (1).

	HECT.	A.	C.	VALEUR F.	C.
Des cultures.	19,945,890	95	52.	3,479,583,005	»
Des vergers, pépinières et oseraies.	766,577	91	32.	»	»
Des pâturages, pâtis, landes et bruyères y compris les jachères. .	21,097,952	80	86.	840,713,360	»
Des bois de toute sorte.	8,804,550	97	88.	206,600,525	»
Étendue du domaine agricole. .	50,614,972	65	58.		
Routes, canaux et autres surfaces	2,153,646	22	93.		
Étendue totale des 86 départ^{s}.	52,768,618	88	51 (2).		

Nombre et valeur des animaux domestiques des 86 départements de la France, avec le prix moyen de chacun.

	NOMBRE.	VALEUR. F.	C.	PRIX MOYEN. F.	C.
Taureaux.	399,026.	33,613,990.	»	84	00.
Bœufs.	1,968,838.	301,819,337.	»	153	00.
Vaches.	5,501,825.	487,875,663.	»	89	00.
Veaux.	2,066,849.	52,936,763.	»	26	00.
Béliers.	575,718.	9,243,405.	»	16	05.
Moutons.	9,462,180.	127,862,305.	»	13	50.
Brebis.	14,804,946.	135,938,491.	»	9	20.
Agneaux.	7,308,589.	41,539,056.	»	5	70.
Porcs.	4,910,721.	172,556,008.	»	35	00.
Chèvres.	964,300.	8,851,451.	»	9	20.
Chevaux.	1,271,630.	218,498,584.	»	172	00.
Juments.	1,194,231.	174,709,681.	»	146	00.
Poulains.	352,635.	24,626,018.	»	70	00.
Mules et mulets.	373,841.	64,284,246.	»	172	00.
Anes et ânesses.	413,519.	16,217,371.	»	39	00.
Totaux.	51,568,845.	1,870,572,369.	»		

(1) *Statistique agricole de la France*, t. IV, 1841 (aucun recensement officiel n'a été fait depuis.)

(2) D'après M. Moreau de Jonnès, la valeur annuelle de la production agricole de la France, moins les animaux domestiques, a quadruplé depuis Louis XIV; elle a triplé depuis 1789, et doublé depuis l'Empire. Voici les chiffres donnés à cet égard :

Année 1700, 1,500,000,000 f^{s}.
» 1788, 2,032,000,000.
» 1813, 3,350,000,000.
» 1849, 6,022,000,000.

Ainsi, de 1788 à 1849, la production agricole a augmenté dans la proportion de 1 à 3.

La population excède maintenant de 16 millions d'habitants celle de la monarchie de Louis XIV, de 12 millions celle de 1784, et de 7 millions ou d'un cinquième, celle de l'époque impériale de 1806. De 1788 à 1849, la population n'a donc augmenté que dans la proportion de 2 à 3.

3° **Inspecteurs de l'Agriculture**—Le gouvernement a ensuite, par une sage prévoyance, divisé la France en quatre régions agricoles à chacune desquelles est attaché un agronome instruit et expérimenté, en qualité d'inspecteur-général. Ce fonctionnaire doit parcourir sa circonscription agricole, au moins une fois par an, observer avec soin l'état de son Agriculture, et consigner ses observations dans un rapport adressé au gouvernement. Il doit aussi, pendant ses tournées, distribuer partout où il le croit nécessaire, des avis et des renseignements. C'est à coup sûr un excellent moyen de propager les connaissances agricoles et d'exciter l'émulation (1).

4° **Importation de bestiaux améliorés.**—Le gouvernement a importé des pays étrangers quelques-uns des meilleurs reproducteurs, tels que des taureaux et des chevaux de race. Il les a distribués sur divers points du pays, afin de les tenir à la disposition des éleveurs, qui peuvent les employer à l'amélioration de leurs espèces d'animaux domestiques. Cet objet acquiert une grande importance en raison du nombre considérable de chevaux nécessaires à la remonte de la cavalerie. Toutefois est-il préférable d'abandonner l'élève et l'emploi des animaux reproducteurs aux particuliers? C'est une question vivement controversée. Il est certain que le domaine public est souvent moins bien soigné que ce qui appartient à des particuliers, mais l'État en France a levé en partie cette objection en exposant de temps à autre en vente publique les reproducteurs achetés et introduits à ses frais.

5° **Écoles d'Agriculture et écoles vétérinaires.** — La France possède plusieurs écoles d'Agriculture établies sur différents points du pays; on y donne une instruction agricole complète, à la fois théorique et pratique; j'en donnerai un aperçu. Il y a en outre des écoles vétérinaires où l'on enseigne à fond l'anatomie comparée et le traitement des maladies de tous les animaux domestiques. La

(1) Le Gouvernement a confié en même temps à plusieurs agronomes distingués la mission de visiter les pays étrangers pour recueillir des renseignements sur leur Agriculture et en rapporter des plantes ou des semences pouvant être cultivées en France avec avantage. Le nouveau Gouvernement persévère dans la même voie.

Indépendamment des inspecteurs-généraux de l'Agriculture, plusieurs départements paient des inspecteurs particuliers, chargés des mêmes fonctions, mais seulement dans leur province; ils adressent leurs rapports aux préfets et aux conseils-généraux.

création des écoles vétérinaires a évidemment pour point de départ l'armée, pour laquelle la conservation des chevaux est un objet de la plus haute importance.

6° Sociétés d'Agriculture et expositions agricoles. —Des sociétés d'Agriculture sont établies sur tous les points du pays, dans le but de propager les saines notions de l'Agriculture; elles sont aidées par le Gouvernement; elles doivent probablement prendre par elles-mêmes beaucoup plus d'extension. La *Société d'Agriculture* de Paris compte dans son sein les hommes les plus éminents de toute la France; elle se réunit deux fois par mois pour discuter les questions agricoles et pour entendre des mémoires sur diverses améliorations; elle tient en outre à la fin de l'été une séance solennelle à l'occasion de la distribution des prix qu'elle décerne. L'année dernière une exposition de bestiaux fut tentée à Poissy (c'est le *Smithfield* de France); on y a vu figurer des bestiaux indigènes excellents, et d'autres améliorés par le croisement, fort remarquables bien que peu nombreux. J'y ai trouvé des moutons de la meilleure espèce, de la nature la plus profitable, surtout pour un pays comme les États-Unis, où la bonne viande de mouton et la laine fine sont deux articles fort demandés. Il y avait des mérinos de race pure, de grande taille, gras et bien proportionnés, avec des toisons de la plus excellente qualité. Je n'ai jamais rencontré d'animaux de cette sorte réunissant un plus complet ensemble de qualités recommandables. Ces expositions dont celle que j'ai vue était la première, doivent avoir lieu désormais tous les ans (1).

7° Congrès agricole.—Avant cette exposition de bestiaux, un congrès agricole composé de plus de 300 agronomes propriétaires ou savants, délégués des sociétés d'Agriculture des divers points du pays, s'était réuni à Paris pour discuter, pendant quinze jours, des questions d'Agriculture pratique et les questions politiques liées aux intérêts ruraux; des talents remarquables se sont fait jour dans

(1) M. Colman se trompe; le concours de Poissy auquel il a assisté en 1847 était le second de cette nature. Celui de 1848 a été contremandé à cause des événements politiques; mais l'institution est trop utile par elle-même pour être abandonnée chez nos voisins. Des concours pour les animaux de boucherie, sur le même pied que le concours de Poissy, sont établis depuis quelques années à Bruxelles; ils ont déjà produit les meilleurs résultats, par l'émulation qu'ils provoquent, dans toute la Belgique, tant chez les éleveurs que chez les engraisseurs de bestiaux.

ces discussions. A Poissy, le ministre de l'Agriculture a distribué des prix s'élevant ensemble à un total considérable; enfin tout indique, de la part du gouvernement, une résolution de plus en plus sérieuse de favoriser activement les progrès de l'art agricole (1).

8° **Conservatoire des arts et métiers.**— Paris est surtout remarquable par les ressources qu'il offre à l'instruction scientifique; il possède une institution nommée *Conservatoire des arts et métiers;* c'est à proprement parler une école ouverte aux classes ouvrières de la population. On y a réuni une collection complète d'instruments d'Agriculture et de modèles de constructions rurales, comprenant non seulement ceux qu'on emploie en France, mais encore des spécimens de ce qu'il y a dans ce genre de plus perfectionné dans les autres pays. Des cours publics d'agronomie, ou plutôt des leçons de chimie et de mécanique appliquées à l'Agriculture, y sont donnés par les plus savants professeurs payés par l'État, de sorte que l'admission à ces cours est entièrement gratuite; ainsi les esprits studieux ont à leur portée le meilleur moyen de s'instruire dans les applications de la science à l'art agricole. Peut-être aucune nation n'a-t-elle concouru plus que la France au progrès de la chimie agricole; il suffit de rappeler à cet égard les travaux de Chaptal, Boussingault, Payen et une foule d'autres hommes éminents. Si la chimie agricole peut faire de bons cultivateurs, ceux de France devraient l'emporter sur ceux du reste du monde. Je laisse à d'autres à décider si les faits sont conformes à cette supposition, n'ayant point envie pour ma part de mettre ma tête dans la cage du lion. J'ai cependant bien vu sur mon passage que les fermes les mieux cultivées, les plus propres, les mieux tenues, apparemment aussi les plus

(1) La Belgique ayant eu, à son tour, pendant les dernières fêtes de septembre, un congrès agricole à Bruxelles, le lecteur nous saura gré de lui donner ici quelques renseignements sur celui de Paris. Les réunions de cette représentation de l'Agriculture française sont périodiques; la politique est exclue de ses délibérations. Les questions à traiter sont préparées et distribuées d'avance par *une commission permanente.* L'année dernière, le congrès se trouvait réuni quand la révolution de février vint à éclater; l'assemblée n'en continua pas moins le cours paisible et régulier de ses délibérations. Cette conduite si remarquable de l'élite des agronomes français, donne aux vœux émis par le congrès agricole et transmis aux dépositaires du pouvoir par son bureau, une grande autorité, qui n'est jamais méconnue; c'est un puissant moyen pour l'Agriculture d'occuper le public de ses intérêts et de donner au Pouvoir de nouveaux motifs de les prendre à cœur.

productives et les mieux dirigées au point de vue de l'économie, sont précisément dans les pays où la science appliquée à l'Agriculture est inconnue, et où l'on se sert d'instruments aratoires très-peu perfectionnés ; c'est ce que j'ai vu en Belgique, en Hollande et en Suisse. J'aurai occasion de revenir sur ce sujet (1).

9° SOCIÉTÉ POUR L'AMÉLIORATION DE LA LAINE. — Outre la société centrale d'Agriculture de Paris qui se réunit, comme je l'ai dit, deux fois par mois, et qui correspond avec tous les comices agricoles de la France, il existe une société pour l'amélioration de la laine, qui, deux fois par an, distribue des prix aux cultivateurs qui ont le mieux réussi à améliorer les toisons de leurs troupeaux. Cette société ouvre des expositions publiques d'échantillons de laine; elle a obtenu de très-heureux résultats.

MARCHÉS DE PARIS.

1° HALLE AUX GRAINS. — Paris possède dans son enceinte une multitude de choses d'un haut intérêt pour l'observateur agricole. Les marchés y réunissent au plus haut degré les conditions essentielles de propreté, d'abondance et de bonne distribution. Le marché servant à la vente de toutes les espèces de grains est un bâtiment circulaire à deux étages, construit en pierres de taille ayant un diamètre de 40 mètres, entouré de hautes galeries pour l'emmagasinage; les sacs exposés en vente sont déposés sur le sol au centre du bâtiment, embrassant une vaste place, recouverte d'un toit de fer

(1) Il semble que M. Colman dénigre ce qu'il ne connaît pas; la supériorité incontestée de l'Agriculture écossaise, celle qui obtient le plus de produits aux moindres frais et sur le sol le moins fertile, est due en grande partie à la *Société pour la propagation de la chimie agricole,* dont le fondateur, M. Johnston, a été vice-président d'une section du Congrès agricole de Bruxelles. En France, si les travaux des savants qui ont écrit sur les applications de la chimie à l'Agriculture ont peu profité à la masse des cultivateurs, c'est qu'elle est en général trop peu éclairée pour en faire usage; ces livres et ces travaux n'en auront pas moins la plus haute utilité pratique, dès que l'enseignement agricole actuellement en voie d'organisation aura porté ses fruits.

admirablement bien construit. Cet édifice est tout-à-fait à l'épreuve du feu. Les grains sont apportés dans des sacs; le marché peut en recevoir 10,000. On y trouve du froment, du seigle, de l'orge, de l'avoine, du sarrasin, des haricots, des pois, des lentilles et des vesces. Des bureaux sont établis circulairement de distance en distance pour les facteurs ou marchands de grains. Comme dans presque toutes les autres branches de commerce en France, les femmes se mêlent de la vente des grains à la halle plus que les hommes; on ne peut nier qu'elles n'y fassent preuve d'une étonnante capacité. En général, toutes les fois que leurs affections ne sont point en jeu, la finesse est le trait distinctif du négoce entre les mains des femmes. La halle aux grains se tient deux ou trois fois par semaine (1).

2° Marchés a la viande. — La viande se vend à Paris avec la plus exquise propreté; mais ce commerce est dispersé dans des boutiques isolées. Le bœuf qu'on débite dans cette ville est moins gras que celui qui se consomme en Angleterre, mais il est néanmoins d'excellente qualité. Le mouton est inférieur à celui du Royaume-Uni; il y a pourtant des gens qui trouvent qu'on pousse trop loin en Angleterre l'engraissement des moutons, surtout celui des moutons de Dishley, ce qui cause un vrai gaspillage de fourrages. Le veau à Paris est également beau et de qualité supérieure, parcequ'on ne le tue ordinairement pas avant l'âge de six mois.

Les boutiques des bouchers à Paris sont fermées extérieurement par des grilles de fer pour laisser librement circuler l'air pendant la nuit; la viande y est couverte de linge blanc pour la préserver du contact de la poussière. Les boucheries sont visitées tous les matins par la police, la viande est inspectée avec soin; celle qui est de mauvaise qualité ou qui n'est plus suffissamment fraîche, est saisie et enlevée. Les bouchers sont munis d'une autorisation et astreints à l'observation sévère des réglements de police qui les concernent. La viande ainsi que plusieurs autres objets de consommation est frappée d'un impôt perçu aux barrières; le produit de cette taxe est attribué aux dépenses municipales de la capitale.

(1) On s'étonne de ce que M. Colman ne dise rien ici des farines dont le commerce se fait sur une échelle immense à la halle aux blés de Paris; les 10,000 sacs qu'il a cru contenir du grain, étaient des sacs de farine.

3° MARCHÉS AUX OEUFS, AU BEURRE, AU FROMAGE, AUX LÉGUMES, AUX FRUITS, A LA VOLAILLE ET AU POISSON.—Le marché des Innocents, qui doit son nom à son emplacement sur le cimetière d'un ancien couvent, est un des plus beaux de Paris. Ce marché est sur le point de recevoir de grandes modifications; une somme très-importante est consacrée à le reconstruire sur un plan vaste et magnifique; on y tient, outre la vente du poisson, des œufs, du beurre, du fromage, des pommes de terre, des ognons, le grand marché central aux légumes et aux fruits. Les marchandes (car ce commerce est presque sans exception entre les mains des femmes) sont adroites, actives et généralement fort bavardes. Quand on considère l'ensemble du pied de la magnifique fontaine (1) qui en occupe le centre, on reconnaît qu'il serait très-difficile de trouver ailleurs une scène plus gaie et plus animée. Les fontaines de Paris sont un des plus beaux ornements de cette capitale; il n'y a pas un seul de ses principaux marchés qui ne soit arrosé par des eaux sans cesse jaillissantes.

Les légumes, le beurre, les œufs, le poisson et plusieurs autres denrées sont toujours exposés en vente de très-bonne heure le matin pour les détaillants seulement. Les légumes à Paris sont excellents; les carottes, les navets et les ognons n'ont pas le volume de ceux qui paraissent sur les marchés d'Angleterre et des États-Unis, parceque les Français pensent que ces légumes de petites dimensions sont meilleurs pour la consommation que ceux des grandes variétés. Une chose m'a frappé, c'est qu'il n'y a presque pas une saison où toutes sortes de produits ne figurent sur les marchés. Au milieu de décembre, on trouve à acheter, en quantités considérables, des pois verts, des fraises, des haricots verts, ce qui prouve à quel degré de perfection est porté le jardinage parisien.

Les fruits vendus au marché sont excellents, les poires surtout, pour lesquelles la France possède depuis longtemps une réputation méritée. Celles de St-Michel et de St-Germain, qui manquent complétement aux États-Unis parceque, dit-on, ces espèces ont fait leur temps, sont encore à Paris dans toute leur perfection,

(1) Il n'est personne qui visite Paris sans admirer ni sans rendre hommage à l'habileté du célèbre sculpteur *Goujon* dont le ciseau tailla dans la pierre la fontaine élégante dont parle Colman et qui décore la place des Innocents.

ce qui semble contredire cette théorie et indiquer qu'il reste à découvrir une autre cause de la disparition chez nous de ces excellents fruits. Je n'ai pu recueillir d'informations précises quant à la culture spéciale de quelques-uns de ces produits dont les procédés ne sont pas familiers à tous les cultivateurs.

4° MARCHÉS AUX FOURRAGES. — J'ai parlé du marché aux grains de Paris ; il y a aussi des marchés aux fourrages, avec de vastes greniers et de grands hangars pour les mettre à couvert des intempéries des saisons. Les fourrages se vendent, comme en Angleterre, par petites bottes d'un poids déterminé. Je surprendrai peut-être beaucoup mes lecteurs américains en leur apprenant que le foin par petits paquets ou bottes est souvent vendu en détail chez les épiciers (1). Je rapporte ici ce fait pour avoir occasion de placer une observation qui, si elle n'est pas de grande importance pour le moment, peut l'être dans l'avenir. Cette observation, c'est que là où le foin est vendu par si petites quantités, apparemment il est employé avec la plus scrupuleuse économie. Tout voyageur Américain venant des États-Unis en Europe, ne peut manquer d'être frappé, s'il regarde autour de lui, de cette vérité, que dans son pays l'économie est on ne peut plus mal comprise, et que ce qui distingue particulièrement les Américains, c'est leur talent pour gaspiller les vivres et les denrées de toute espèce. Ce que perdent ainsi en Amérique bien des familles, même dans la classe moyenne, suffirait souvent pour faire vivre à l'aise un pauvre ménage d'Europe. Des gens qui achètent le thé à l'once, le bois à la livre, le foin à la poignée, doivent employer ces objets avec bien plus de ménagement que les habitants d'un pays où ces mêmes denrées abondent et sont considérées comme étant en quantités inépuisables. Autant l'avarice est digne de mépris, autant une sévère économie attentive à prévenir toute dissipation, mérite d'être honorée comme une vertu. Les habitants des États-Unis jouissent d'une abondance dont ils ne pourraient être trop reconnais-

(1) M. Colman a pris pour des boutiques d'épiceries, celles des grainetiers-herboristes, chez lesquels on vend en effet toute sorte de grains et de fourrages en détail ; son observation n'en est pas moins judicieuse ; ce n'est pas seulement aux États-Unis d'Amérique que les fourrages de toute espèce sont déplorablement gaspillés.

sants envers Dieu; c'est une chose dont on ne saurait se faire une idée en Europe, où une grande partie de la population, en y comptant une portion de la classe moyenne, vit dans un état de gêne habituelle, obligée de se restreindre dans toutes ses dépenses, même les plus nécessaires, et où chacun en est à se demander, non pas, de quoi ai-je besoin, mais que puis-je me procurer? non pas, que me faut-il, mais de quoi puis-je me passer?

5° **Marché aux chevaux.**— Paris, outre ses halles aux grains et aux bestiaux, possède son marché aux chevaux, mulets et ânes; un nombre prodigieux de ces divers animaux y est vendu ou échangé, probablement avec autant de probité que le commerce des chevaux en admet dans les autres parties du monde, comme l'a si spirituellement dépeint l'auteur du *Vicaire de Wakefield*.

6° **Marché aux fleurs.** — Le marché aux fleurs est une autre curiosité remarquable de Paris. Il se tient deux fois par semaine, sur trois points différents de la cité. Pendant toutes les saisons, aux époques les plus favorables, on y voit réunies des collections des plus belles fleurs et des plus beaux végétaux que comporte le climat de la France. On a constaté officiellement qu'à certains jours, sur les différents marchés, il n'a pas été exposé en vente moins de 30,000 pots de fleurs à la fois, représentant une valeur de 45,000 francs. Ces faits semblent en désaccord avec les idées de bien des gens, sur les dépenses inutiles; mais, si l'on veut bien ne pas regarder comme inutile ce qui procure un plaisir parfaitement pur et inoffensif, il n'y a pas de luxe qui doive être envisagé avec plus d'indulgence que celui de Flore. Il y a aussi des marchés spéciaux, tenus aux époques convenables, pour la vente des arbres d'ornement et des arbres à fruits, ainsi que des arbustes à fleurs offrant la plus riche variété de ces divers végétaux.

CULTURE DES FLEURS. — BOTANIQUE.

Peut-être le lecteur pensera-t-il que je me suis suffisamment étendu précédemment sur la culture des fleurs, pour trouver le bout de sa patience. J'ai cependant à ce sujet encore un peu d'indulgence à réclamer de lui. Je dois traiter la question au point de vue de l'utilité, du goût, et pardessus tout, de la morale. Mes paroles s'adressent à cette foule de gens qui, livrés à des travaux journaliers rudes et pénibles, aspirent après un peu de trève à leurs fatigues, un peu de rafraîchissement pour leur âme. Il leur faut quelque chose qui interrompe la monotonie de leurs occupations de tous les jours, quelque chose qui puisse intéresser à la fois leur pensée et leur imagination, j'ajouterai leurs affections, en renouvelant leurs forces physiques au lieu de les épuiser. Ils ont besoin d'un plaisir peu dispendieux, à leur portée, dont ils puissent jouir complètement, et qui sans fatiguer ni le corps ni l'intelligence, rende le premier plus vigoureux et donne à l'autre un délassement plein de charmes qui l'agrandisse et l'élève; tout cela se trouve dans la culture des fleurs. Le goût qui nous porte à nous y livrer, est au nombre des plus inoffensifs auxquels nous puissions céder, et à moins qu'il ne nuise à l'accomplissement de devoirs impérieux, il n'est rien à lui objecter.

Je ne saurais me permettre d'affirmer que la Botanique, telle qu'on l'enseigne comme science, soit réellement présentée sous une forme bien digne d'intéresser le commun des lecteurs. Cependant cette étude comprend la classification générale des plantes, la distinction scientifique de leurs caractères et la physiologie végétale qui, toute imparfaite qu'elle est, nous initie aux plus merveilleux secrets de la nature. Les divers modes de culture que chaque plante réclame; l'appropriation particulière à chaque nature de sol et de climat, qui montre sous un jour si saisissant l'ordre admirable des œuvres de la Providence; l'acclimatation des divers végétaux et les curieux changements qu'elle leur fait subir en les faisant passer, comme certains animaux, de l'état sauvage à l'état domestique; la présence de certaines plantes dans certaines localités, précisément là où cette présence semble indispensable pour rendre ces lieux habitables à la race humaine; les usages économiques des plantes usitées, les unes comme aliment, les autres pour le vêtement, la construction, la mécanique, la navigation, la teinture, le chauffage, l'éclairage; les propriétés médicales des végétaux si largement employés dans la pharmacie; la variété infinie des fruits appropriés non-seulement à la nourriture de l'homme, mais encore à son agrément; l'emploi des plantes dans les beaux-arts, comme objets de goût, d'ornement ou d'imitation; les propriétés chimiques des végétaux en eux-mêmes, et leur influence générale sur l'atmosphère dans laquelle ils croissent; les gaz qu'ils absorbent et ceux qu'ils exhalent; le pouvoir que l'homme exerce sur la nature végétale, lorsqu'il applique sa sagacité à l'acclimatation des plantes, qu'il les propage, qu'il les fait fructifier, qu'il les greffe et en modifie à l'infini les variétés; toutes ces choses liées intimement à la Botanique, font de cette science l'un des objets les plus intéressants d'étude, et même dans son état actuel d'imperfection, il y faut consacrer des années entières pour y pouvoir exceller. Les découvertes nombreuses de végétaux fossiles trouvés par la Géologie dans certaines formations, permettent en comparant les espèces éteintes avec les espèces actuellement existantes, de tirer de curieuses inductions sur les états antérieurs de notre planète, et ouvrent à l'esprit humain un vaste champ de recherches intéressantes. Il est évident que l'établissement d'un langage commun, scientifique et technique au moyen duquel la description d'une plante soit comprise n'importe où elle se trouve, et celle-ci reconnue par quiconque viendrait à la rencontrer, est encore un point de la plus haute importance. Mais la Botanique comme elle est ordinairement enseignée dans les écoles, comme elle se manifeste dans les livres communément en usage où elle semble se réduire à un vocabulaire de termes techniques arbitraires, dans une langue que personne ne comprend, cette science, sous cette forme, fait naître peu d'intérêt et n'offre pas une bien grande utilité pratique. Selon mes connaissances bornées, il me paraît qu'il reste à écrire sur la Botanique un livre qui la présente sous une forme naturelle, claire, instructive, familière, intelligible, élevée; je crois pouvoir ajouter, sans blesser personne, sous une forme populaire qui donne aux occupations et aux plaisirs champêtres, à la culture des plantes utiles et à celles d'agrément, un intérêt, une utilité, un charme accessible même à l'esprit le moins cultivé, infiniment supérieur à ce que sont, dans l'état actuel des choses, ces travaux et ces plaisirs aux yeux de bien des gens d'ailleurs doués d'un goût épuré et d'une instruction fort étendue.

Mais à part ce point de vue large, sous lequel on ne peut pas se flatter que la Botanique soit généralement ni même fréquemment étudiée, la simple culture des fleurs, sans étude ni connaissance techniques de la Botanique, ne saurait être recommandée avec trop d'insistance aux habitants des campagnes. Si je crois devoir insister sur ce point auprès du riche propriétaire, je ne pense pas moins utile de comprendre dans mes recommandations le petit fermier et même le simple paysan qui, aux États-Unis, peut toujours quand il le veut avoir sa maison et son jardin, quelque modestes qu'on les suppose, et y joindre quelques ares de terrain, soit pour son utilité, soit pour son plaisir.

Il ne devrait pas y avoir, selon moi, un seul fermier qui n'eût son jardin pour les fruits et pour les légumes, ample ressource qui, tous les jours de l'année, contribuera pour quelque chose au repas de la famille; l'économie du ménage, la santé, l'agrément y trouveraient également leur compte ; et qui l'empêcherait d'en réserver une portion pour la culture des végétaux d'ornement? Je n'entends pas, certes, que les grands travaux de l'Agriculture soient, en aucune circonstance, négligés pour ceux du jardin, comme on en a quelquefois exprimé la crainte; ces deux ordres de travaux peuvent être menés de front, et l'un sert efficacement au progrès de l'autre; j'en ai vu en France quelques remarquables exemples. Dans toute exploitation rurale bien réglée, il devrait y avoir des heures de récréation, pour faire trève au moins aux travaux les plus rudes et les plus fatigants de la culture. Je sais qu'il y a des saisons où cela est fort difficile; mais il en est d'autres où le loisir ne manque à personne; puis, dans toute ferme, il se trouve toujours une certaine somme de main-d'œuvre que j'appellerai surnuméraire, celle des femmes et des enfants, qui peuvent trouver en tout temps, dans la culture du jardin, un travail utile et un passe temps salutaire.

Au point de vue de l'intérêt, le propriétaire doit se persuader qu'il résulte pour lui un bénéfice très-réel de tout ce qui peut embellir son domaine et en améliorer l'apparence extérieure. Peut-être cette considération est-elle de peu d'importance dans la Grande-Bretagne, où les terres sont rarement vendues ; mais aux États-Unis, où elles le sont fréquemment, la chose est fort différente. Il

peut y avoir des embellissements dispendieux qu'il ne faut pas entreprendre sans y regarder à deux fois ; il y en a d'autres de mauvais goût contre lesquels le seul préservatif doit être dans l'appréciation des propriétaires épurés par l'éducation ; d'autres, quoique très-coûteux, sont fragiles et sans durée ; il ne faut pas leur donner la préférence. Mais des embellissements sur un plan bien coordonné avec le caractère général et avec les usages de chaque domaine, peuvent en accroître la valeur dans une proportion qui l'emporte et de beaucoup sur la dépense qu'ils nécessitent. Des bosquets, des arbres et des arbustes d'agrément peuvent toujours être plantés ; ce sont, pour un domaine, des améliorations d'un caractère durable et permanent. Je sais qu'en parlant ainsi, comme il y a parmi les hommes une grande diversité de goûts et de sentiments, je n'éveillerai pas la sympathie de beaucoup de lecteurs. Que ceux qui ne sont pas de mon avis tournent ces feuillets, et qu'ils en laissent la lecture à ceux qu'ils peuvent intéresser. Les embellissements champêtres dont je parle sont communs en Europe ; mais aux États-Unis, ils ne sont pas appréciés, ou du moins ils ne le sont pas assez généralement ; je voudrais que leur adoption devînt universelle.

1° **Magnificence florale de l'Angleterre.**—Dans le Royaume-Uni le goût des plantes d'ornement est général ; il contribue puissamment à la beauté du pays. Il n'y a pas de maison de campagne qui n'ait son bosquet avec ses frais ombrages, ses haies fleuries, ses avenues d'arbustes variés, ses parterres de fleurs, ses treilles de vigne des meilleures espèces ; souvent les parois extérieures et jusqu'au toit de l'habitation se garnissent d'une riche verdure suspendue en guirlandes au-dessus de la porte, grimpant le long de la corniche, se balançant devant les fenêtres, couvrant les murs et dissimulant les angles du bâtiment sous ses draperies d'un vert doré, mêlées le plus souvent des plus belles fleurs ou des fruits les plus exquis. Je n'ai rien vu de supérieur à l'admirable et charmante variété des embellissements champêtres que j'ai observés partout en Angleterre et souvent autour de la demeure du pauvre comme de celle du riche et du noble du plus haut rang. J'ai vu plus d'une fois l'humble chaumière du campagnard le plus pauvre, parée d'une vigne du plus grand luxe de végétation ; le chèvrefeuille exhalait son doux parfum autour des fenêtres; on arrivait à la porte à travers des massifs de rosiers, de géraniums, de lilas, de dahlia. Ces fleurs et ces arbustes sont les enfants chéris de la femme et des filles industrieuses de la maison; l'ouvrier les considère avec un légitime orgueil; il en aspire le parfum avec délices; car ces belles plantes sont cultivées par des mains accoutumées au travail, et la joie que lui donnent leur éclat et leur odeur, il peut la savourer sans qu'elle ait coûté la peine la plus légère à aucune créature humaine. Mieux que cela, c'est pour le passant observateur la preuve certaine que là résident le travail, la frugalité, l'amour de la propreté et une sage économie.

Partout où les conditions locales le permettent, toute maison de campagne en Angleterre possède une serre dans laquelle la partie féminine de la famille, quand même l'autre partie la néglige, prend soin d'abriter en hiver les plantes qui n'en supporteraient pas la rigueur à l'air libre; elle y trouve un doux délassement et un souvenir de l'été avec ses magnificences florales, quand le vend du Nord hurle au dehors et avertit tous les êtres animés de chercher un asile pour se soustraire au contact de son souffle glacial.

2° Le jardin des plantes de Paris. — La capitale de la France n'est pas seulement remarquable par la beauté de ses marchés aux fleurs, elle l'est aussi par celle de ses parcs ornés de fleurs, qui sont, on peut le dire, sans rivaux. Celui qu'on nomme le *Jardin des Plantes* n'a probablement rien qui l'égale pour ce qui concerne le nombre des végétaux, leur variété, leur arrangement instructif et scientifique, la perfection de sa tenue et la grandeur de ses serres. Il est parfaitement approprié non seulement à l'enseignement de la Botanique, mais aussi à l'agrément du public; il joint à ce double avantage, celui de rassembler la Flore la plus complète qu'ait pu réunir et que puisse entretenir la science des hommes les plus compétents et les plus capables, soutenus des fonds de l'État. On peut y voir et y étudier toutes les formes, toutes les variétés, tous les genres d'utilité des plantes usuelles les plus communes, comme de celles d'ornement les plus rares.

3° Jardins des Palais. — De magnifiques parterres de fleurs sont joints aux monuments ou édifices publics de Paris et de ses environs; ces jardins, conformément à la libéralité qui caractérise le

Français dans tous ses établissements, sont ouverts au public, qui peut y venir étudier, se promener et se divertir; dans la belle saison, ces parcs sont encombrés de promeneurs qui en jouissent comme s'ils étaient chez eux et savent en apprécier les charmes. Dans la plupart de ces localités, chaque plante porte une étiquette indiquant son nom familier, son nom scientifique, celui de sa classe, et son pays natal. Les promenades dépendant des Palais de Versailles et de St-Cloud, et plus loin celle de Fontainebleau, sont ce que la France offre de plus beau en ce genre. On y voit le triomphe le plus éclatant de l'art et du génie parvenus à rendre les beautés de la nature encore plus belles, ses magnificences encore plus magnifiques. Leurs avenues ombragées, leurs vastes pelouses, leurs fleurs d'une incomparable beauté, leurs statues où triomphe l'art tout divin de la sculpture, leurs splendides fontaines dont les flots réunissent à la grâce des mouvements, l'harmonie du dessin; tout cet ensemble égale s'il ne le surpasse les descriptions que l'imagination des poètes nous a laissées de l'âge-d'or.

4° Embellissements champêtres en France, en Hollande, en Belgique, en Allemagne et en Italie. — Les campagnes de la France n'approchent pas de la beauté pittoresque d'une partie de celles du Royaume-Uni. Le vert foncé des campagnes anglaises, dû en partie au climat humide de ce pays, en partie aux propriétés de son sol qui retient l'humidité, ne se retrouve point en France, où le sol est généralement calcaire, et où les sècheresses de l'été sont rudes et prolongées. J'ai déjà fait observer que les villages de cette contrée n'ont point un aspect champêtre. La France n'est cependant pas dépourvue de fort beaux châteaux dont la construction et l'ornement offrent des modèles du meilleur goût; tous sont embellis par des parcs, des parterres, des pelouses, des bosquets et des fontaines. Quelques-unes des plus belles fermes que j'ai visitées, et d'une étendue de plusieurs centaines d'hectares, possèdent quelques-unes de ces dépendances ornementales, pleines de charmes.

En traversant les Pays-Bas, le voyageur est frappé de la multitude des maisons de campagne décorées avec le plus grand luxe d'une profusion d'arbustes, de vignes, de fleurs de la plus rare beauté. Bruxelles, Leyde, Utrecht, ont leurs jardins botaniques, entretenus aux frais du gouvernement; ils sont vastes, et rien n'y est épargné pour que la culture des plantes qu'ils contiennent soit portée au plus haut degré de perfection. Anvers et La Haye ont des promenades publiques, des jardins et des parcs garnis d'arbres, d'arbustes et de fleurs, avec goût et en abondance; ils sont tenus avec une propreté minutieuse; le public y est admis et en jouit de la façon la plus agréable.

Les environs de Francfort sur-le-Mein sont ce qu'on peut nommer un pays enchanté (1). Toute la ville, qui est assurément une des plus propres et des mieux tenues de celles que j'ai visitées, est entourée sur un très-large rayon d'une ceinture de bosquets, où se trouvent, outre des allées pour la promenade, de larges avenues où plusieurs voitures peuvent circuler de front; ces charmantes localités sont disposées avec luxe au moyen de tous les arbres, arbustes et plantes d'ornement que le climat peut admettre; elles sont ouvertes en tout temps au public et chacun y peut venir chercher une douce récréation et respirer un air salubre. Le public admis ainsi librement dans ces jardins, ne songe jamais à défigurer une statue, troubler l'eau d'une fontaine, arracher un buisson ou cueillir une fleur. Je crois même que les fruits les plus précieux pourraient y rester suspendus aux branches des arbres, sans qu'il vînt à la pensée de personne d'y toucher. Tel est le respect de la propriété publique dans lequel ce peuple est élevé; telle est la conviction fortement enracinée, que ce qui existe pour la jouissance et l'agrément de tout le monde, doit être protégé et respecté de tous.

A Milan, à Turin, à Florence, dans toutes les principales villes

(1) La manière dont ces admirables jardins ont été construits et l'occasion de leur création méritent d'être rapportées. La Diète germanique délibérait pour savoir si l'on devait entourer Francfort de remparts et en faire une forteresse fédérale, comme Mayence. Les autorités locales, dans l'espoir de prévenir ce malheur, prirent aussitôt leur résolution. Les vieux murs et les anciens bastions du temps de la guerre de trente ans, furent démolis et jetés dans les fossés pour les combler; toute la population fut conviée à travailler à ce grand ouvrage; en un instant et comme par magie, tout l'espace que les anciennes fortifications avaient occupé, était nivelé et converti en une ceinture de jardins. Chaque année, les citoyens aisés de la ville libre de Francfort se plurent à concourir à l'ornement de ces riantes allées. Ce que le Sénat avait espéré se réalisa; la Diète recula devant les murmures qu'aurait soulevés la destruction des nouvelles promenades qu'il aurait d'ailleurs fallu payer extrêmement cher. La ville y gagna doublement : elle ne fut pas fortifiée, et elle eut les plus beaux jardins publics de l'Allemagne.

du Continent européen, j'ai vu partout le même goût pour les embellissements champêtres, le même esprit libéral pour mettre les plus beaux jardins à la disposition du public. Aux environs de Rome, un grand seigneur *(le prince Borghèse)*, l'un des plus riches propriétaires de ce pays, permet au public de jouir des parcs de *sa Villa*, qui sont d'une vaste étendue, embellis des plus précieux ornements des arts et de la végétation.

En Angleterre, à l'exception des magnifiques jardins de Londres, qui, par leur étendue et la beauté de quelques-unes de leurs parties, sont vraîment dignes d'admiration, les promenades de ce genre ne sont point ouvertes au public.

Les brillantes expositions florales données par les sociétés botaniques, ne sont abordables que moyennant des prix d'entrée qui dépassent les moyens de la grande majorité; c'est évidemment une mesure prise à dessein, pour exclure ceux qui ne peuvent pas payer. Si les sociétés se proposaient seulement par là de se procurer les fonds nécessaires pour faire les frais des prix qu'elles distribuent, elles pourraient, sans diminuer leurs recettes, admettre d'abord ceux qui paient, et en second lieu le reste du public soit gratis, soit pour une légère rétribution (1). Les places ornées de Londres, désignées sous le nom de *squares*, décorées des plus beaux arbustes et des plus belles fleurs, sont tenues sous clef; le public en est complétement exclu. J'excepte de cette observation les magnifiques jardins du duc de Devonshire, à Chastworth, dont l'entrée n'est interdite à personne; *l'Arboretum* de Derby, dont j'ai eu occasion de parler ailleurs, et que la générosité d'un négociant éclairé a consacré spécialement aux plaisirs du public; le jardin royal de Kew,

(1) L'esprit de fiscalité est poussé fort loin dans ce qui concerne les expositions florales en Angleterre, et c'est pour cela qu'elles sont si multipliées. *Loudon* affirme qu'un voyageur peut s'arranger de manière à voir dans la Grande-Bretagne *une exhibition d'horticulture chaque jour de l'année*. On ne paie pas seulement pour visiter une exposition florale, on paie pour y faire figurer les plantes qu'on veut y montrer. Presque partout les prix d'entrée sont très-élevés le premier jour pour les gens de distinction qui ne veulent pas s'y trouver confondus avec les bourgeois; le second jour est pour les personnes de la classe moyenne, admises pour la moitié de la rétribution payée par les hautes castes; le peuple n'y est jamais reçu. Il y en a qui font des recettes considérables; pour bien des sociétés d'horticulture, les expositions florales sont une source importante de revenu.

et la charmante promenade de Hamptoncourt, près de Londres, où tout le monde peut entrer, sauf certaines restrictions. Il peut y en avoir quelques autres, dont je n'ai pas connaissance.

Il se manifeste évidemment, en ce moment, en Angleterre, un esprit nouveau de prévoyance et d'intérêt pour le bien-être des masses. Cette grande nation ne méconnaît pas les lois de la philanthropie, et bien que dans toute son organisation le peuple anglais soit essentiellement conservateur en même temps qu'il est froid et lent à former ses convictions, on peut être sûr, une fois qu'elles sont arrêtées, qu'il en poursuivra jusqu'au bout les conséquences.

Je n'ignore pas que la plupart des *squares* de Londres sont des propriétés privées ; mais ce serait une noble charité, légère pour qui la ferait, grande pour ceux qui la recevraient, que de laisser les classes les plus pauvres de la société jouir de ces promenades, ne fût-ce qu'à certaines heures, et sous certaines réserves. L'admirable police de Londres saurait bien empêcher qu'il ne s'y commît aucun dégât ; et dans le fait, partout où le peuple est accoutumé à de telles complaisances, personne ne songe à en abuser.

Je pense que le peuple anglais, lorsqu'on se fie à lui, porte le sentiment de l'honneur et de la justice au même degré que tout autre sur cette terre ; c'est trop souvent par la défiance qu'on leur témoigne que les gens sont portés à mal faire. On ne peut rien concevoir de plus salutaire pour le bien-être d'une nation, que de multiplier, à la portée des classes les plus pauvres, des moyens de distraction qui soient de nature à épurer leur goût et à élever leur caractère. Est-il pour un esprit animé de sentiments d'humanité, rien de plus agréable que de procurer du plaisir à autrui ? Les signes des temps montrent assez que faire usage de la richesse dans le but de concourir au bien-être du peuple, c'est pour le riche non seulement un devoir, mais une nécessité, quant à sa sécurité.

Les parcs de Londres, en y comprenant les jardins de Kensington, n'ont rien à envier à ce qui existe de mieux ailleurs, quant à l'étendue et à la beauté ; leurs parterres et leurs allées sont tenus avec une netteté exemplaire. Le gouvernement vient d'ouvrir un nouveau parc d'une grande étendue, sur le nom de *Parc Victoria*, dans le quartier de Londres habité par les classes les plus pauvres, pour leur servir de promenade publique et de lieu de récréation ; il existe d'autres plans de promenades en projet, qu'on doit aux vues libérales du gouvernement, pour la salubrité publique, et j'ajouterai pour l'amélioration morale des habitants de Londres (1).

Mais que dire des États-Unis, pays où l'acquisition de la richesse dépasse, par sa rapidité, ce que les romans ont de plus fabuleux; où les vieilles villes sont encombrées; où s'élèvent, de toutes parts, de nouvelles villes, de nouveaux villages, peuplés des enfants de l'industrie et du travail, et où personne n'a songé à ménager des promenades pour la santé et pour la récréation du public; où personne ne songe au parti qu'on peut tirer des avenues ornées et des somptueux jardins, comme moyen d'instruction pour épurer le goût général? Pour moi, je regarde cette omission comme des plus graves, et je me sens humilié de voir, sous des gouvernements monarchiques, prendre, à cet égard, des mesures libérales et accorder au public une large liberté, tandis qu'on n'a rien fait de semblable dans mon pays sous un gouvernement républicain, où tous les pouvoirs sont entre les mains du peuple. Il ne faut pas beaucoup de sagacité pour sentir qu'avec l'accroissement rapide de notre population, cette imprévoyance, pour ne point user du terme propre, sera profondément regrettée, et qu'on reconnaîtra un jour combien il eût été plus facile de ne pas tomber dans cette omission que d'en réparer les conséquences.

C'est un objet d'une très-grande importance, surtout dans un pays où les institutions, qui sont en train de se former, doivent influer sur la destinée de millions d'individus à naître et où, d'ailleurs, il n'existe aucun respect puérile et servile pour l'antiquité qui puisse empêcher de rechercher avec la plus complète indépendance

(1) Il est urgent en effet qu'on fasse à Londres des promenades pour les gens du peuple; dans celles qui existent aujourd'hui, les cavaliers et les équipages sont admis, de sorte que les piétons sont incommodés de la poussière, et qu'il n'y a pas de sûreté pour les enfants; les allées ombragées et ornées de fleurs sont fermées au public. *Loudon*, dans son *Encyclopédie du jardinage*, déplore cet esprit de dédain pour le peuple, qui fait, dit-il, que les infirmes, les convalescents et les enfants n'ont pas dans la capitale de l'Angleterre un seul lieu convenable pour se reposer et prendre le frais, sans craindre d'être foulés sous les pieds des chevaux, ou écrasés sous les roues des équipages des riches, qui seuls jouissent, en effet, des promenades de Londres; il n'y en a que pour eux.

ce qui peut être bon, juste et utile. En principe, on ne peut prendre trop de peine et apporter trop de soin, sans regarder à la dépense, pour procurer aux classes laborieuses, qui sont d'ordinaire les plus pauvres, des moyens de distraction salubres et inoffensifs. Les riches peuvent toujours se procurer des plaisirs ; s'ils n'en trouvent pas suffisamment dans leur pays, ils vont les chercher à l'étranger ; ils en sont quelquefois tellement surchargés, que le plaisir devient pour eux un travail. Il en est tout autrement des classes ouvrières et des classes pauvres : elles sont ordinairement clouées au pays qu'elles habitent, ayant peu de moyens de se déplacer ; leurs jours sont consumés par des travaux incessants. Dans les villes, elles habitent les quartiers les plus resserrés, les plus encombrés, où la ventilation est imparfaite, où pénètre rarement les rayons enchanteurs et vivifiants du soleil, où, par conséquent, les forces humaines sont vite épuisées, les maladies s'engendrent, le bien-être est inconnu, la vie elle-même est abrégée, la décence des manières est comme impossible, le mal moral et le crime suivent la souffrance physique et les privations; enfin la gangrène se montre sur le corps social, et le pénètre bientôt en entier de sa désastreuse influence. On ne doit épargner ni peines ni sacrifices pour apporter quelque relâche aux rigueurs d'une telle existence, pour offrir quelque délassement salubre et inoffensif à ces fils du travail rude et perpétuel. Il faut mettre à leur disposition des jardins publics, des promenades ornées et ombragées ; on ne doit rien négliger pour les y attirer. Cette partie du peuple finirait par oublier ce que c'est que la verdure des champs, l'azur du ciel, l'ombre rafraîchissante des arbres, le charme et le parfum des fleurs, avec leurs riches variétés de couleurs et de formes, la chaleur du soleil, le scintillement des étoiles et les nuances resplendissantes des nuages dont les draperies flottent dans l'immensité des cieux comme un emblême de cet abîme de gloire où repose le trône de la Majesté divine et où l'esprit humain ne saurait avoir l'audace de pénétrer. Je voudrais, en un mot, que tout fût tenté pour tirer ce peuple des ténèbres et l'initier aux merveilles de la lumière.

Les divertissements de la classe laborieuse et ceux de la classe pauvre, particulièrement dans les villes, ont en général un caractère de grossièreté. C'est ce qui a lieu surtout en Angleterre, où la population ouvrière dans les villes et aux environs se livre aux plus grossiers excès. Dans la plupart des professions mécaniques, les artisans reçoivent leur salaire le samedi soir ; ils ne retournent à l'ouvrage que le mardi matin, harrassés de débauche, ayant dépensé tout ce qu'ils ont reçu, et laissant le plus souvent leur famille sans pain. D'après ce que j'ai vu, il n'en est pas de même en France. Les promenades et les jardins de la plus grande beauté sont accessibles au public; le dimanche après-midi, ils sont particulièrement remplis d'une foule d'hommes, de femmes et d'enfants proprement vêtus. A Versailles, à St-Cloud, aux Champs-Élysées, se trouvent les plus magnifiques promenades ; ce n'est pas tout : il y a aussi des galeries et des palais où tout le monde est admis. J'y ai rencontré, bien des fois, le dimanche, des mille, des dixaines, des vingtaines de mille visiteurs jouissant de l'aspect des fleurs, des pelouses, de l'ombre des bosquets, de la fraîcheur des fontaines, de la beauté des statues et des tableaux, chefs-d'œuvre de l'art ancien et moderne. Là, vous rencontrez des gens de tous les rangs de la société, des milliers de jeunes personnes et de joyeux enfants à la santé florissante ; et pas une fleur n'est cueillie, pas une branche d'arbre n'est cassée, pas une statue n'est endommagée, tout simplement parce que ces objets sont sous la sauve-garde de l'honneur public. On ne saurait y signaler la plus légère infraction à la décence et aux convenances ; il n'y a pas d'encombrement ; on n'entend ni cris, ni éclats de rire, ni jurements ; on n'y rencontre pas un homme pris de boisson ; puis le soir venu, chacun se retire, content d'avoir bien employé la soirée d'un jour de fête. J'ai toujours éprouvé un plaisir très-vif à voir la population parisienne passer bien l'après-midi de son dimanche.

Il est évident que la morale publique a tout à gagner chaque fois qu'il est possible de détourner les hommes des plaisirs vils et purement sensuels, destructifs de la santé, de la moralité et du respect de soi-même, en leur offrant d'autres divertissements plus purs, et je puis ajouter, d'une nature spirituelle et intellectuelle. Le pur et simple amour de la nature, ce sentiment si souvent étouffé chez les habitants des cités par les soucis, les travaux et les plaisirs frivoles, est pourtant au nombre des plus précieux qui puissent vivre dans le cœur humain. La passion de ce qui est beau, curieux, grand et sublime dans la nature, ne peut jamais devenir dangereuse par son excès; son caractère est celui d'une parfaite innocence, et il faut rendre grâce à l'Auteur de toutes choses, qui a voulu que cette passion et ses applications fussent pour nous une source immense, inépuisable, un champ sans limite.

Dans mon opinion personnelle, ces établissements constituent une des branches les plus importantes de l'éducation publique. Les hommes ne s'instruisent pas seulement par le secours des livres et dans les écoles; ils s'instruisent également par tout ce qui leur frappe les yeux et les oreilles, surtout par ce qui les touche directement et sans intermédiaire. Il est bien peu de gens, même de la classe la plus humble, qui puissent se promener dans un jardin botanique ou dans les galeries d'un muséum d'Histoire Naturelle, sans y recueillir quelques notions utiles, et surtout sans que leur curiosité excitée n'éveille en eux le désir de connaître. Une fois là, on cherche à s'instruire, on y trouve autant de plaisir que d'avantage, et les plus brillants succès n'ont souvent pas d'autre point de départ. Qu'y a-t-il de plus satisfaisant pour l'amour-propre, que ce genre de triomphes, et quel plaisir peut être à la fois plus vif et plus pur que celui qu'on goûte à acquérir des connaissances nouvelles?

Comparez à cette joie les jouissances grossières et purement sensuelles qui captivent la plus grande partie du genre humain, vous verrez de combien les plaisirs intellectuels sont supérieurs à tous les autres (1). Ceux des sens sont fugitifs, ils conduisent à des excès qui sont toujours pernicieux, destructifs de la santé, dégradants et abrutissants pour l'intelligence; il n'en est jamais ainsi des plaisirs épurés tels que les procurent l'exercice de l'esprit et l'accroissement du savoir. Plus on acquiert de science, plus on devient capable d'en acquérir; plus le goût des plaisirs intellectuels est cultivé, plus il affranchit l'homme de ses penchants grossiers et de l'esclavage de ses passions. Quel avantage ne serait-ce point

(1) Qu'il nous soit permis de rappeler ici un mot sublime du plus grand poète de Rome antique. Virgile expirant était, selon la coutume du temps, entouré de ses amis à son lit de mort. N'est-ce pas, lui disait l'un d'eux, que tout dans la vie est faux et vide? N'est-ce pas que tout finit par dégoûter, par lasser le cœur? Virgile répondit : «Tu dis vrai; *tout, excepté comprendre* (*omnia, præter intelligere*). L'auteur de *l'Enéide* exprimait en trois mots une éternelle vérité, la seule des joies de la vie dont on ne se lasse point.

pour la classe ouvrière si son travail pouvait devenir pour elle autre chose qu'une corvée machinalement accomplie? Combien son sort serait amélioré, si au milieu de ses travaux interrompus, qui n'exigent qu'une dextérité mécanique rendue facile par l'habitude, l'ouvrier se créait une ressource pour alléger la monotonie de ses occupations, ou mieux pour ne pas la sentir, et si dans ses heures de liberté, son esprit avait pour se détourner des pensées pénibles qui l'assiégent en songeant au fardeau de ses jours surchargés de travail, le délassement délicieux et complet que procure l'exercice de l'intelligence !

Je voudrais qu'à tout prix, dans les villes comme dans les campagnes, tout ce qui est humainement possible fût mis en œuvre pour instruire et relever, en les éclairant, les populations ouvrières. Je voudrais qu'on cessât de les traiter comme on les traite trop souvent, comme des animaux ou de véritables machines dont on peut user à discrétion selon sa volonté et son caprice ; je voudrais qu'on se souvînt qu'ils ont une âme aussi bien qu'un corps, une âme appelée à l'immortalité, et qu'on s'appliquât à les rendre capables de se gouverner eux-mêmes. Je ne crois pas que leurs devoirs en seraient moins bien remplis, parcequ'ils le seraient avec intelligence ; tout ce qui profite aux rangs inférieurs de la société, ne profite pas moins aux rangs supérieurs. L'Agriculture nous donne à ce sujet une grande et importante leçon, qui semble destinée à procurer à la pratique d'inestimables avantages ; elle nous apprend que quand, par le défoncement, les couches inférieures sont ameublies, délivrées de leur humidité superflue et mises en contact avec l'air extérieur, elles sont préparées pour se mêler à la couche supérieure du sol, et que cette opération rend la masse entière plus riche et plus productive ; de même dans la société, plus les classes inférieures sont instruites, éclairées et relevées de leur infériorité, plus la masse entière de la communauté voit croître son bien-être et sa richesse.

ABATTOIRS.

Divers établissements dans Paris ont des rapports intimes avec l'Agriculture ; parmi ces établissements les abattoirs méritent un examen spécial. Il y a cinq de ces grandes tueries, non pas dans Paris, mais hors de son enceinte joignant les barrières. Il n'est pas permis de faire circuler les bestiaux dans les rues de cette capitale, si ce n'est très-tard pendant la nuit, quand les rues sont désertes. Il n'est permis à personne, dans aucun cas, d'abattre dans l'intérieur de la ville.

Les abattoirs sont enclos de hautes murailles, excepté à l'entrée fermée d'une solide grille de fer ; chacun d'eux embrasse plusieurs hectares. L'enclos de l'un de ces établissements, et ils sont tous construits sur le même modèle bien qu'ils n'aient pas la même étendue, a 200 mètres de longueur dans un sens et 180 dans l'autre. Je prendrai la liberté de décrire en détail l'arrangement d'un des abattoirs que j'ai visités à plusieurs reprises. Sur le devant se trouve une petite promenade plantée d'arbres d'agrément ; l'enclos contient 23 massifs de constructions. Deux pavillons voisins de la porte servent de bureaux aux employés qui dirigent et qui surveillent l'établissement. A droite et à gauche de la cour centrale, qui a 130 mètres de long sur 80 de large, sont quatre immenses bâtiments servant de tueries proprement dites ; ils sont séparés entre eux par des routes qui se croisent ; chacun d'eux a 45 mètres de long sur 30 de large et renferme une petite cour intérieure dont chaque côté est occupé par huit abattoirs à l'usage d'autant de bouchers qui en gardent les clés. L'air et le jour y pénètrent par des ouvertures en arcades prises sur la façade du bâtiment. De vastes mansardes règnent au-dessus de ces tueries ; elles servent à sécher les cuirs et à préparer le suif. Le toit déborde d'une très-grande largeur, afin de procurer de l'ombre et de la fraîcheur à ces mansardes. Derrière les tueries sont construits, sur un double rang, les hangars servant de parcs pour les moutons ; les étables pouvant contenir environ 400 bœufs, sont situées à l'extrémité de la rangée de constructions ; elles sont surmontées de greniers à fourrages. Cet ensemble de bâtiments occupe tout un côté de la grande cour. A l'extrémité est un abreuvoir commode pour le gros bétail ainsi que pour les porcs et les moutons. Deux autres bâtiments isolés sont traversés par de longs corridors, donnant accès dans quatre fonderies de suif; sous ces édifices se trouvent des caves contenant les *refroidissoirs* pour la même manutention. Deux bâtiments parallèles au mur de clôture, construits sur caves, sont destinés à la conservation des peaux. Près de ces magasins, sur le devant, non loin de l'entrée, sont deux réservoirs de 70 mètres de long en solide maçonnerie, élevés sur des arcades sous lesquels s'abritent les charrettes. Il y a aussi une triperie pour cuire et *échauder* les tripes et les pieds de veau.

Les bêtes à cornes et les moutons, en arrivant à Paris, sont immédiatement menés aux abattoirs. Ils y sont nourris aux frais des bouchers jusqu'au moment de l'abattage. La viande est transportée dans les boutiques pendant la nuit. Le chiffre des animaux tués dans un seul abattoir s'élève par semaine a environ 400 bœufs, 300 vaches, 600 veaux et 2,000 moutons. La surveillance en est confiée à un inspecteur de police qui y réside; indépendamment des bouchers et de leurs aides, on emploie 18 individus avec leurs familles. Les bâtiments d'habitation pour les directeurs et les gens de service, sont construits dans l'enceinte; des gazons, des arbres d'ornement et une fontaine en décorent le centre.

La description qui précède ne peut donner qu'une idée très-imparfaite du caractère de grandeur, d'appropriation parfaite et d'utilité des abattoirs de Paris. Les constructions sont en pierre du haut en bas; les toits sont en tuiles supportées par une charpente de fer, de sorte que le tout est complètement à l'épreuve du feu; la propreté y est si recherchée, qu'à l'exception des échaudoirs, on n'y sent nulle part la moindre odeur désagréable. Toutes les parties des animaux sont utilisées sans exception pour un usage quelconque, et rien ne se perd. Le sang et les déchets pouvant servir d'engrais, sont reçus dans des citernes, où on les tient en réserve pour les utiliser; l'abondance des eaux permet de tenir constamment propres les tueries dont le sol est dallé en pierres unies. Les abattoirs sont sous l'autorité immédiate de l'administration municipale. La surveillance y est si exacte, que la fraude, qui d'ailleurs n'aurait pas de motifs sérieux d'intérêt, est à peu près impossible. Le marchand de viande y trouve ses animaux abattus le plus proprement possible et disposés avec autant de soin qu'il peut le désirer. De tels établissements ont une haute importance au point de vue de la salubrité publique. Je serais charmé de les voir remplacer les odieuses boucheries privées aux environs des grandes villes des États-Unis, ainsi que celles de l'intérieur des principales cités d'Angleterre, où elles sont nuisibles sous tous les rapports et où leurs émanations empoisonnent au loin l'atmosphère. L'inspection confiée à des hommes désintéressés prévient la vente de la viande d'animaux malades, qui a lieu sans aucun doute sur une grande échelle et avec une parfaite impunité, dans les établissements privés de bien des pays où le commerce s'exerce sans aucun contrôle. Des abattoirs comme ceux de Paris seraient, sinon très-avantageux, au moins très-satisfaisants pour les éleveurs et engraisseurs de bestiaux en Amérique. Dans l'état actuel des choses, lorsqu'ils conduisent ou qu'ils envoient leur bétail au marché, ils doivent s'en rapporter à l'acheteur, n'ayant aucun moyen de s'assurer par eux-mêmes du rendement du bétail en viande, et de voir les animaux abattus ; leur seule assurance est dans la bonne foi de l'acheteur, et ce n'est pas toujours la plus sûre des garanties.

Il est curieux de remarquer à ce propos avec quelle lenteur s'effectuent les améliorations, et avec quel entêtement les gens tiennent à leurs vieilles coutumes, bien que vicieuses et impossibles à justifier. Les abattoirs de Paris existent depuis plus de trente ans, et cependant Londres, où les avantages résultant de ces établissements sont parfaitement connus, cette capitale si distinguée par ses améliorations de toute sorte, et qui s'attribue le monopole de ce qu'on nomme les aisances de la vie, laisse subsister au milieu de sa population la plus compacte, le redoutable inconvénient d'un marché aux bestiaux, où, à toute heure du jour et de la nuit, les animaux sont amenés et remmenés, au grand effroi des passants dont ils mettent souvent la vie même en péril. On trouve des tueries dans tous les quartiers de la ville, même dans les mieux habités ; on y conduit les bestiaux en passant devant la façade des plus somptueux hôtels. Tout l'emplacement du marché de Newgate est occupé par des tueries souterraines du genre le plus hideux (1). Le sang et tous les

(1) Les habitants de Londres semblent ne pas comprendre l'utilité et l'importance

débris, d'une si haute valeur pour l'Agriculture, passent dans les égoûts publics, répandant partout une infection capable d'engendrer des maladies, pour aller de là impoisonner les eaux de la *Tamise*. Dans une des plus grandes et des plus populeuses rues de Londres, tout un côté est occupé sur une très-grande longueur par des tueries où les animaux sont occis à la vue des passants, et où j'ai remarqué constamment les ruisseaux rouges de sang. Il n'y a que des garanties fort imparfaites contre la vente des animaux malades; au marché de *Smithfield* les bestiaux atteints de maladie sont vendus à bas prix à des bouchers qui savent *parer* la viande pour la rendre débitable, et la faire consommer par les pauvres gens. Enfin la France et Paris en particulier, n'ont rien qui les égale en ce qui concerne la netteté, la bonne préparation et l'économie des vivres, surtout quant à l'exquise propreté des objets de consommation et des gens qui les vendent; je ne fais d'exception que pour les marchés de Philadelphie; j'ajoute même que, partout ailleurs, on n'en approche que de loin. Aucune portion d'un animal abattu ne se perd; tout ce qui peut servir à la consommation est utilisé, et même les viandes froides, ces débris de repas qu'on vend aux pauvres sur les marchés, sont toujours présentées avec une apparence propre et appétissante.

Indépendamment des grands abattoirs pour les bêtes à cornes et les moutons, il y en a d'autres pour les porcs; ils sont établis sur le même plan.

Je n'ai remarqué rien de particulier dans la manière dont on abat les bêtes de boucherie à Paris. La tête de l'animal est maintenue par un anneau; on l'étourdit d'un coup de massue, puis on lui coupe la gorge. Je n'ai pas connaissance qu'on emploie nulle part ailleurs un mode d'abattage qui cause aux animaux moins de souffrance. Je ne désespère pas néanmoins que même ce procédé peu cruel ne puisse encore être adouci. Quand on considère le

de l'établissement d'abattoirs aux environs de leur cité; quelqu'étrange que cela puisse paraître, ils ont laissé périr par abandon et tomber en ruines un établissement de ce genre à Islington, admirablement situé et dont les dispositions étaient irréprochables.

Depuis peu, un projet pour placer hors de Londres le marché aux bestiaux de Smithfield, a été répoussé; un grand dîner public a été donné par les opposants pour célébrer leur triomphe; ils auraient dû choisir pour salle de festin les tueries souterraines infectes du marché de Newgate.

chiffre énorme d'existences d'animaux que les besoins réels ou factices de l'homme l'obligent à sacrifier journellement, on comprend combien il y aurait d'humanité à diminuer pour les animaux les douleurs de la mort. Depuis que la divine Providence a révélé récemment à l'homme un moyen peu dispendieux de suspendre la sensibilité physique, au point qu'on peut pratiquer les opérations chirurgicales les plus douloureuses, non seulement sans souffrance, mais même sans que celui qui les supporte s'en aperçoive; depuis que cette première découverte a été suivie d'applications toujours efficaces, aussi simples que faciles, je vois dans ces faits des motifs d'espérer que ce procédé pourra être appliqué à l'abattage des animaux, afin de leur épargner les angoisses de la mort; ce serait un moyen certain de supprimer pour des créatures vivantes une somme énorme de souffrances. S'il se trouve des gens qui pensent que la chose est indifférente, et qui regardent mes conseils à cet égard comme inutiles et ridicules, je n'ai rien à dire à cela, sinon que je n'éprouve ni n'éprouverai jamais pour ces gens aucune espèce de sympathie.

Il existe à Paris un usage que je n'ai vu nulle part ailleurs; quand on a commencé à écorcher un animal, on introduit sous la peau un grand soufflet à l'aide duquel on y insuffle de l'air; la peau se sépare alors plus aisément de la chair que par le procédé ordinaire de la détacher avec un couteau.

LES IMMONDICES DE PARIS.

Il me reste à parler d'un établissement d'une haute importance au point de vue de l'Agriculture aussi bien qu'à celui de la salubrité publique. J'avertis ceux de mes lecteurs pour qui le sujet pourrait n'offrir que des images peu agréables, de passer ce chapitre; toutefois, un auteur français a fait spirituellement observer qu'un livre traitant de *l'Assa fétida* ne sentirait pas plus mauvais qu'un livre écrit sur la rose. Sous quelques rapports, les habitudes des Français soit chez eux, soit dans les rues, sont exécrables et abominables. Il y a de ces choses avec lesquelles un esprit délicat ne peut pas se réconcilier par l'habitude. On voit souvent dans les rues les plus fréquentées, des choses de la plus révoltante grossièreté qu'en Angleterre (je ne parle pas de l'Écosse) de même que dans plusieurs parties des États-Unis on rougirait seulement de nommer. Paris est cependant, sous d'autres rapports, une ville éminemment propre, et même à ce point de vue, elle l'emporte sur la plupart des cités d'Italie, en exceptant seulement Turin, Milan et Gênes. Rome, Florence et Naples ne sont d'ailleurs que de grands cloaques publics, où les édifices sacrés sont à peine exempts de ces souillures qui blessent également la propreté et la décence; elles n'ont sous ce rapport rien à envier aux vieilles villes d'Édimbourg, de Dundée et de Glasgow. Au point de vue pratique et philosophique, la question des immondices est d'une très-haute importance. Ce serait en vérité céder à un sentiment faux et exagéré de délicatesse, que de s'abstenir de la traiter à fond. Dans les dispositions de la divine Providence, il n'est rien de plus frappant pour un esprit réfléchi que ce cercle continu, cet enchaînement de dépendance mutuelle qui relie toutes choses entr'elles; si bien que les plus vils éléments contribuent pour leur part à la formation des plus brillantes et des plus nobles productions de la nature, et que les uns ne sont pas moins nécessaires que les autres au bien-être de l'humanité.

Voyez un tas de fumier formé de tout ce qu'il y a de plus sale, mélangé de matières également offensantes pour la vue, le toucher et l'odorat; c'est cependant la base de tout le monde végétal; un monceau d'engrais renferme en lui les éléments de la richesse, de la vie, de la santé et de la beauté. Les plantes savent comment séparer, analyser, digérer ces éléments et se les approprier, avec un savoir qui laisse bien loin derrière soi le pouvoir de la science humaine; elles les reproduisent élaborés sous forme de pain, de vin, d'huile; sous forme des fleurs les plus belles, du coloris le plus délicat, des parfums les plus délicieux prodigués pour la *toilette de la nature,* des fruits savoureux et attrayants, et par dessus tout, sous forme de ces denrées indispensables à la vie, qui donnent à l'homme la force et la santé. Le fermier qui en traversant la cour enfonce jusqu'aux genoux dans le plus sale fumier, peut se dire avec vérité : « *c'est pourtant là la source de ma richesse; c'est là ce qui,* » *après avoir nourri mon bétail, va nourrir mes récoltes, et ce qui, après* » *avoir engraissé mes troupeaux, va enrichir mes champs.* » Une force mystérieuse et toujours active de la nature ne souffre pas que rien reste inutile; cette force rassemble les débris pour que rien ne soit perdu; elle pourvoit aux besoins variés de la vie sous toutes ses formes, qui périraient à l'instant, si le Créateur leur retirait seulement pendant une seconde sa sollicitude tutélaire.

Les débris et les immondices provenant d'une ville, peuvent être classés en cinq catégories : 1° balayures ordinaires d'un ménage, consistant en débris de végétaux, restes d'aliments, os, chiffons et mille autres substances sans nom; 2° résidus des foyers, cendres et suie; 3° résidus du travail des ouvriers qui façonnent le cuir, les os, la corne, le crin et la laine; déchets des fabriques de savon, de colle, de sucre raffiné, et de mille autres industries nécessaires à l'existence des habitants des villes; 4° fumier des animaux domestiques, vaches et chevaux; 5° engrais humain. Je ne m'arrêterai point à parler de quelques autres substances qui ont pu être employées pour fumure; je rappellerai seulement le fait bien connu des débris enlevés des cimetières, et des centaines de milliers de kilogrammes d'os humains transportés des champs de Waterloo en Angleterre pour fertiliser le sol. On ne peut nier que l'emploi de ces ossements ne soit une chose plus rationnelle, plus humaine, et j'ajouterai même plus chrétienne, que la bataille dans laquelle les hommes auxquels ces os ont appartenu, ont été couchés pour la première fois sur l'arène ensanglantée.

A Paris, tous les genres de débris sont ménagés de la manière la plus soigneuse. Il n'est pas permis de les déposer dans les rues, si ce n'est la nuit après dix heures, ou au point du jour de très-grand matin. Les balayures des maisons sont jetées en tas, au bas de la gouttière. Une classe très-nombreuse de gens sous le nom de chiffonniers, appartenant par parties égales aux deux moitiés du genre humain, portant sur le dos une hotte profonde, armés d'un petit bâton terminé par un crochet de fer, retournent et explorent chaque tas d'ordures, choisissant tous les articles de quelque valeur, os, cuir, fer, papier, verre; le tout est mis dans leur hotte et transporté dans de grandes chambres où l'on en fait l'examen et le

triage, pour donner à chaque objet la destination à laquelle il est propre. Les chiffonniers appartiennent au dernier degré de l'échelle sociale; ils habitent des quartiers à part, et l'intérieur de leurs demeures répond à ce qu'on peut en attendre d'après leur profession. Le métier de chiffonnier se transmet dans les familles du père au fils, de la mère à la fille; c'est une classe fort active; on peut les voir à l'ouvrage, toujours au milieu de la nuit, une lanterne à la main, devançant dans leurs travaux le lever de l'aurore, empressés de profiter des chances d'un premier triage. Rien de ce qui peut être mangé ne leur échappe; ils nomment la rue *leur mère* parce que, littéralement, elle leur donne le pain quotidien. Malgré l'inévitable malpropreté de leur profession, ils sont toujours décemment vêtus et leurs habits ne sont jamais déchirés. Ils ne mendient pas et se trouveraient humiliés de demander la charité. Ils reçoivent de l'autorité urbaine une autorisation moyennant une redevance insignifiante. Ils ont besoin, pour obtenir cette *patente,* d'un certificat de sobriété et de bonnes mœurs. Chacun a son quartier qui lui est assigné; il ne souffre pas d'usurpation sur son domaine.

La besogne des chiffonniers finie, celle des balayeurs et des *boueurs* commence. Tout habitant de Paris est tenu de balayer proprement tous les matins la partie de la rue qui touche au bâtiment qu'il occupe comme habitation ou à tout autre titre. Les rues de Paris sont généralement balayées par des femmes à l'aide d'un long balai de genêt ou de bouleau; elles balayent la rue en travers; la boue qu'elles amassent en tas est chargée sur des tombereaux et conduite aux grandes places affectées pour lui servir de dépôt. Les femmes ne travaillent pas moins que les hommes au chargement des tombereaux. Leur besogne m'a paru excessivement rude; elles portent constamment sur le dos une pelle pour s'en servir en cas de besoin. Les ruisseaux de cette capitale sont lavés tous les matins par des fontaines placées dans toutes les rues; ce que les *boueurs* ne peuvent enlever dans leurs tombereaux, est poussé dans les rigoles et entraîné vers les grands égouts publics (1).

(1) L'auteur n'a point abordé ici un point fort important, l'organisation du service de l'enlèvement des boues de Paris; nous croyons devoir en dire quelques mots. La compagnie soumissionnaire de cette grande entreprise possède en charrettes et

J'ai observé avec beaucoup d'intérêt la classe des boueurs et celle des chiffonniers ; quelle que soit la nature sale et dégoûtante de leurs travaux, j'éprouvais dans mon cœur un sentiment de respect pour ces braves gens qui, dans leur pauvreté, se trouveraient déshonorés de mendier, fiers de procurer à leur famille une existence humble mais honnête, par un travail des plus pénibles, mais des plus utiles.

Les boues de Paris restent sur les lieux de dépôt jusqu'à ce qu'elles soient entièrement décomposées; alors elles sont vendues aux fermiers en qualité d'engrais.

VIDANGES. — POUDRETTE.

La manutention des vidanges de cette ville est une grande entreprise, séparée de celle de l'enlèvement des boues. Dans les quar-

chevaux un matériel énorme; mais, Paris est si grand, et la somme des immondices à enlever est si considérable à certains moments, que la compagnie serait hors d'état d'y faire face sans le procédé suivant qui pourrait facilement être imité ailleurs. Tout jardinier ou petit cultivateur des environs de Paris, possédant un tombereau attelé de deux chevaux ou bien d'un cheval et d'un âne, peut, au moyen d'une redevance légère, obtenir l'autorisation de balayer une certaine longueur de rue, et d'en enlever les immondices; c'est pour lui de l'engrais à très-bon marché. Mais, quand il y a un coup de collier à donner, en temps de neige, par exemple, ces mêmes paysans sont tenus de venir avec leurs tombereaux et leurs attelages; c'est un renfort de plusieurs centaines de tombereaux moyennant lequel le service est assuré. Les paysans n'ont garde de manquer à l'appel; car en hiver, leurs chevaux sont souvent à l'écurie, et ce travail extraordinaire leur est très-bien payé. Sans doute, la compagnie y perd une partie considérable de l'engrais dont la vente est son principal commerce; mais, tout calcul fait, la redevance qu'elle reçoit l'indemnise à peu près, et elle ne pourrait y suffire s'il lui fallait à un moment impossible à prévoir d'avance, trouver sous sa main 5 à 600 tombereaux et 1,000 à 1,200 chevaux. La compagnie vend les boues de Paris environ 5 francs le mètre cube, rendues sur place, dans un rayon de 15 kilomètres autour de Paris; elle emploie à ces transports son matériel disponible, principalement pendant les fortes gelées qui rendent les rues propres et diminuent le volume des boues à enlever. Les boues vendues à ce prix sont en tas depuis un an, et forment un engrais parfaitement consommé. Les cultivateurs des environs de Paris se plaignent du tarif trop élevé de la société; si elle vendait à plus bas prix, tout serait acheté avant d'être ramassé.

tiers populeux, comme à Londres, chaque maison n'a pas toujours sa cour ; les habitations sont pressées les unes contre les autres ; les lieux d'aisance se trouvent donc nécessairement à l'intérieur. En Angleterre, ils sont munis d'un courant d'eau, fermés hermétiquement, et tenus avec la plus scrupuleuse propreté. A Paris, sauf de bien rares exceptions, ce sont de simples cabinets, sans réservoir d'eau ; la négligence apportée à leur entretien dans les maisons de la classe moyenne aussi bien que dans celles des pauvres, remplit les habitations d'une infection affreuse. Dans la plupart des villes d'Écosse, des maisons d'ailleurs de très-belle apparence, on aura peine à le croire, n'ont pas de lieux d'aisance, ni à l'extérieur, ni à l'intérieur. L'usage de jeter tout par la fenêtre, au risque de ce qui pourrait en arriver pour le passant inattentif, a longtemps prévalu. Aujourd'hui, passé dix heures du soir, on dépose les mêmes objets devant la porte des maisons ; des tombereaux passent et les enlèvent. Faut-il s'étonner si dans ces villes, la population est décimée tous les ans, par les fièvres et les maladies ?

A Londres, les provenances des lieux d'aisance se rendent par les égouts publics (1) dans la *Tamise ;* on calcule que l'engrais humain ainsi perdu, s'il était bien employé, suffirait pour fertiliser tous les ans près de 50,000 hectares. J'ai parlé ailleurs d'une compagnie établie à Londres avec un capital énorme, dans le but d'utiliser la partie liquide de ces engrais ; mais, jusqu'à présent, on ne sait rien de suffisamment positif sur la marche de ses opérations. Le passage de l'engrais humain dans les égouts n'en fait pas disparaître tout inconvénient, quant à la salubrité publique. A Londres, l'odeur qui s'échappe en été par les trappes et les ventilateurs nom-

(1) On peut juger de l'étendue des égouts par le fait suivant. Un jour, à Londres, un homme sortant du trou ou *regard* d'un égout, rue du Foin, près de Berkeley Square et tenant une chandelle à la main, disait qu'il venait de voyager sous terre et de parcourir 12 kilomètres. Les égouts ont 1 mètre 60 c. de haut, avec une largeur proportionnée ; leur section verticale est une portion d'ovale, avec le fond horizontal. Cet homme exagérait probablement ; mais pour s'aventurer à parcourir dans un égout seulement la moitié de la longueur qu'il disait avoir explorée, il faut une dose peu ordinaire de courage. Il est pourtant parfaitement avéré que des gens explorent journellement les égouts de Londres, où ils font quelquefois des trouvailles très-importantes. Mais, quelle existence, quelle profession !

breux des égouts, est insupportable. Quoique les habitudes des Anglais soient en général d'une propreté recherchée, il paraît cependant, à en juger d'après les rapports des commissions de salubrité publique, qu'au point de vue de la propreté, l'état des habitations formant les quartiers pauvres de Londres et des grandes villes manufacturières de la Grande-Bretagne, est réellement déplorable (1). Paris, sous plusieurs rapports, l'emporte à cet égard sur Londres, et même sur toutes les villes du Continent que j'ai visitées ; j'en excepte seulement les villes de Hollande et de Belgique, où l'on ne laisse perdre aucune portion de l'engrais humain, et où l'enlèvement entraîne aussi peu d'inconvénients que possible (2).

On emploie généralement à Paris, pour emporter l'engrais humain, ce qu'on nomme : *le procédé atmosphérique*. La charrette se place devant la porte de la maison ; un long boyau de cuir commu-

(1) Les parties de Paris les plus sales et les habitudes les moins propres de ses habitants sont loin de pouvoir être comparées avec ce qu'on voit dans quelques parties de Londres, ville d'ailleurs si propre dans d'autres quartiers. Voici ce qu'a dit à ce sujet le philanthrope lord Ashley, à la tribune du parlement dont il est membre :

« Je dois donner à la chambre la description d'une cour que j'ai visitée moi-même; c'est dans des lieux semblables qu'habite une grande partie du peuple de Londres. Dans une de ces cours, il y a trois lieux d'aisance pour 300 personnes; dans une autre, il y en a 2 pour 200 personnes; ce fait a été constaté par un médecin. Partout où il existe des lieux d'aisance publics, les choses les plus révoltantes se passent journellement; je dirai aussi que ces lieux étant placés vis à vis les portes des maisons, ils rendent impossible l'observation des lois de la décence. (Extrait du journal *the Times*, du 7 juin 1848).

Les cabinets d'aisance inodores qu'on trouve sur divers points de Paris et qui sont toujours tenus très-proprement, bien que les étrangers qui visitent Paris en parlent avec raillerie et dédain, sont une chose fort utile et très-commode pour le public. Un savant médecin m'a assuré qu'une grande partie des maladies les plus dangereuses qu'il est appelé à traiter, proviennent de la négligence apportée au sujet de la propreté des lieux d'aisance, négligence qui laisse subsister des dispositions vicieuses, ou qui, par une délicatesse mal entendue, dédaigne de s'en occuper.

(2) A Bruxelles, il s'en faut énormément que ce que dit M. Colman soit exact. La presque totalité de l'engrais humain se jette, comme à Londres, dans les égouts publics, et de là dans la *Senne*, dont les eaux constamment empestées répandent lorsqu'elles sont basses, une affreuse infection dans les quartiers les plus populeux, et y causent tous les ans des fièvres intermittentes et typhoïdes. C'est seulement sur quelques points du pays et dans quelques villes de second ordre, que les choses se passent comme le dit M. Colman. Quant à la Hollande, grâce à une compagnie riche et puissante, tout l'engrais humain des villes est enlevé et transporté sur des bruyères en voie de défrichement. C'est une belle entreprise parfaitement bien conduite; son capital est de *plusieurs millions de florins*.

nique de la fosse d'aisance au véhicule hermétiquement clos; on fait le vide et le contenu demi liquide des fosses se rend de lui-même dans la charrette. L'opération se pratique, non complétement sans mauvaise odeur, ce qui, dans l'état actuel des choses, semble encore impossible, mais du moins, en éprouvant le moins possible d'infection.

Les véhicules pour le transport des vidanges consistent en de grandes tonnes; il en est quelquefois plusieurs de jointes ensemble. Les chevaux, les harnais et tout l'équipage sont parfaitement propres; le plus souvent l'étranger n'en devinerait pas l'usage, s'il n'en était averti par l'inscription que porte chaque charrette pour indiquer sa destination. En aucun cas l'engrais humain ne peut se répandre sur la voie publique, ni s'écouler hors des tonneaux jusqu'à ce qu'il arrive où il doit être déposé.

Les chariots arrivent à leur destination avant le jour ou tout au point du jour. L'engrais liquide se verse sur une vaste pièce de terre, située à peu de distance d'une des barrières de Paris; le sol en est nivelé et dur comme le roc. La partie la plus liquide s'écoule dans un bassin artificiel où on la travaille pour en extraire le sel ammoniac. Ce qui reste de liquide privé d'ammoniaque se perd dans un égout. La partie solide devenue sèche est retournée et broyée jusqu'à ce qu'elle puisse se réduire en poudre; on la met alors en tas d'un très-grand volume; elle a, dans cet état, perdu presque toute son odeur et on peut y toucher sans se salir. C'est sous cette forme que l'engrais humain est vendu au fermier, qui l'enlève dans des chariots découverts, ou, quelquefois, dans des caisses ou des sacs. Je ne puis pas dire que l'emplacement où se prépare cet engrais, sur une surface de plusieurs hectares, soit tout-à-fait inodore pour le voisinage; mais tout ce canton n'est habité que par des gens qui, vivant de la fabrication de la poudrette, sont moins incommodés que d'autres de sa mauvaise odeur.

Lorsque la matière a subi un commencement de dessication et qu'il se forme une croûte solide à sa surface, on la retourne à la charrue, puis à la herse, et cette double opération est renouvelée à plusieurs reprises. Quand la matière est parfaitement sèche, on la passe au crible fin. On emploie à cet effet autant de femmes que d'hommes; ce sont ordinairement des Allemands de la classe la plus pauvre dont on connaît l'activité et le désir d'acquérir (1). Beaucoup d'enfants sont aussi employés à la préparation de la poudrette; il y a toujours presse pour ce genre de besogne, parce qu'elle est très-bien payée. Quant à la salubrité, nul doute que le procédé que je viens de décrire ne compromette la santé des ouvriers, quelquefois même leur existence. Quelques-uns d'entre eux périssent de temps en temps dans les fosses où ils sont obligés de descendre. Mais j'ai causé sur le terrain même avec un des chefs d'atelier, qui m'a dit que depuis 18 ans, il y avait été constamment employé et qu'il n'avait pas éprouvé un seul jour de maladie.

Les réglements de l'autorité municipale à Paris, pour les différents objets de son ressort, me semblent tout à fait dignes d'éloges. Quant à l'exécution de l'enlèvement des vidanges, besogne non moins nécessaire à la santé qu'à l'existence même de la population, la municipalité traite avec trois entrepreneurs, qui sont de riches capitalistes et qui se chargent de débarrasser complétement Paris de l'engrais humain. Cette ville est partagée, sous ce rapport, en trois districts; les entrepreneurs sont tenus, en donnant des garanties sérieuses, d'être munis de chevaux, de charrettes et d'ouvriers en nombre suffisant. Le travail ne peut être interrompu qu'une nuit sur sept, c'est-à-dire celle du dimanche; les propriétaires de chaque maison dont les fosses sont vidées, paient les entrepreneurs à raison d'un prix déterminé par mètre cube. Les vidangeurs ne peuvent se mettre à l'ouvrage qu'à onze heures du soir, et tout doit être terminé au point du jour. Ils sont partagés en escouades de cinq hommes, dont chacun remplit une fonction distincte et est désigné par un nom particulier. L'un des cinq, avec le nom de caporal, dirige toute l'opération et met la main à l'œuvre lorsqu'il est nécessaire. L'ouvrier dont c'est le tour de descendre dans la fosse n'y va jamais qu'au péril de sa vie; il court toujours risque d'être asphyxié. Il peut aussi contracter des inflammations des yeux qui le rendent

(1) L'auteur a pris pour des Allemands des Alsaciens du Haut et du Bas-Rhin, qui en effet parlent allemand et qui ont pris l'habitude, depuis une vingtaine d'années, de venir faire à Paris toutes les besognes rebutantes, dont personne ne veut se charger. Beaucoup d'entre ces intrépides travailleurs sont de pauvres cultivateurs ruinés qui ont tenté d'émigrer en Amérique, et qui, n'ayant pas réussi dans leurs essais de colonisation, sont revenus, deux fois ruinés, dans la capitale de la France.

momentanément aveugle pour plusieurs jours, lui font pleurer des larmes de sang et lui causent des douleurs très-vives. Plus de 200 ouvriers sont employés à ce service dans Paris; c'est une population à part dans laquelle ce genre de travail se transmet du père aux enfants; ils gagnent de 20 à 25 francs par semaine. Le propriétaire dont les lieux doivent être vidés, n'a qu'à s'adresser au bureau des vidanges; l'opération est immédiatement pratiquée.

Je suis entré dans tous ces détails un peu longs, pour plusieurs raisons. D'abord, parce qu'au point de vue agricole, il n'y a pas d'engrais plus puissant que l'engrais humain. Nous envoyons vaisseau sur vaisseau dans l'Océan-Pacifique, et nous avons à notre porte une fumure non seulement égale, mais supérieure au *guano*. Ensuite, le mode d'enlèvement de l'engrais humain dans Paris peut être imité avec avantage dans d'autres villes, où ce genre de travail étant abandonné à de simples particuliers, se fait par des procédés fort imparfaits qui sont, le plus souvent, très-lents et très-insalubres. J'avoue qu'en troisième lieu j'ai été porté à m'étendre sur ce sujet par des considérations morales; je ne voulais pas perdre l'occasion de montrer aux classes les plus riches et les plus favorisées de la société, ce que c'est que la condition des plus humbles d'entre leurs frères, chargés des parties les plus pénibles du travail dont ils doivent vivre; j'ai voulu leur rappeler combien de pauvres gens dont l'existence est continuellement en péril, passent les jours et les nuits à rendre à la société les services les plus humbles, les plus rudes, souvent les plus odieux et les plus dégoûtants, pour assurer le bien-être et la santé des classes supérieures, recevant à peine, comme salaire d'une besogne si pénible et si dangereuse, de quoi ne pas mourir de faim! On m'a conté que les femmes et les enfants des ouvriers chargés d'exécuter la partie la plus scabreuse du service des vidanges, quand leurs maris et leurs pères quittent la maison le soir, témoignent pour leur retour la même inquiétude que s'ils allaient s'embarquer pour quelque périlleux voyage maritime.

Diverses méthodes ont été essayées pour la désinfection de l'engrais humain, mais on les applique rarement, soit parce qu'elles sont trop dispendieuses, soit parce qu'elles offrent trop de difficultés et ne sont pas parfaitement efficaces. On a dit que la chaux vive jetée dans les fosses détruisait la meilleure partie de l'engrais; toutefois quelques personnes approuvent hautement ce procédé. On assure qu'on a employé avec succès la poussière de charbon, le tan brûlé, les cendres de tourbe, et la boue extraite du fond des rivières et des fossés, puis brûlée ou desséchée au four; toutes ces substances ne sont pas seulement désinfectantes, on peut les recommander comme ajoutant à la puissance fertilisante de l'engrais humain (1).

A Paris, il s'en faut de beaucoup que les mesures prises pour les vidanges soient parfaites. A Londres, au moment où j'écris, tout l'engrais humain est perdu. A Paris, on n'utilise, comme engrais, que la partie solide de cette substance, bien que la partie liquide soit celle dont la valeur intrinsèque est la plus élevée. Différents essais ont été faits pour donner à cette partie une forme qui puisse la rendre aisément transportable. A Londres, on vend, sous le nom d'*Urates*, diverses fumures pulvérulentes qui sont des combinaisons d'urine et de plâtre ; mais la proportion de la première de ces substances est si faible dans ces engrais, qu'ils ont peu d'efficacité, et, par conséquent, peu de valeur. La Chimie rendrait un important service à l'art agricole en découvrant le procédé de donner à l'engrais humain liquide une forme portative en en conservant toute l'efficacité. Une des circonstances qui constituent la grande valeur du *guano* et de la *colombine (excréments des oiseaux)*, indépendamment de la nature de leurs aliments, c'est que ces substances réunissent sous une seule forme les principes de l'urine combinés avec les autres matières des déjections.

Je n'ennuierai pas plus longtemps mes lecteurs en les entretenant de ces détails ; j'ai cherché à en parler de manière à ne pas blesser même les esprits les plus délicats ; si je n'ai pas réussi, je

(1) Ce ne sont pas les recettes qui manquent pour la désinfection de l'engrais à Paris non plus qu'à Bruxelles. Les difficultés qui s'y opposent sont purement financières et administratives. L'emploi du sulfate de fer et du chlorite de zinc, deux sels faciles à préparer à très-bas prix, et qui neutralisent à faible dose l'ammoniac libre, permettrait de désinfecter l'engrais humain et de le rendre complétement inodore et aussi aisé à employer que toute autre fumure pulvérulente ; mais il faudrait d'abord toucher aux intérêts privés devant lesquels se taisent ceux bien plus importants de la salubrité publique et de la production agricole.

réclame toute leur indulgence. Occupons-nous maintenant d'un autre sujet.

--

ÉDUCATION AGRICOLE.

L'éducation agricole a été en France l'objet d'une très-sérieuse attention ; on s'en occupe plus que jamais; de nouvelles institutions surgissent de toutes parts, et le gouvernement s'empresse de leur venir en aide. Ce sujet me semble d'une importance telle, que je crois devoir exposer l'organisation du principal établissement d'enseignement agricole que j'ai visité pendant mon séjour en France. Je définirai d'abord ce qu'on entend par enseignement agricole, et je prie mes lecteurs de m'accorder leur attention pour bien arrêter nos notions à cet égard.

Il y a en Europe, et je présume aussi aux États-Unis, deux grandes divisions dans l'Agriculture : l'une, toute pratique, dédaignant les secours de la science; l'autre se rattachant à celle-ci comme principe de toutes les opérations de l'art, et fournissant à la pratique des règles positives pour la diriger. Les partisans de cette seconde division, comme les *ultra* de toutes les sectes, sont de mauvaise humeur contre les praticiens exclusifs, et ils semblent avoir pour cela d'assez bonnes raisons. S'ils comprenaient mieux, de part et d'autre, leurs vues réciproques, ils pourraient s'entendre pour servir de concert les grands intérêts, objet de leur sollicitude.

Que demande la pratique? A entendre certaines gens, il semble que l'Agriculture est un art tout à fait moderne, une découverte récente, au sujet de laquelle tout est à apprendre et dont l'humanité doit acquérir en ce moment les vrais principes pour la première fois. Une telle erreur ne peut provenir que d'un degré peu ordinaire d'ignorance ou de présomption. L'industrie agricole est aussi ancienne que le monde; elle a été pratiquée de tout temps; l'histoire la fait remonter jusqu'aux premières annales du genre humain. On peut dire que c'est le seul art universel, et qu'il a été de tout temps, comme il l'est encore aujourd'hui, un objet général d'études, de recherches et d'expériences. Des peuples que nous nous plaisons à nommer demi-civilisés, les Chinois, par exemple, ont porté cet art au plus haut degré de perfection, comme ils le prouvent en venant à bout de nourrir, avec les produits de leur propre sol, leur immense population. L'âge de l'Agriculture chez les nations civilisées ne se compte point par années, mais par siècles. Les particularités qui constituent le caractère propre de l'industrie agricole de chacun de ces pays, se rattachent à leurs conditions de sol et de climat, aux habitudes locales, aux mœurs et aux besoins des habitants. L'expérience est la base la plus sûre de la pratique. Les procédés qui ont pour eux la sanction des essais renouvelés sans cesse et toujours avec le même succès, peuvent être considérés comme acquis ; on peut, avec ou sans autres motifs, les adopter comme fondement de la pratique. En général, dans tous les pays, les procédés de l'Agriculture reposent sur des tentatives successives, des observations mille fois répétées, des résultats constatés depuis des années et des siècles ; dédaigner de semblables leçons, ce serait le comble de la sottise. On a souvent adressé à l'ensemble des cultivateurs le reproche de ne jamais sortir de l'ornière tracée et de faire constamment ce que leurs aïeux ont fait; loin de leur en faire un reproche, on devrait y voir plutôt une preuve de bon sens et de jugement. La présomption est toujours en faveur de ce qui a été longtemps pratiqué avec succès. Il serait absurde d'entreprendre l'étude d'un art ou d'une science quelconque, avant de s'assurer d'abord de ce qui est déjà connu et déterminé dans cet art et cette science. Rejeter des vérités et des principes établis par une longue expérience, ce serait folie, et il ne serait pas moins insensé de renoncer à des moyens qui ont toujours réussi, pour en adopter d'autres qui n'ont pas même été essayés, dont, par conséquent, le succès est toujours douteux. L'expérience est de tous les maîtres celui qui mérite le plus d'être écouté dans l'application de tous les arts. Il est sage de s'en tenir à la pratique suivie par nos pères, si elle a été couronnée de succès, et il est ridicule de prétendre que celle qui a prévalu des siècles n'est pas toujours recommandable.

D'un autre côté, sur quelque longue possession qu'elle puisse être établie, c'est le propre d'un esprit étroit et stupide de rejeter les améliorations dont l'évidence parle d'elle-même, ou de supposer qu'on puisse s'être approché de la perfection en quoi que ce soit, ou enfin de s'arrêter dans la voie du progrès par respect pour les usages suivis longtemps, quand même ils pourraient être sanctionnés par la plus haute antiquité.

L'Agriculture peut être considérée sous deux points de vue : d'abord comme science de faits, ensuite comme science de principes. L'Agriculture, partout où elle est pratiquée avec intelligence et avec succès, bien qu'elle puisse l'être par des gens parfaitement ignorants en toute autre matière et privés d'éducation, repose néanmoins sur la connaissance d'une masse de faits de toute nature, établis, certifiés et confirmés par une longue expérience, celle des siècles. Ces faits sont relatifs au climat d'un pays, à son sol ou à ses différents sols, aux récoltes qu'il peut produire, à l'ordre dans lequel doivent se succéder ces récoltes, aux procédés de culture, à l'emploi des engrais, aux soins et à l'utilisation des moissons, et à une foule d'autres objets; c'est là ce qui constitue l'Agriculture pratique. Assurément, tout homme au-dessus de la condition d'un simple manœuvre campagnard, tout homme ayant quelques prétentions au titre de cultivateur, doit connaître ces faits ; plus il en est instruit, plus il peut se promettre de succès dans la pratique.

Ces faits peuvent être puisés dans la lecture, la tradition, la conversation, ou l'observation de la pratique d'autrui. La vie d'une seule personne est trop courte pour établir toutes les vérités pratiques relatives à ces matières, car plusieurs ne ressortent que d'expériences prolongées pendant des années ; il serait donc insensé de refuser le secours des preuves acquises et de s'en rapporter exclusivement à sa propre expérience. C'est là, je le répète, de la véritable science agricole ; plus un homme possède de ce genre de connaissances, plus il est *savant* dans ce sens, plus sa manière de cultiver sera parfaite et productive. Laissez le cultivateur puiser son savoir à toutes les sources, dans les livres, dans les leçons des professeurs, dans les observations faites dans son pays et hors de son pays. Refuser la connaissance des faits, n'importe où ils se produisent, c'est témoigner d'une incorrigible sottise. Je connais bien des cultivateurs qui, sans avoir la moindre prétention à une éducation littéraire, et uniquement en raison de leurs connaissances pratiques et des faits nombreux dont ils ont fait provision, peuvent passer pour de savants agriculteurs. Nous sommes habitués à les désigner par le titre exclusif *d'hommes-pratiques;* mais leur pratique est réglée par une connaissance véritable, et, si elle réussit, c'est précisément en raison du savoir qui l'éclaire et la dirige.

Il y a encore un autre genre de savoir, qu'on peut nommer, pour le distinguer, *science de principes.* L'emploi le plus élevé que l'homme puisse faire de ses facultés intellectuelles, c'est *la recherche des causes.* Pour un esprit curieux, la régularité de certains effets et de certains résultats est la preuve qu'ils sont soumis à des lois générales établies sur toute la partie matérielle de la création. Celui qui se trouve doué de cet esprit de recherches désire apprendre jusqu'où s'étend la puissance de ces lois, comment elles agissent, quelles circonstances les modifient, et, par dessus tout, dans quelles limites elles peuvent être contrôlées, dirigées et tournées à son avantage. L'homme peut constamment s'aider des grands agents de la nature; il peut acquérir par là un pouvoir auquel la sagacité humaine ne saurait assigner de limites. Le feu, l'air et l'eau sont les esclaves de la science, qui en dispose à son gré. Tout récemment on a vu l'électricité opérer des prodiges à son commandement. Depuis un demi-siècle, une science nouvelle a surgi, et plus que toute autre, elle s'occupe d'explorer les phénomènes du monde matériel et de pénétrer la nature intime des choses. Déjà mille merveilles ont été accomplies dans le domaine des arts; pourquoi l'Agriculture ne profiterait-elle point aussi des progrès que la science a faits et de ceux qu'elle fera dans l'avenir ?

Il y a, pour le fermier intelligent, une foule de sujets de recherches, tels que la nature des terres et les différences qui les distinguent, ainsi que leur disposition à produire diverses plantes ; la qualité des engrais, leur caractère distinctif, leur forme et leur emploi ; la nature des produits eux-mêmes et leur appropriation aux usages auxquels ils sont destinés ; l'engraissement des animaux ; l'amélioration des races animales et végétales ; les effets de la lumière, de la chaleur, du froid, de la pluie, de la neige et de l'électricité sur la végétation ; enfin, une foule d'autres sujets liés directement avec la culture du sol, sont, au point de vue de la pratique, d'importants motifs d'investigations; ils rentrent directement dans son domaine, et c'est à la science, s'il lui est possible, à éclaircir toutes ces questions. Le fermier intelligent refusera-t-il les lumières de la science, et ne doit-il pas au contraire les accepter avec gratitude ? Le mathématicien peut n'être pas capable de conduire lui-même la charrue, mais il peut, d'après les principes de l'art, diriger l'ouvrier qui construit la charrue, et lui apprendre à exécuter son travail avec une moindre dépense de force, de temps et d'argent. Le chimiste peut fort bien savoir à peine distinguer une plante d'une autre ; cela n'empêche pas que par ses recherches sur les propriétés des différentes substances, il ne puisse apprendre au fermier à combiner ses engrais ou leurs éléments de façon à produire le plus d'effet sur la végétation. Le philosophe et l'astronome peuvent ne rien connaître à la construction d'un vaisseau et ne pas savoir distinguer les unes des autres les différentes pièces de sa charpente; mais, sans leurs calculs abstraits et laborieux, le marin le plus expérimenté se trouverait entièrement dérouté sur l'Océan où il n'y a pas de route. La science est souvent hautaine et présomptueuse, fesant peu de cas des leçons de l'expérience. D'un autre côté, la pratique, avec une obstination qui semble le plus souvent incorrigible, dédaigne les enseignements de la science et ferme les yeux à la lumière qui peut rendre son sentier plus uni, sa marche plus certaine, et ses résultats plus heureux ; il y a erreur de part et d'autre. La science et la pratique doivent s'aider comme deux amies; le savant le plus éclairé, dépourvu de connaissances dans la pratique de l'Agriculture, s'il entreprend l'exploitation d'une métairie, tombera dans les erreurs les plus graves, et son entreprise échouera. Le fermier dont la pratique est la plus heureuse dans ses résultats et qui sait tout ce que l'expérience enseigne, quant à la manière dont chaque chose doit être faite, s'il apprend en outre de la science pourquoi il doit agir ainsi, peut en retirer de grands avantages, et il n'est pas douteux que cette connaissance n'ajoute beaucoup à sa puissance, quant à la production des denrées. Quelqu'un prétendra-t-il que l'Agriculture est arrivée à son maximum de perfection ? Laissons répondre un grand fait constaté par un écrivain français d'un mérite éminent. Le froment actuellement récolté en France suffit pour nourrir une population beaucoup plus nombreuse que sous le règne de Louis XV ; cependant, l'espace de terrain occupé par la culture du blé n'est pas plus grand aujourd'hui qu'il ne l'était à cette époque. Au contraire, l'étendue totale des terres actuellement cultivées en froment est de 23 pour cent plus petite qu'il y a 60 ou 80 ans. L'Agriculture de ce temps-là, couvrant une surface d'un quart ou d'un tiers plus grande pour la production du blé que la surface actuellement employée à la même culture, produisait seulement de quoi nourrir une population inférieure de dix à douze millions à celle qu'elle entretient aujourd'hui. Ce fait montre une immense amélioration réalisée dans l'Agriculture ; si ce progrès ne doit pas être exclusivement attribué à la science dans le sens rigoureux du mot, il doit l'être assurément à une culture mieux raisonnée, à une application plus constante de l'esprit à l'Agriculture. Pour moi, je désire que les fermiers aient l'intelligence ouverte et qu'ils l'appliquent à l'étude du grand art auquel ils consacrent leur existence ; je désire qu'ils reçoivent avec bonne volonté, de quelque source qu'elles leur arrivent, les lumières de la science qui de nos jours font progresser toutes les autres industries, non pas pour les conduire à la perfection qu'il n'est jamais donné à l'homme d'atteindre en quoi que ce soit, mais pour les guider à des succès dont la rapidité est sans exemple dans le passé.

École de Grignon. — Le principal établissement d'éducation agricole est situé à Grignon, à environ vingt-huit kilomètres de Paris. Il comprend 474 hectares de terre ainsi que de vastes bâtiments qui ont été autrefois, je crois, une résidence royale, et d'autres constructions nécessaires, élevées depuis l'établissement de l'école. Ce domaine a été cédé en 1829, par Charles X, pour 40 ans, à une société de protecteurs de l'Agriculture qui dirigent l'institution et qui ont réuni par des souscriptions privées les fonds nécessaires s'élevant à 300,000 francs. L'association donne au gouvernement le même fermage que payait le fermier précédent. Tous les cinq ans un commissaire est chargé de constater et d'évaluer les améliorations permanentes exécutées à Grignon ; leur valeur doit être déduite du fermage à payer à la fin du bail. Le montant de la souscription a été donné à l'institution. Sur ce capital employé dans la culture, un intérêt de 6 pour cent est réalisé au profit de l'établissement.

L'État est représenté dans la direction de Grignon. Il supporte les frais de l'enseignement en rétribuant les professeurs et le directeur ; il entretient aussi plusieurs boursiers. Les résultats en argent, depuis quelques années, ont été favorables ; tous les bénéfices sont employés à l'entretien d'un plus grand nombre de boursiers, ou à diverses améliorations complétant l'utilité de l'établissement, qui peut recevoir 70 élèves. Le temps des études est limité à deux ans, bien que d'après la nature des objets de l'enseignement, un terme plus long soit nécessaire pour en parcourir le cercle entier.

Le plan de Grignon embrasse à la fois la science et la pratique de l'Agriculture; le réglement et l'organisation de cette école semblent admirablement combinés pour atteindre ce double but. Les élèves appartiennent, en majorité, à cette partie de la communauté qui doit compter sur son travail et sur ses talents pour vivre et pour aspirer aux faveurs de la fortune; c'est ce qui doit être. Aux États-Unis, cette classe comprend tout le monde, et il n'est pas besoin qu'il en existe d'autres, d'après l'organisation actuelle de la propriété dans notre pays; puisse ce sage et heureux arrangement de la société, se prolonger longtemps! Dans une grande partie de l'Europe, une classe nombreuse n'est guère autre chose qu'un troupeau de bêtes de somme. Tant qu'elle existe, elle a pour fonctions de porter sur ses épaules ceux qui ne veulent pas travailler pour vivre. C'est pitié de voir que les travailleurs européens ne puissent jeter à terre leur fardeau, et obliger les oisifs à s'aider eux-mêmes. Toutefois, leur partage semble fixé et, avec la distribution actuelle des pouvoirs politiques, en présence des lois surannées sur la propriété, leur sort a peu de chances de changement. En Angleterre et en France, il existe des individus dont l'analogue manque dans les États de l'Union où l'esclavage n'existe pas, dont la formation ne sera sans doute pas nécessaire d'ici à longtemps ; ce sont des gens qui dirigent l'administration des domaines des grands propriétaires ; en Angleterre, on les nomme *baillis* ou *intendants ;* en France, ils portent le titre *d'ingénieurs–agricoles*. On peut dire que l'école de Grignon est la pépinière de laquelle sortent ces ingé-

nieurs, si éminemment utiles. Il y a également parmi eux des jeunes gens qui étudient pour exploiter plus tard leurs propres domaines; sans doute aussi, les élèves ingénieurs agricoles ont l'espoir fondé de passer à leur tour dans la classe des propriétaires. Dans le Midi de la France, la terre est généralement exploitée sous un mode particulier qu'on nomme *métayage*; c'est ce qu'on appelle aux États-Unis *culture en participation*; après quelques déductions, la moitié des produits de la terre appartient au propriétaire, à titre de loyer. Dans tous les cas, une éducation comme celle qu'on reçoit à Grignon est on ne peut mieux appropriée aux besoins des élèves. Celui qui doit être fermier devient capable d'obtenir de la terre la plus forte somme de produits; celui qui sera propriétaire aura appris à connaître les besoins de l'Agriculture et saura imprimer une bonne direction à l'exploitation de ses domaines. Le terme du séjour des élèves à Grignon est, comme je l'ai dit, fixé à deux ans; après que leurs études sont terminées, ils y restent encore trois mois pour décrire dans tous ses détails l'exploitation d'une grande propriété et en dresser un tableau complet.

Les élèves sont divisés en deux classes : les internes et les externes. La première est logée tout entière dans l'établissement; elle y reçoit aussi la nourriture, et paie pour cela 850 francs par an. Les externes doivent se pourvoir d'un logement chez les fermiers du voisinage, et ils ne paient pour leur instruction qu'une très-faible rétribution. Cette disposition est principalement favorable aux élèves pauvres. Les deux classes reçoivent exactement le même enseignement; elles sont soumises au même règlement et exécutent les mêmes travaux.

Les leçons ont lieu tous les jours de la semaine. Au commencement de chacune d'elles, le professeur interroge sur ce qui a fait le sujet de la séance précédente; les élèves prennent des notes, et sont fréquemment obligés de rendre compte par écrit des enseignements qu'ils ont reçus. Outre les professeurs, il y a deux moniteurs formés au sein de l'institution; ils travaillent dans les champs avec les élèves, et ils sont spécialement chargés de les questionner sur les sujets qui ont été traités, de leur en montrer les applications, d'éclaircir tout ce qui peut offrir quelque obscurité, enfin de ne rien laisser sans explication de ce qui pourrait donner lieu à des erreurs ou à des méprises. Il y a, deux fois par an, des examens publics dans lesquels les jeunes gens doivent répondre à des questions nombreuses sur tout ce qui leur a été enseigné. Si, au bout de deux ans, leur conduite a été bonne et qu'ils se soient bien tirés de leurs examens, l'établissement leur délivre un diplôme.

Les élèves de Grignon ne sont pas seulement employés aux travaux généraux de l'Agriculture ; une portion de terrain est affectée à chacun d'eux ; ils paient à l'institution le loyer, l'engrais et les autres frais de culture, moyennant quoi les produits leur appartiennent ou bien l'établissement leur tient compte de leur valeur. Quelques-uns d'entre eux sont désignés, tour à tour, pour diriger, pendant un certain temps, une des branches de l'exploitation ; ils ont alternativement à prendre soin des porcs, des moutons, des vaches, des chevaux, ou bien des instruments aratoires. On suit aussi à Grignon une pratique fort digne d'être imitée ailleurs : on y emploie des ouvriers, des bergers, des vachers des pays étrangers, par exemple des Belges et des Suisses ; par ce moyen, les élèves sont mis au fait de ce qui se pratique de mieux dans ces pays.

Voici comment le temps est divisé et employé à Grignon : les pensionnaires se lèvent en été à 4 heures du matin et à 4 heures et demie en hiver. Ils se rendent directement aux étables pour assister, chacun dans la partie qui le concerne, au pansement des animaux, à la distribution des rations, au harnachement des attelages, et, en général, à toutes les opérations que réclame le bétail. A cinq heures et demie ils font un léger déjeuner et passent de là dans des salles d'études, où ils restent jusqu'à onze heures. A six heures commencent les leçons ou les répétitions qui les occupent jusqu'à huit ; à huit et demie ils lisent, ou prennent des notes sur la leçon qu'ils viennent d'entendre ; ils peuvent s'adresser pour les explications aux moniteurs, qui doivent être présents au cas qu'on ait besoin d'eux. A 9 heures et demie, ils reçoivent une autre leçon commune aux deux sections, ce qui les occupe jusqu'à onze heures ; ils prennent alors leur second et principal déjeuner. De midi à 4 heures, ils sont au labour ou à d'autres travaux agricoles. De temps en temps, les professeurs emmènent une section et l'emploient à inspecter des terres, lever des plans ou faire des nivellements ; d'autres font des excursions botaniques et minéralogiques, ou bien ils inspectent l'exploitation des forêts; une autre partie est occupée, sous la direction des maîtres, à employer les divers instruments d'Agriculture, à diriger les attelages sur le terrain, à semer et à pratiquer toutes sortes d'opérations de culture dans un champ spécialement consacré à cet usage. Une section de douze élèves est employée, tous les jours, aux travaux agricoles, le labourage, le hersage et les défoncements à la bêche. Ils travaillent en compagnie des plus habiles laboureurs, de sorte qu'ils peuvent observer et apprendre les meilleures manières d'exécuter chaque genre de travail. Ils doivent être attentifs à tout ce qui se fait, et présenter tous les jours un rapport au directeur sur la besogne de la journée.

Le dîner a lieu en été le soir à six heures, en hiver à cinq 1/2; à sept, on rentre en classe; de sept à huit et demie, le temps est employé à d'autres leçons, ou bien à des répétitions de celles de la journée; jusqu'à neuf heures, les élèves rédigent leur journal, ou le résumé des enseignements. A neuf, on éclaire les dortoirs et les élèves vont se coucher.

Il y a diverses manières d'enseigner. Le professeur d'Agriculture pratique donne deux cours, l'un dicté, l'autre oral; celui-ci est donné sur le terrain, comme un cours de clinique médicale se fait au lit du malade. Le professeur n'indique pas seulement qu'une opération doit être faite, mais encore comment elle doit l'être; il met la main lui-même à tous les travaux : labourer, semer, herser, conduire les attelages, donner la nourriture aux bestiaux, manier tous les instruments d'Agriculture, acheter et vendre. Selon les termes de sa commission, il doit former, à la fois, l'œil et la main de ses élèves, indiquer ce qu'ils doivent apprendre, diriger et exécuter.

Dans ce but, il a été nécessaire de dresser un plan complet pour la pratique agricole, indépendamment des branches de travaux qui sont du ressort des autres professeurs.

La ferme comprend :	HECTARES.
Terres arables.	270
Bois et plantations.	150
Prairies irriguées.	14
A reporter	434

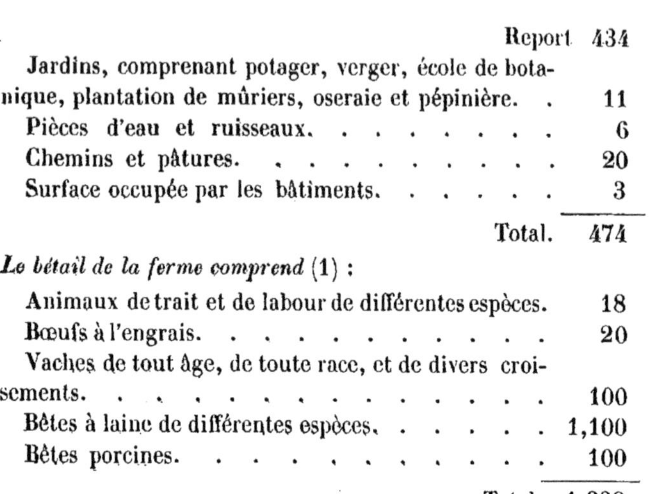

Report	434
Jardins, comprenant potager, verger, école de botanique, plantation de mûriers, oseraie et pépinière. .	11
Pièces d'eau et ruisseaux.	6
Chemins et pâtures.	20
Surface occupée par les bâtiments.	3
Total.	474

Le bétail de la ferme comprend (1) :

Animaux de trait et de labour de différentes espèces.	18
Bœufs à l'engrais.	20
Vaches de tout âge, de toute race, et de divers croisements.	100
Bêtes à laine de différentes espèces.	1,100
Bêtes porcines.	100
Total.	1,338

Il y a aussi dans l'établissement divers ateliers ou fabriques, si l'on peut leur donner ce nom, savoir :

Ateliers de forge et de charronnerie pour la fabrique d'instruments (2) ;

Battage mécanique pour les grains et une féculerie ;

Laiterie pour la fabrication du beurre et de différentes sortes de fromage ;

Magnanerie, ou établissement pour les vers à soie ;

Fabrique d'engrais artificiels.

L'attention des élèves est soigneusement appelée sur chacune de

(1) Les étables renferment tous les animaux sur lesquels s'appuient les travaux agricoles et les spéculations d'élevage et d'engraissement.

Les attelages sont formés de juments de races cauchoise, boulonnaise et du Perche, de bœufs de divers départements et de croisement Schwitz (Suisse).

La vacherie est formée de taureaux races pures de Schwitz et de Durham, de différents âges et de divers degrés de croisement.

Les troupeaux présentent les races mérinos, dishley-artésienne, southdown-mérinos et métisse-mérinos. La porcherie est composée des races Hampshire, Berkshire et croisées chinoises.

(2) On a adopté tous les instruments dont l'utilité réelle a été reconnue en France, en Angleterre, en Allemagne. Quelques-uns ont reçu à Grignon de notables perfectionnements ; d'autres y ont été inventés et soumis à la sanction d'une expérience journalière.

ces divisions de l'établissement, et ils sont obligés de prendre une part active à tous les genres de travaux qui s'y rattachent. Outre les terres appartenant à l'institution, un champ d'une cinquantaine d'hectares est exclusivement à la disposition des pensionnaires; ils y cultivent principalement les plantes qui n'entrent pas dans l'assolement de l'exploitation. On y fait de nombreuses expériences sur les diverses manières de préparer le terrain et sur l'effet des différents engrais.

Toutes les semaines, deux élèves, l'un de la première, l'autre de la seconde année, sont particulièrement chargés de la surveillance générale de l'exploitation. Leur besogne consiste à inspecter assidûment tout l'établissement; ils surveillent les travaux en cours d'exécution dans chaque division; ils inspectent les bois et les plantations, le jardin, les chevaux, le bétail à l'engrais, la laiterie, la bergerie, la porcherie et l'infirmerie des animaux; ils tiennent la correspondance et reçoivent les visiteurs. Ce service dure quinze jours, ou bien les élèves sont relevés toutes les semaines, mais toujours de manière qu'il s'en trouve ensemble un de première et un de seconde année. Tant que dure leur service, ils ont l'œil sur tous les travaux et servent d'intermédiaires à toutes les relations entre les travailleurs. Dans l'infirmerie ou section de médecine vétérinaire, ils assistent à toutes les visites du chirurgien et lui servent d'aides pour les opérations à pratiquer; ils tiennent note de ses ordonnances, ils surveillent l'administration des médicaments; ils observent particulièrement les conditions sanitaires des étables et autres bâtiments servant aux bestiaux, et signalent leur bonne ou leur mauvaise tenue.

Le samedi soir, l'élève à qui ces fonctions ont été assignées communique à celui qui le remplace une relation verbale de ce qu'il a fait. Ce rapport est transcrit sur un registre destiné à cet usage; la série de ces documents constitue une histoire non interrompue de la tenue de l'exploitation. L'école entière est divisée en classes ou sections de douze élèves chacune, comprenant six élèves de première année et six de seconde; ces sections sont constamment sous la direction du professeur d'Agriculture pratique.

L'établissement de Grignon pouvant être considéré comme une institution modèle, il ne sera pas inutile de donner avec plus de détails le tableau de l'enseignement dans cette grande école (1).

Il y a, toutes les semaines, un exercice qui comprend tout ce qui est relatif à l'emploi des instruments aratoires et des attelages. On commence, par exemple, par les différentes manières dont on peut exécuter chaque travail et se servir de chaque ustensile : les harnais, les colliers, les traits, la manière de les attacher, le mode d'atteler les chevaux de trait ou les bœufs de travail et de les placer aux différentes sortes de charrettes ; les jougs simples et les doubles, les selles des bêtes de charge; le harnachement des chevaux de selle; les attelages pour la charrue, la herse, les charrettes, les chariots et tout ce qui en dépend; tous ces objets sont expliqués et manœuvrés de manière à en faire comprendre à fond les usages pratiques. Quant au labourage, on explique comment on ouvre un sillon, sa largeur et sa profondeur; la manière de retourner un champ grand ou petit, de tracer le premier sillon et de finir le dernier; de rendre la terre parfaitement unie, ou de la lever en grosses mottes; de labourer sous un certain angle pour former des planches bombées. Chacun de ces objets est considéré à part et développé comme fesant partie essentielle de l'enseignement. On y comprend également la préparation, l'équipement et le maniement de toute espèce d'instruments aratoires : charrues, herses, rouleaux, scarificateurs, extirpateurs, semoirs, houes à cheval; on enseigne aussi les diverses manières de semer clair ou serré, avec ou sans instruments, ainsi que l'emploi des engrais, le temps où il convient de les confier au sol, les doses, les préparations, les compositions, et tout ce qui s'y rattache.

Le fauchage des foins, la fenaison et la construction des meules; la moisson des céréales à la faucille ou à la faux ; l'appropriation des faux à la moisson des céréales; l'aiguisement des faux; la formation des gerbes et des meules; l'enlèvement et l'engrangement des gerbes : tout cela fait partie des exercices pratiques. Les observations attentives des élèves sont dirigées principalement sur

(1) Depuis que M. Colman a écrit ces pages, le gouvernement français ayant arrêté la formation d'un grand institut agricole central à Versailles, Grignon perd beaucoup de son importance. Livré à ses propres ressources, il devient un simple établissement privé, placé presque porte à porte à côté d'une école de l'Etat pour laquelle rien ne paraît devoir être négligé de ce qui peut en faire le véritable institut agricole-modèle de toute la France.

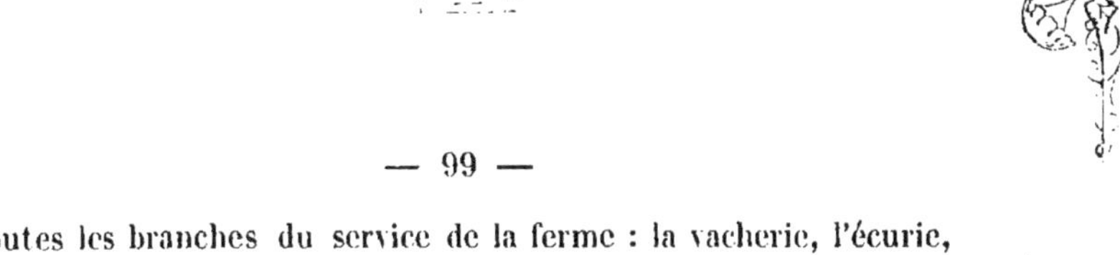

toutes les branches du service de la ferme : la vacherie, l'écurie, l'étable des bêtes à l'engrais, la bergerie, la porcherie, la basse-cour, l'aire à battre, le dépôt de fumier et les magasins où sont conservés tous les genres de produits de la ferme. L'obligation des élèves, relativement à ces objets, ne se borne pas à examiner comment chaque chose se fait, mais ils doivent la faire eux-mêmes, jusqu'à ce qu'ils aient acquis une habileté pratique suffisante.

Quittons la partie pratique de l'enseignement agricole donné à Grignon, pour en examiner la partie théorique.

On exige, pour l'admission à l'école de Grignon, un certain degré d'instruction préalable. Le candidat subit un examen en présence du directeur et de l'un des professeurs.

Il doit premièrement présenter un mémoire sur un sujet qu'on lui indique, afin de prouver qu'il connaît la grammaire et l'usage de la langue française. Il doit en outre posséder à fond les quatre règles de l'arithmétique, les fractions ordinaires et décimales, l'extraction des racines, les proportions et progressions, le système français des poids et mesures

En géométrie, on exige la connaissance des principes généraux des lignes droites et des courbes et de leurs combinaisons, et la mesure des surfaces; en physique, les propriétés générales des corps, l'usage du thermomètre et celui du baromètre.

Les aspirants doivent être munis de certificats de bonne conduite et de vaccine, et être âgés de 18 ans au moins. On tient rigoureusement à ce qu'ils prennent part aux leçons et aux travaux de l'école; ils ne peuvent s'absenter de l'établissement sans avoir obtenu du directeur une autorisation spéciale.

Les études de la première année commencent par un cours des mathématiques. Une part importante est donnée dans ce cours à la géométrie et à la trigonométrie; cette étude comprend les lignes droites et les courbes sur plan; la mesure des surfaces; l'emploi du compas; le rapport des mesures; leur tracé; l'arpentage des champs, des bois, des marais, des étangs et des pièces d'eau; la connaissance des anciennes mesures de superficie comparées aux nouvelles; l'emploi du niveau et de la chaîne d'arpenteur; la levée des plans sur une échelle déterminée; la division ordinaire des propriétés territoriales.

Cette branche d'études s'étend aux divers plans sous toutes les formes; elle embrasse la mesure des solides; les sections coniques, leurs propriétés principales, leurs applications pratiques; la théorie et la pratique des nivellements; la méthode des projections et ses applications; la mesure cubique de différents solides, des pierres taillées, des pierres brutes; le mesurage des pierres brisées, du sable, des terres extraites, des remblais, des tas de fumier; la mesure cubique des arbres sur pied et des arbres abattus, des murs de maçonnerie, des poutres, de toute espèce d'ouvrages de charpente, des fossés et des digues; le jaugeage des charrettes, des chariots, des brouettes, des seaux, des baquets, des tonneaux, des bassins et des réservoirs, des vases pour un usage quelconque; l'évaluation de la capacité intérieure des granges et des greniers, et la détermination du poids des corps. Ces notions sont complétées par un bon cours de trigonométrie. Les élèves sont familiarisés avec l'emploi des échelles de réduction, de l'équerre, du niveau et du compas de dessin; ils s'occupent fréquemment à dessiner des surfaces ou des profils.

Le second cours a pour objet les endiguements, la force et la résistance des solides et des liquides, et la pression qu'exercent les corps, soit en mouvement, soit à l'état de repos; les matériaux propres aux constructions: pierres, briques, chaux, sable, mortier, ciment, plâtre, ainsi que les divers modes de construction; la maçonnerie des fondations et celle des murailles; le point d'appui qu'elles exigent; la construction des chemins, des voûtes et des clôtures; la connaissance des différentes espèces de bois, leur force absolue et relative, leur durée et les moyens d'en assurer la conservation; toute sorte de travaux de charpente; la construction des planchers, des escaliers, des échafaudages, des étais extérieurs, des toitures de bois, de chaume, de joncs, de bardeaux, de tuiles, d'ardoises, de zinc ou de bitume; le pavage des routes et des aires dans les granges, soit avec l'argile, soit avec des compositions bitumineuses qui forment une surface solide et résistante; ces diverses matières d'enseignement rentrent toutes dans le second cours.

Vient ensuite l'instruction donnée à la forge, où l'on apprend tout ce qui concerne la fabrication des instruments et la manière de travailler le fer, l'acier, le cuivre, le plomb et le zinc. Les élèves apprennent aussi à préparer et à employer le cuir, à fabriquer les cordes, à faire les diverses besognes du peintre et du vitrier. On leur enseigne, autant que possible, à évaluer les frais de ces divers genres de travaux.

Le cours suivant embrasse les éléments de la philosophie naturelle, comprenant la chimie, la géologie, la minéralogie, en commençant par les propriétés générales des corps : divisibilité, élasticité, porosité ou puissance d'absorption, influence spéciale de cette dernière propriété sur la nature des terres arables.

Les principaux sujets d'études que renferme ce cours, sont compris dans l'énumération suivante :

Corps considérés en masse; poids des corps ; moyens d'en déterminer leur densité et la pesanteur spécifique ; propriétés physiques de l'air ; pression atmosphérique ; construction et usage du baromètre.

Étude de l'hydrostatique. Pression des liquides dans leurs réservoirs et contre les parois des digues qui les contiennent ; hydraulique ; attraction capillaire ; usage des pompes et des siphons.

Étude de la chaleur et de ses divers phénomènes ; ses effets sur les corps solides et liquides, les changements qu'elle apporte dans leurs conditions : fusion, ébullition et évaporation ; hygromètre ; utilité de cet instrument ; mesure de l'humidité ; pouvoir conducteur des corps, des métaux en particulier ; chaleur libre rayonnante ; applications de la chaleur aux fours et aux fourneaux ; lois du refroidissement appliquées aux corps ; pouvoir d'émettre ou d'absorber la chaleur ; mesure de la chaleur ; moyen de déterminer la température moyenne d'un lieu ; influence du froid sur la végétation ; moyens d'en préserver certains végétaux ; construction et usage du thermomètre.

Météorologie. — Explication des phénomènes de la rosée, de la gelée blanche, des nuages, de la pluie et de la neige ; leur influence sur la croissance des récoltes ; explication de tous les faits qui se rattachent au climat.

Étude de la lumière. — Marche de la lumière à travers l'espace ; réflexion ; réfraction ; action de la lumière sur les végétaux ; phénomènes de la vision ; polarisation de la lumière ; explication de l'arc-en-ciel et des autres phénomènes de la lumière ; prisme.

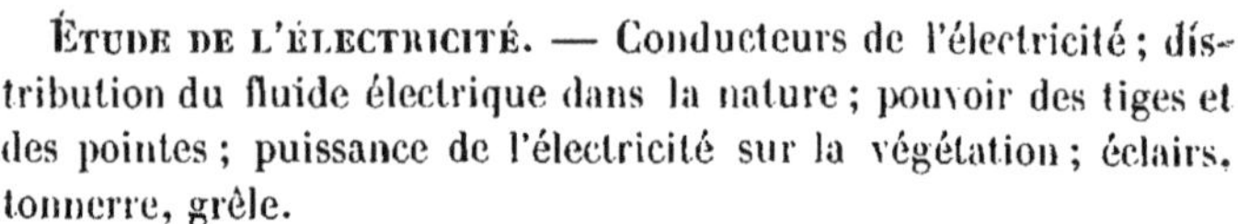

Étude de l'électricité. — Conducteurs de l'électricité; distribution du fluide électrique dans la nature; pouvoir des tiges et des pointes; puissance de l'électricité sur la végétation; éclairs, tonnerre, grêle.

Chimie. — Corps simples et composés; différence entre la combinaison et le simple mélange; attraction atomistique; cohésion; affinité; ce qu'on entend par agents chimiques; nomenclature et termes de chimie.

Études des corps simples. — L'oxygène, ses propriétés, son action sur la végétation et sur la vie animale; nitrogène *(azote)*; soufre; charbon; chlore; hydrogène; l'action de ces corps sur les substances végétales et animales. Acides sulfurique, nitrique, carbonique, chlorique; alcalis, soude, chaux, potasse, ammoniaque; leurs applications sous leurs diverses formes; sels, au point de vue chimique; leurs applications, leurs usages et leur importance comme principes constituants du sol et comme amendements. Examen des terres, des marnes et des diverses substances naturelles favorables à la végétation. Les élèves sous la direction du professeur de Chimie doivent faire eux-mêmes des analyses de terres et de marnes.

Le cours de Minéralogie et de Géologie comprend les propriétés générales des minéraux, et les caractères physiques, chimiques et mécaniques des corps les plus répandus dans la nature; l'étude des propriétés distinctives et des gisements des substances qui occupent le plus de place dans l'écorce solide du globe, spécialement le carbonate de chaux sous ses diverses formes, la pierre à bâtir, la pierre à chaux, le marbre, et le sulfate de chaux ou le plâtre de Paris, avec toutes les variétés de substances minérales les plus abondantes, et leurs usages dans l'Agriculture et dans les arts.

Le cours de Géologie embrasse les principes généraux de cette science, en insistant principalement sur la composition et sur les conditions du sol, dans leurs rapports avec les améliorations agricoles. Le professeur chargé de cette branche d'enseignement fait fréquemment avec ses élèves des excursions pour leur rendre familière la connaissance des objets dont il a parlé dans ses leçons, et pour leur montrer les couches géologiques dans leur situation naturelle; c'est ainsi qu'il leur donne par des observations directes

et personnelles l'intelligence des grandes vérités de la science géologique.

Le cours suivant, dans la même division, est consacré à l'horticulture. Les principaux objets compris dans ce cours sont : connaissance du sol; couche superficielle; sous-sol, considérations pratiques sur le jardinage et ses produits; climat; température; exposition et circonstances locales de la terre par rapport au jardinage; amélioration du sol; substances propres à remplir cette destination, et leur emploi; opérations du jardinage; instruments d'horticulture; mode d'exécution des travaux; emploi de l'eau pour les arrosages; clôtures de fossés et de murailles; murs pour les arbres en espalier; treillages et palissages; abris contre le vent et le froid; divers modes de multiplication des végétaux; semis; greffe en fente et en écusson; explication pratique de ces divers procédés; culture des plantes porte-graines; choix; plantation et direction des porte-graines; récolte et conservation des semences.

La culture du jardin potager et la production de tous les légumes pour la consommation de l'établissement, font partie de ce cours, ainsi que la pépinière, depuis le semis jusqu'à la formation complète des arbres, le verger dans tous ses détails, et le parterre. On y enseigne aussi les résultats généraux du jardinage; la manière de défoncer le sol à la bêche; la conservation, l'utilisation et la vente des produits. Les jardins de Grignon sont assez étendus pour que toutes les divisions du jardinage puissent y trouver place sur une assez grande échelle.

Une autre division du même jardin est consacrée à l'étude de la Botanique; cette science et ses applications pratiques y sont démontrées à fond. Le cours de botanique comprend la description des végétaux; le résumé des systèmes principaux de classification des plantes avec leur nomenclature; la physiologie et l'anatomie des végétaux; la comparaison des plantes à l'état sauvage et des plantes cultivées; la propagation des végétaux dans leur condition naturelle ou par des moyens artificiels; rotation, ou ordre dans lequel doivent succéder les récoltes; applications pratiques des notions de la Botanique, principalement au point de vue de l'examen des plantes usuelles.

Les plantes dans le jardin de Grignon sont classées avec soin et accompagnées de leurs noms génériques et spécifiques. Les élèves sont habitués à soigner le jardin avec le professeur ; ils trouvent des exemples de tous les faits que comprend son enseignement dans les divisions du jardin botanique nommées : *école des arbres*, *école des plantes économiques et industrielles, et école des plantes d'un usage vulgaire.*

La chirurgie et la médecine vétérinaire tiennent une large place dans l'enseignement à l'École de Grignon. Cet enseignement comprend un cours d'anatomie comparée et de physiologie dont les principales divisions sont : description complète de tous les organes des animaux ; démonstration sur les corps des bêtes abattues pour cette destination ; fonctions des différents organes ; description des appareils digestif, respiratoire, circulatoire et reproducteur.

Chaque partie externe ou interne de l'animal est montrée aux élèves, avec son nom, ses fonctions, sa situation par rapport aux autres organes, ce qu'elle peut présenter de parfait ou de défectueux, et les particularités d'organisme des différentes races d'animaux avec la manière de les distinguer entre elles. Choix des animaux propres à divers services dans la race chevaline : chevaux de selle, de course, de chasse, de carrosse, de poste, de charrue ; traitement des maladies des animaux ; médicaments à leur usage ; préparation et emploi de ces médicaments.

Un cours spécial est consacré à l'enseignement de la comptabilité agricole avec les divers livres qu'elle exige pour les différentes branches d'une exploitation rurale.

Après avoir suivi ce cours, les élèves passent à celui qui porte le nom de *cours de législation rurale,* comprenant la connaissance de toutes les lois qui ont rapport à la propriété du sol et à l'Agriculture. Je crois devoir donner un aperçu de quelques-uns des objets traités dans ce cours.

Droits civils et devoirs publics du citoyen français ; constitution de la France ; propriété mobilière et immobilière, ou réelle et personnelle ; division de la propriété ; les usages et les obligations qu'elle impose. Propriétés communales ; lois relatives aux forêts ; droits de pêche et de chasse ; lois relatives à la police rurale, à la salubrité et à la sécurité publiques, aux maladies contagieuses et épidémiques ; droits de passage des hommes et des animaux sur le

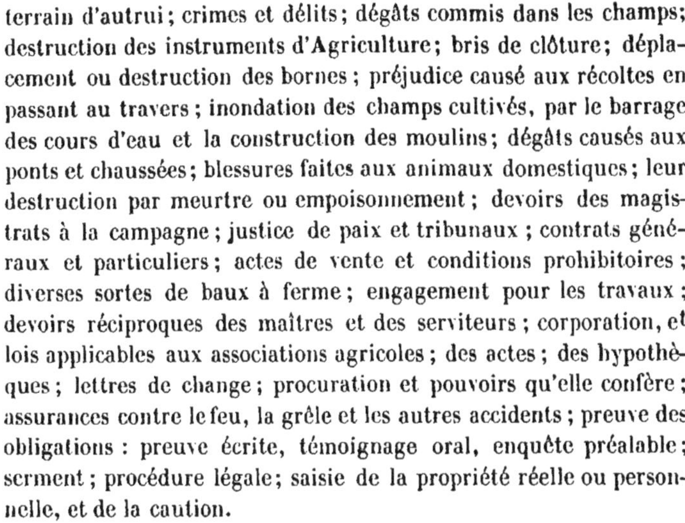

terrain d'autrui; crimes et délits; dégâts commis dans les champs; destruction des instruments d'Agriculture; bris de clôture; déplacement ou destruction des bornes; préjudice causé aux récoltes en passant au travers; inondation des champs cultivés, par le barrage des cours d'eau et la construction des moulins; dégâts causés aux ponts et chaussées; blessures faites aux animaux domestiques; leur destruction par meurtre ou empoisonnement; devoirs des magistrats à la campagne; justice de paix et tribunaux; contrats généraux et particuliers; actes de vente et conditions prohibitoires; diverses sortes de baux à ferme; engagement pour les travaux; devoirs réciproques des maîtres et des serviteurs; corporation, et lois applicables aux associations agricoles; des actes; des hypothèques; lettres de change; procuration et pouvoirs qu'elle confère; assurances contre le feu, la grêle et les autres accidents; preuve des obligations : preuve écrite, témoignage oral, enquête préalable; serment; procédure légale; saisie de la propriété réelle ou personnelle, et de la caution.

L'instruction donnée à Grignon est divisée en un grand nombre de cours, et je ne prétends offrir qu'un tableau fort incomplet des sciences dont elle traite et de la variété des sujets qui en font partie.

L'étude des divers genres de sols, des engrais, des amendements et de leur emploi, des améliorations qui peuvent en résulter pour des domaines de grande étendue, est aussi complète que possible. Cette division embrasse les sols argileux, calcaire, siliceux, volcaniques; les terres de bruyère; les divers sous-sols; la terre franche et l'humus.

La division des engrais comprend les excréments des animaux, l'engrais humain, la poudrette, l'urine, la colombine ou déjections des oiseaux de basse-cour, le *guano*, le noir animalisé, le noir de raffinerie, les débris des animaux morts, les tourteaux de graines oléagineuses, les résidus de brasserie et de distillerie, le tan, les os, le crin, la corne, les plantes aquatiques, tous les végétaux enfouis comme engrais. La même division traite de l'emploi, comme amendements, du sable, de l'argile, de la marne, de la chaux, du plâtre, des cendres de bois et de tourbe, de la suie, du sel, des résidus de diverses fabrications, de la vase des étangs et de la boue des rues et des grandes routes.

Le cours de culture traite avec détail des plantes cultivées pour la nourriture de l'homme, telles que le froment, le seigle, l'orge, l'avoine, le sarrasin, le riz, le millet. Plantes fourragères : pommes de terre, betteraves, turneps, rutabaga, carottes, artichaut (1); panais, féveroles, choux, luzerne, lupin, sainfoin, trèfle commun, trèfle incarnat, vesces, pois, lentilles, plantes pour les prairies naturelles et les pâturages. Plantes industrielles : colza, navette, pavot, moutarde blanche et noire, chanvre, lin, coton, garance, guède, safran, houblon, tabac, chicorée, chardon à foulon; connaissance des plantes qui infestent les récoltes et des insectes qui les attaquent, soit sur pied, soit dans les greniers ou dans les granges. Production du lait; préparation déjà mentionnée ci-dessus du beurre et du fromage. Production de la laine : signes de sa qualité, classification des laines, tonte des moutons, poids des toisons, lavage des laines à dos et des laines tondues, et détails divers relatifs au même objet.

Engraissement des bœufs, des moutons et des porcs; choix des animaux à engraisser; puissance nutritive des divers aliments; forme sous laquelle il convient de les donner au bétail; graines entières ou broyées; racines cuites ou crues, fraîches ou sèches; valeur de la pulpe de betterave exprimée pour en extraire le sucre; valeur des résidus d'amidonnerie, de distillerie, de brasserie; engraissement du pâturage ou à l'étable; comparaison du poids de l'animal sur pied avec celui de la bête tuée et dépecée.

Soins à donner aux différentes espèces de volailles; soins à donner aux abeilles; construction des ruches.

Éducation des vers à soie; détails d'une magnanerie.

Tout ceci est compris dans les études de la première année. Quoique pour ces objets si nombreux et si distincts le temps soit court, l'emploi en est réglé de telle sorte que l'élève studieux peut

(1) Le lecteur belge qui n'a pas visité la France, pourra croire que l'auteur s'est trompé en comprenant l'artichaut parmi les plantes traitées en grande culture. Mais, en France, les artichauts se consomment en quantités telles que des centaines d'hectares leur sont consacrées, rien que pour les marchés de Paris. La culture de cette plante fait donc avec raison partie de l'enseignement agricole, dans un pays où elle peut être pratiquée en grand avec beaucoup d'avantage; M. Colman s'est seulement trompé en classant l'artichaut parmi les plantes fourragères ; il appartient exclusivement à la section des plantes destinées à la nourriture de l'homme.

aisément ne rien négliger de son cours d'études pendant cette période. Les travaux de la seconde année sont la suite et le complément de ceux de la première ; ils embrassent les hautes mathématiques, la physique, l'histoire naturelle et la connaissance approfondie de la chimie et de la mécanique appliquée. Pour ce dernier objet les élèves, accompagnés de leur professeur, complètent leur instruction en visitant les ateliers des principaux mécaniciens de Paris et des environs.

Les élèves apprennent à fond la construction de tous les bâtiments servant à l'exploitation des terres ; l'irrigation et le drainage sous toutes leurs formes ; la construction des chaussées et celle des appareils de toute sorte servant à l'économie rurale, spécialement celle des moulins et des presses.

Ces études sont suivies d'un cours désigné sous le nom de *technologie agricole*. On y enseigne la préparation de la chaux, du ciment, des briques, du plâtre, du charbon par divers procédés ; l'extraction de la fécule ; la fabrication et l'épuration des huiles ; on y apprend à faire le vin, le vinaigre, la bière, l'alcool, le sucre de betterave, avec toutes les améliorations introduites dans ces branches d'industrie ; les élèves, sous la conduite des professeurs, vont voir pratiquer la fabrication de ces divers produits dans les environs de Grignon. L'économie forestière, la formation et l'entretien des pépinières d'arbres fruitiers et d'arbres d'ornement, l'emploi du bois de chauffage et de construction sont expliqués avec détail. C'est un sujet d'études fort important en France, où le bois a une valeur extraordinaire, où les forêts couvrent une grande étendue du sol, et où, par conséquent, il est essentiel de connaître les divers genres de bois propres à telle ou telle destination, les moyens de hâter la croissance des arbres et d'abattre les bois sans compromettre la végétation ultérieure des rejetons. Cette partie de l'enseignement comprend : les arbres pour le chauffage, pour la charpente, pour l'architecture navale ; les fruitiers, spécialement ceux qu'admet le climat de France ; les oléifères, soit notamment l'olivier ; les arbres dont l'écorce sert soit à la tannerie, soit à d'autres usages ; les résineux, tels que les pins ; les saules et les osiers pour la vannerie ; les mûriers pour l'élève du ver à soie ; puis la culture de la vigne, la création et l'entretien d'un vignoble, sujet d'un haut intérêt en France.

J'ai déjà parlé du cours de médecine vétérinaire ; ce cours comprend tout ce qui concerne la multiplication et l'élève des animaux, avec l'art de les dresser, la ferrure et le harnachement des bêtes de service.

Pour la comptabilité agricole, l'établissement de Grignon sert lui-même aux élèves de sujet et d'exemple ; les comptes y sont tenus avec le plus grand soin par les élèves, et tout le monde peut en prendre inspection.

Un journal de tout ce qui se fait dans l'exploitation est tenu chaque soir ; les articles de ce journal sont exactement transcrits sur un grand livre.

Un compte particulier est consacré aux travaux exécutés ; les occupations de chacun des travailleurs employés dans l'établissement y sont consignées.

Le livre de caisse comprend les paiements et les ventes ; il est arrêté tous les quinze jours.

Le compte de la maison est débité de tous les articles fournis ou consommés.

Chaque division de l'exploitation a son compte séparé : celui de la laiterie avec ses dépenses et ses recettes, celui de la porcherie, celui du grenier, ainsi du reste. Tous ces chiffres sont balancés à la fin de chaque mois, de façon à faire connaître exactement la position de chaque partie de l'exploitation.

A mesure que les élèves avancent dans leurs études, ils sont initiés plus avant dans l'Agriculture, prise de son point de vue le plus large et le plus général ; on leur apprend la tenue d'une ferme, sa culture et sa gestion ; l'influence du sol et celle du climat ; le choix des récoltes et l'ordre dans lequel elles doivent se succéder ; les améliorations agricoles dans le sens général de cette expression, selon qu'une exploitation a principalement en vue le pâturage, l'entretien des vaches laitières, l'élève ou l'engraissement du bétail, la production de la laine, la production des grains ou celle des plantes industrielles, enfin tel ou tel genre de système d'exploitation mixte, conformément aux circonstances locales. On enseigne en outre aux élèves l'emploi du capital en Agriculture, les divers modes de location des terres, les fermages en argent, les rentes en nature, les prestations de service, les lois qui régissent les droits et les obligations de la propriété territoriale, enfin les systèmes de culture qui conviennent à la grande, à la petite et à la moyenne propriété.

J'ai peut-être mis la patience du lecteur à une assez longue épreuve, par ces détails sur Grignon, et je n'ai pourtant donné qu'un tableau fort sommaire et fort incomplet des sujets d'instruction qui font partie des études dans cette institution. C'est réellement, je l'ai dit, une école-modèle, et l'éducation solide que je viens d'esquisser ne peut être pour tout jeune homme laborieux qu'une excellente acquisition.

Ici se présente naturellement cette question : une pareille éducation fait-elle de bons fermiers? Je réponds que si les élèves de Grignon ne deviennent pas de bons cultivateurs, c'est leur faute. Il peut y avoir certaines branches d'enseignement dont on ne voit pas l'utilité directe, quant à la pratique de l'Agriculture. Elles ne sont pas pour cela sans utilité; si elles ne servent pas directement au progrès, elles y contribuent indirectement, et bien qu'elles ne puissent s'appliquer immédiatement à la culture du sol, elles sont liées intimement avec la profession de cultivateur; elles tendent à accroître son importance, son utilité, sa considération ; elles la relèvent et l'honorent.

Sans doute, l'ouvrier le moins instruit peut exécuter les travaux manuels de la culture avec plus d'adresse et de succès que l'élève le plus accompli de Grignon. Un fermier exclusivement praticien peut, dans une exploitation ordinaire, avec très-peu d'éducation, mieux diriger sa ferme, obtenir de meilleures récoltes, mieux engraisser ses bestiaux, enfin avoir à la fin de l'année plus d'argent en poche qu'un agriculteur dix fois plus instruit, mais dépourvu d'habileté pratique.

Il faut bien convenir, en effet, que quelques hommes doués de vastes connaissances théoriques en Agriculture ont échoué dans la gestion pratique d'une exploitation rurale, et que leurs opérations ont eu pour résultat des pertes et du découragement; il faut admettre aussi que les sots et les ignorants n'ont point souvent été plus heureux. Je crois qu'il n'y a aucune chance de succès sans quelques connaissances pratiques. Les hommes éclairés échouent le plus souvent parce qu'ils comptent trop exclusivement sur des connaissances purement théoriques et aussi parce qu'ils ont en général ce préjugé très-mal fondé, de croire que tandis que tous les arts et toutes les sciences ont progressé incessamment, l'Agriculture seule n'a fait que peu ou point de progrès, et que le système entier de la pratique agricole peut être amélioré ou modifié avec avantage. On reconnaît combien ce préjugé est déraisonnable, quand on songe depuis combien de siècles l'Agriculture existe (1). Mais quand des hommes éclairés échouent, c'est bien moins par suite de leur savoir et de leurs connaissances théoriques, que faute de savoir faire, faute de ce qu'on nomme du tact. Il y a des gens qui, quand le succès dépend d'eux-mêmes, réussissent toujours, d'autres qui échouent toujours. C'est, dit-on, que ceux qui réussissent ont de la chance ; c'est bien plutôt un don naturel qui manque à ceux à qui rien ne réussit. L'éducation et la pratique sont beaucoup, sans doute, pour développer les facultés; elles peuvent, jusqu'à un certain point, suppléer à l'absence de celles-ci lorsqu'elles manquent, mais jamais elles ne peuvent en tenir lieu complétement. Ce qu'on nomme *chance et bonheur,* c'est, si je m'en rapporte à mes propres observations, une sagacité qui compte avec l'avenir comme avec le présent ; c'est un jugement sain, une intelligence prompte qui, par exemple, en considérant une machine, en sait toutes les parties, leurs rapports, leurs frottements et leur effet réciproque; c'est une fermeté de résolution qui, ayant une fois pris un parti, ne s'en départ que pour les motifs les plus puissants ; c'est enfin une aptitude active, une facilité d'opération prenant avantage de tout ce

(1) Il est impossible de ne pas reconnaître combien dans plusieurs contrées de l'Europe, l'Agriculture, en dépit de sa haute antiquité, est restée en arrière des progrès des autres industries. Dans le Midi de la France, M. Colman aurait pu voir fonctionner le *Fourca* romain et *l'Aramon* phocéen, instruments primitifs dont rien n'est changé, pas même les noms, et qui diffèrent peu de ceux dont Noë a pu se servir au sortir de l'arche. Les populations rurales ont été les dernières affranchies de l'esclavage personnel; elles sont encore les moins bien partagées dans toute l'Europe, quant à l'instruction, et il est impossible de soutenir que l'art agricole soit, en général, et toutes choses égales d'ailleurs, aussi avancé que les autres divisions du travail humain ; l'Agriculture a perdu énormément de temps à regagner ; elle a surtout grand besoin des secours de la science pour résoudre le problème de l'équilibre entre la production des denrées et la consommation.

qui peut rapprocher d'un but arrêté, toujours voguant avec le courant au lieu de lutter contre lui; déployant sa voile à la moindre brise, pourvu qu'elle soit favorable; se conformant aux lois de la nature, autant qu'il est donné à l'homme de les connaître, au lieu d'essayer avec un orgueil présomptueux de les changer ou de les braver. Voilà dans quelle voie peuvent s'égarer des esprits doués, du reste, de talents et de vastes connaissances. Mais, toutes circonstances étant d'ailleurs égales, quel est l'homme de bon sens qui puisse nier que le savoir et l'étude ne soient utiles en Agriculture au même degré que dans la pratique de toute autre branche de l'industrie humaine?

Il pourrait sembler superflu de discuter sur un point aussi parfaitement évident, si l'on n'entendait demander à tout propos : Qu'est-ce que la science a fait pour l'Agriculture? Je crois qu'il suffit de répondre par cette autre question : Qu'est-ce que l'ignorance et la sottise ont jamais fait pour cet art? Les améliorations introduites, quelle qu'en soit la date, dépendent de deux choses : la recherche et l'observation. La recherche des faits et l'observation des mêmes faits, une fois qu'ils sont constatés, constituent la science. Plus l'esprit de recherche se développe, plus l'observation devient exacte, plus l'homme voit grandir sa puissance et ses chances de succès ; car, en fait de science, les faits seuls ont une valeur réelle et positive. Le sauvage qui s'aventure dans son canot sur la mer houleuse, sans carte ni boussole, peut, s'il a de la chance, si les vents et les courants lui sont favorables, arriver au port. Mais combien ses chances d'y parvenir sont faibles, comparées avec la certitude que possède le navigateur instruit et expérimenté, lorsque, courant au large, il a pour se diriger toutes les lumières de la science, tenant un journal régulier de son voyage, mesurant la vitesse de sa marche, toujours en mesure de parer aux accidents qui peuvent survenir et aussi certain qu'il est donné à l'homme de l'être d'une chose quelconque, d'atteindre le port, but de son voyage! On a souvent demandé : Qu'a fait la Chimie pour l'Agriculture? Elle nous a dotés de la théorie des engrais, de l'analyse des terres et des végétaux qui est tout au moins curieuse et intéressante au plus haut degré, et qui, lorsque l'expérience vient à en vérifier les indications, peut conduire aux plus importants résultats ; elle nous a donné, pour appliquer divers engrais, des méthodes qui augmentent leur efficacité et la promptitude de leur action; elle nous a appris à utiliser comme fumure une quantité de substances fertilisantes qui étaient précédemment sans usage. Mais admettons que ce qu'elle a fait soit peu en comparaison de ce qu'on en attend et de ce qu'elle promet. Peut-être ces promesses et les effets qu'on en espère sont-ils également exagérés. Un esprit éclairé doit convenir que la Chimie présente l'un des moyens les plus efficaces d'étudier les phénomènes liés à la pratique de l'Agriculture, et que cette étude peut en dernière analyse conduire à d'importants résultats. Il est vrai que les chimistes n'ont pas réussi jusqu'à présent à doter l'Agriculture d'une série d'engrais exactement appropriés à chaque espèce de plantes cultivées, capables de leur donner, à un moment déterminé de leur croissance, des aliments qui leur conviennent précisément à la dose dont elles ont besoin. Prétendre arriver là, c'était une entreprise trop hardie en qui la crédulité seule pouvait avoir confiance, car il ne s'agissait de rien moins que de régler et de contrôler des forces placées entièrement hors de la portée de la puissance humaine. S'il m'est permis, sans encourir le reproche de présomption, d'essayer de critiquer les écrits d'un homme éminent à qui la science a d'ailleurs de grandes obligations, je dirai qu'un erreur signalée se rencontre dans tous ses écrits; il suppose que la végétation est un acte purement mécanique et chimique, dont l'explication peut être donnée de même que celle de toute autre opération mécanique et chimique : cela peut être; mais il reste à le prouver. Quand je vois des centaines de plantes différentes par la forme, la fleur, le fruit, la durée et la manière de se nourrir, les unes très-salutaires, les autres très-vénéneuses, croissant sur le même mètre carré de terre, conservant parfaitement l'identité de leur espèce, sans se mêler aux autres sous aucun rapport, sans prendre au sol d'autres éléments que ceux qui leur sont propres et seulement dans les proportions convenables, quelque simple que puisse être ce phénomène, lorsqu'il est expliqué,comme toute chose est simple dès qu'elle est bien comprise, il ne me paraît pas que la solution du problème puisse être entrevue même de loin par la Chimie non plus que par toute autre science. J'admets cependant que la Chimie, essentiellement

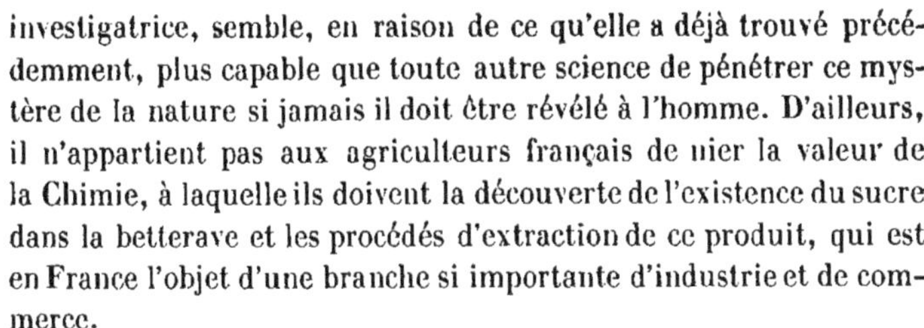

investigatrice, semble, en raison de ce qu'elle a déjà trouvé précédemment, plus capable que toute autre science de pénétrer ce mystère de la nature si jamais il doit être révélé à l'homme. D'ailleurs, il n'appartient pas aux agriculteurs français de nier la valeur de la Chimie, à laquelle ils doivent la découverte de l'existence du sucre dans la betterave et les procédés d'extraction de ce produit, qui est en France l'objet d'une branche si importante d'industrie et de commerce.

Je n'ai pas besoin d'ajouter qu'en fait d'améliorations, on doit tout attendre des efforts de l'esprit humain; plus il est cultivé, plus il donne de pouvoir à l'homme sur la nature. Une science vient au secours de l'autre : plus on sait, plus on est capable d'acquérir de nouvelles connaissances. Le cours d'études de Grignon est calculé pour donner à un esprit studieux une provision de savoir complétement pratique, que l'état et les conditions économiques de la France le mettent à même d'utiliser sans cesse. Pour un homme d'un caractère curieux, habitant la campagne, on peut dire qu'une telle éducation donne la vie à tous les objets dont il est entouré, et multiplie à l'infini pour lui les sources de distraction et de plaisir. Elle prévient cet affaissement moral qui peut résulter, pour l'intelligence, de la tranquille monotonie des travaux champêtres, inconvénient qui leur est souvent reproché; elle met obstacle à une existence purement matérielle et grossière à laquelle peuvent se laisser aller les campagnards, faute d'aliment offert à l'exercice des facultés de l'esprit; elle élève la profession d'agriculteur autant qu'elle l'embellit; elle en fait une carrière aussi attrayante, aussi honorable qu'éminemment utile.

École vétérinaire d'Alfort. — Je ne puis omettre de mentionner ici les écoles vétérinaires de France. Ce pays possède trois institutions de ce genre, organisées pour produire tous les avantages qu'on en peut espérer. Les trois écoles vétérinaires établies à Alfort, à Lyon et à Toulouse, réunissent ensemble 600 étudiants. Elles entretiennent 1332 chevaux, savoir : 838 étalons, 127 juments, 212 poulains, 99 pouliches et 56 chevaux hongres. Je n'ai eu l'avantage de visiter qu'Alfort.

L'École d'Alfort est dans une très-belle situation, sur la Seine, à un myriamètre de Paris. Les bâtiments sont spacieux et bien distribués; le terrain qui en dépend est suffisamment étendu et judicieusement disposé. De même que les autres écoles de l'État que j'ai rencontrées, l'école d'Alfort est constituée sur une grande échelle et complète dans toutes ses parties. Le gouvernement sait utiliser, avec un esprit libéral, les talents des hommes les plus capables dans chaque branche de savoir, et profiter de tous les avantages que peuvent procurer l'art et la science; il ne recule pas devant la dépense pour l'exécution parfaite de ce qu'il a entrepris. Joignez à cela, comme dans tout ce qui se voit dans ce pays, l'application d'un goût éclairé qui ajoute peu à la dépense en toutes choses, même en ce qui concerne la disposition des objets les plus vulgaires, et qui, sans rien retrancher au caractère solide et sérieux de l'œuvre en elle-même, sait rendre agréable et attrayant ce qui, sans cela, pourrait être monotone et même insupportable.

On trouve à Alfort, un cours complet de médecine et de chirurgie vétérinaires, applicable non-seulement aux maladies des chevaux, mais encore à celles de tous les animaux domestiques. L'élève à son entrée doit posséder les notions de l'instruction primaire. Le cours complet d'études exige une résidence de quatre ans dans l'établissement. Le nombre des jeunes gens est limité à 300; 40 sont entièrement à la charge de l'État. Leur destination est pour l'armée; ils doivent, outre la médecine vétérinaire, connaître l'art du forgeron, en tout ce qui concerne la ferrure des chevaux. Les élèves ne peuvent être admis que moyennant une nomination d'un des plus hauts fonctionnaires de l'État, le ministre de l'Agriculture et du Commerce, ou du moins avec son consentement. Les dépenses pour la pension et le logement s'élèvent à environ 400 francs par an; l'instruction est gratuite, les professeurs étant payés par le gouvernement.

L'établissement présente plusieurs locaux distinés à servir d'infirmerie pour les animaux malades des races chevalines, bovines, ovines, porcines et canines. Les moyens les plus efficaces sont mis en usage pour vérifier et régulariser, autant que possible, la température de ces infirmeries et y procurer une ventilation salutaire. Il y a des écuries où les animaux malades sont tenus complétement isolés quand les circonstances l'exigent, et des appareils pour leur donner des bains chauds complets, fort utiles dans les maladies des jambes et celles des articulations. Le bâtiment de l'école est vaste; il renferme des dortoirs et des réfectoires pour les étudiants, des logements pour les professeurs, des salles pour pratiquer les opérations sur les animaux et pour les dissections anatomiques, un laboratoire parfaitement monté pour le cours de chimie, un amphithéâtre pour les leçons publiques, un atelier aussi complet que possible pour la maréchallerie, avec plusieurs forges montées sur les meilleurs modèles. Il y a en outre des loges (c'est ce que les maréchaux français nomment *travail*) ingénieusement construites pour maintenir le pied du cheval pendant que l'élève apprend à pratiquer la ferrure,et qui lui permettent de travailler avec sécurité, ou pour que la jambe de l'animal, lorsqu'elle a dû être séparée de son légitime propriétaire, puisse être disposée de manière à servir d'objet d'étude et d'expérience.

Une longue suite de galeries réunit un admirable et riche musée de préparations anatomiques, les unes naturelles, les autres artificielles, montrant l'état des animaux en santé et de ceux qui sont atteints d'affections maladives ; l'anatomie pathologique y tient une très-large place. On y remarque l'anatomie complète du cheval, de la vache, du mouton, du porc et du chien ; les muscles, les veines, les nerfs, enfin toutes les parties de l'organisation animale, y sont montrées isolées et conservées par le talent hors ligne d'un anatomiste éminent, mort depuis peu et qui remplissait les fonctions de professeur d'anatomie à l'école d'Alfort. Il a su déployer un art réellement merveilleux pour disséquer et conserver toutes ces pièces anatomiques, objet intéressant d'études, non seulement pour le médecin, mais pour le philosophe observateur le plus superficiel comme le plus profond. Je n'ai vu nulle part de collection du même genre aussi éminemment remarquable.

Les nombreux spécimens d'anatomie pathologique, conservés autant que possible dans leur état naturel, attirent l'attention du visiteur et font un appel éloquent à notre humanité, en montrant combien d'entre ces pauvres animaux qui nous secondent dans nos travaux ou contribuent à nos plaisirs, doivent souffrir, sans pouvoir accuser leurs douleurs, et combien il doit arriver fréquemment que nous les contraignons par le fouet et l'éperon à remplir leurs devoirs et à supporter les plus rudes travaux, dans des conditoins de maladie où un être humain ne pourrait seulement se tenir debout. On voit aussi au Musée anatomique un grand nombre de calculs extraits de la vessie des animaux après leur mort, d'un volume énorme, et quelquefois couverts à leur surface d'aspérités qui ont dû causer de très-vives douleurs aux organes sensibles avec lesquels elles étaient en contact. Une de ces pierres est plus grosse qu'une tête humaine; elle pèse, d'après ce que m'a dit le conservateur du Musée, 19 kilogrammes. Je sais que beaucoup de lecteurs auront peine à ajouter foi à une chose qui m'a semblé aussi surprenante ; pourtant je n'ai point exagéré ; j'avoue que je n'y aurais pas cru si je ne l'avais vu. On conçoit à peine comment un pauvre animal a pu endurer les souffrances d'une telle maladie (1).

La division consacrée aux chiens malades est spacieuse, bien distribuée et propre à en contenir un grand nombre ; il y a des loges pour ceux qui doivent être enfermés, des chaînes pour ceux qui ont besoin d'être tenus en plein air, et une sorte de cuisine pour préparer leurs aliments. Tout animal malade peut être envoyé à l'établissement d'Alfort, moyennant une pension réglée par un tarif connu ; on paie pour un chien 60 centimes par jour, et pour un cheval 2 fr. 50 centimes, y compris les soins médicaux et la fourniture des médicaments. En cas de maladies épizootiques dans quelques départements de la France, les écoles vétérinaires y font distribuer les meilleurs conseils, soit pour la guérison des animaux malades, soit pour l'observation des symptômes du mal et les moyens d'en arrêter les progrès. Dans les pays qui entretiennent de grandes armées permanentes, avec des corps nombreux de cavalerie et d'artillerie, sans compter le train des équipages, la médecine vétérinaire acquiert une grande importance. Mais dans les États où les armées permanentes n'existent pas, les chevaux de luxe et de travail et tous les autres animaux domestiques sont en bien plus grand nombre par rapport au chiffre de la population, qu'on ne peut le supposer avant de s'en être instruit par d'exactes informations, et la profession du vétérinaire n'y est pas moins importante.

(1) Des faits de cette nature démontrent de quelle importance peut être la pureté de l'eau, tant pour les animaux domestiques que pour l'homme. De telles maladies ne règnent jamais que dans des pays où les eaux sont chargées de principes calcaires.

Alfort possède une bibliothèque très-riche et un jardin pour l'étude des plantes médicinales et des plantes fourragères du domaine de l'Agriculture. Une ferme est annexée à l'école, pour l'enseignement de l'Agriculture pratique ; on y élève un grand nombre d'animaux dans le but d'étudier les meilleures races, leurs procédés de propagation et leurs croisements. Des bêtes de premier choix des meilleures espèces domestiques étrangères, chevaux, taureaux, vaches et béliers, sont entretenus à la ferme d'Alfort pour cet objet spécial. J'ai assisté, pendant une de mes visites à cette institution vétérinaire, à une vente publique de taureaux de la race améliorée à courtes cornes, nés et élevés à Alfort ; on y vendait aussi quelques béliers les plus estimés d'Angleterre, des *Leicester*, des *Southdown*, et des croisés-Leicester et Mérinos de grande taille. J'ai vu aussi à Alfort des croisés Southdown et Mérinos ; ils étaient bien conformés, de grande taille, chargés d'une grande abondance de laine de bonne qualité, mais non de la première finesse. Ces animaux provenaient d'un premier croisement ; on n'a point encore constaté jusqu'où les croisements peuvent être poussés avec avantage. Autant que j'ai pu m'en assurer, les essais de ce genre pour croiser entre elles des races d'animaux offrant des caractères essentiellement différents, n'ont pas donné des résultats fort satisfaisants au delà du premier essai. Les animaux exposés en vente appartenant au gouvernement, les ventes ont pour but, non de réaliser un bénéfice, mais de contribuer à l'amélioration générale du bétail en France. Par cet excellent procédé, le gouvernement propage sur toute la surface du pays des chevaux, des bêtes bovines et des bêtes à laine des espèces les plus perfectionnées. On fixe un prix minimum pour chaque animal exposé en vente ; il est ensuite livré au plus offrant, moyennant l'obligation que contracte l'acheteur de le faire servir à la reproduction sous certaines conditions déterminées. Outre ces ventes, les meilleures races de chevaux reproducteurs et les taureaux des espèces les plus estimées qui sont la propriété du gouvernement, sont mis, aux conditions les plus généreuses, à la disposition des fermiers pour l'amélioration de leur bétail.

En Angleterre, les écoles vétérinaires sont entretenues par souscription. Peut-être est-il vrai, d'un point de vue général, que toute chose livrée à des particuliers, sous le stimulant de l'intérêt privé, est mieux soignée que ce qui appartient au public; mais quant aux écoles vétérinaires, le gouvernement agissant avec libéralité, il semble que ceux qu'il emploie se montrent de leur côté fidèles et actifs dans l'accomplissement de leurs obligations respectives. Les élèves sont nombreux et les professeurs sont tous distingués par leur savoir et par leur expérience.

J'ai dit ailleurs mon sentiment sur la profession du vétérinaire ; j'ai dit de quel respect est digne l'homme qui, par son savoir et par ses études, pouvant aspirer à un rang distingué dans la pratique de la médecine, se sent assez de courage et de dévouement pour se consacrer à une carrière moins distinguée, mais non moins utile. La fable *d'Androclès* retirant une épine de la patte du lion, est une belle leçon de désintéressement récompensé par une touchante reconnaissance. Le médecin vétérinaire ne compte pas sur l'expression d'un sentiment de gratitude de la part des animaux qu'il guérit, bien que ce sentiment existe à n'en pouvoir douter et qu'il se manifeste quand il y a possibilité, comme le prouve la race canine. Mais la récompense de ce genre de services est dans le cœur de celui qui les a rendus.

Je regarde comme un devoir de ne point laisser échapper l'occasion de protester contre tout acte de cruauté envers les animaux, et d'élever la voix en faveur de ceux à qui la nature a refusé le don de la parole. A moins de nécessité pour résoudre les plus hautes questions de la science, il y a un danger réel à se livrer à des expériences sur des animaux qui vivent et qui souffrent chaque fois qu'elles sont répétées sans utilité, ou que, même lorsqu'elles sont nécessaires, ceux qui s'y livrent sont indifférents aux souffrances non méritées et endurées par d'innocents animaux; de telles expériences sont des cruautés, des crimes. On nous a montré un chien à qui l'on avait inoculé le virus de la rage; c'est là sans doute une expérience d'une haute importance scientifique et de laquelle peut sortir un grave enseignement. C'est un fait digne de remarque que le remède contre la petite vérole, l'une des plus cruelles et des plus affligeantes maladies, nous est venu d'un des plus humbles bien que des plus utiles de nos animaux domestiques. On a fait récemment à l'école d'Alfort des opérations au moyen de l'éther sulfurique; elles ont été exécutées sur des animaux qui les ont supportées sans souffrance visible; cette découverte semble une immense conquête pour l'humanité.

C'est toujours avec un sentiment pénible, avec une sorte d'effroi, que l'homme étranger à la pratique de la chirurgie regarde avec une indifférence apparente les douleurs des patients, insensibilité que l'habitude seule peut permettre aux plus habiles opérateurs. Ceux-ci, après un long exercice de leur art, semblent au contraire avoir acquis le goût de ce qui forme la partie la plus pénible de leurs fonctions; on dirait qu'ils oublient qu'ils travaillent dans le sang et dans la chair; ils broient une pierre dans la vessie et ils amputent une jambe avec autant de sang-froid que s'il s'agissait de faire un trou dans une bûche, ou d'abattre une branche d'arbre. Peut-être est-ce à cette indifférence qu'ils doivent la sûreté du coup-d'œil et la fermeté de la main, qualités indispensables au succès de l'opération. La compassion et l'humanité prises du point de vue le plus élevé, défendent positivememt d'infliger à un être quelconque une douleur inutile, de faire des expériences cruelles sans grand besoin sur des êtres dont on ne considère que la valeur en argent, sans égard à leurs souffrances, et dont on ne prend pas l'avis sur la nécessité des opérations qu'on leur fait subir, sous prétexte de faire progresser la science. Tout acte de cruauté de ce genre, toute souffrance infligée à un pauvre animal inoffensif, est un crime; c'est en même temps une lâcheté, car l'être torturé ne peut pas résister; il ne peut pas même se plaindre (1).

Colonie agricole de Mettray. — Il existe en France deux autres institutions pour l'éducation agricole, que j'ai visitées avec un vif intérêt, et dont le lecteur me saura gré, je l'espère, de l'entretenir un moment : l'un de ces établissements est situé à *Met-*

(1) C'est fort bien, sans doute, de s'intéresser au sort des animaux et de blâmer toute cruauté inutile exercée à leur égard. Mais ce sentiment honorable en lui-même ne doit pas faire méconnaître les services rendus à la médecine et à la physiologie par des savants de premier ordre, qui n'ont jamais pris plaisir à faire endurer à de pauvres animaux des souffrances sans but, mais qui n'ont pu étudier ni les mystères de l'organisation, ni l'action des poisons et les moyens d'en combattre les effets, sans sacrifier des bêtes qui, à la vérité, n'ont pas mérité de souffrir, mais qu'on ne peut pourtant pas considérer comme immolées par une cruauté gratuite.

tray, près de Tours, à 240 kilomètres de Paris; l'autre à Petit-Bourg, à 32 kilomètres de cette capitale. Qu'il me soit permis de faire remarquer en passant que la France abonde en institutions philanthropiques. Il n'y a pas de maisons publiques de réclusion pour les pauvres; le nombre des mendiants que j'y ai rencontrés est comparativement très-faible; ceux que j'ai vus étaient des aveugles, des estropiés, des gens hors d'état de travailler pour vivre. J'ai été vivement frappé de la différence qui existe à cet égard entre la France, l'Angleterre, l'Écosse et la Belgique. Dans ces trois derniers pays, les villes fourmillent de mendiants, spécialement en Irlande, pays de la misère et de la dégradation, pays auquel nul autre ne peut, sous ce rapport, être comparé. Je pense que cette différence tient jusqu'à un certain point à l'activité, à la frugalité, et par dessus tout aux habitudes de tempérance du peuple français dans les campagnes. Je ne connais aucune autre nation qui pratique ces vertus au même degré. Je dois ajouter, pour être juste, que le Français est en général animé d'un profond respect de soi-même qui l'éloigne de la mendicité, et qui lui fait considérer comme une sorte de déshonneur de recevoir la charité. Je ne doute pas que la possibilité d'arriver à la possession d'un coin de terre ne soit aussi pour beaucoup dans l'activité et dans la frugalité des paysans français.

Bien qu'il n'y ait point en France de maison de force où les indigents puissent être renfermés au nom de la loi, comme cela se fait en Angleterre et aux États-Unis, il ne faut pas perdre de vue que les différentes parties de la France et Paris en particulier, où les pauvres sont nombreux, contiennent beaucoup d'hôpitaux dans lesquels sont reçus les malades, les impotents, les aliénés, les aveugles, les sourds-muets, les vieillards et les estropiés, ceux qui ont servi la patrie dans l'armée et dans la marine, et les autres travailleurs à qui la divine Providence n'a donné que la misère en partage en ce monde.

Je dirai plus; je crois, d'après mes propres observations, qu'il n'y a pas de pays où la charité privée s'exerce sur de plus larges bases. Les pauvres eux-mêmes, comme je l'ai observé maintes fois, sont toujours prêts à partager leur morceau de pain avec de plus pauvres qu'eux. Je sais que c'est la conséquence de la religion dominante qui place la charité au rang des œuvres les plus méritoires. J'honore la religion pour le bien qu'elle fait et celui qu'elle fait faire, et je me contente de recommander à ceux qui professent une foi différente, de relire, à leurs moments de loisir, la belle parabole du bon Samaritain.

La colonie de Mettray a été fondée dans l'esprit du bon Samaritain qui vient au secours du voyageur blessé et abandonné sur le bord du chemin, lui donne l'hospitalité, le nourrit et le soigne. Cet établissement doit sa fondation à l'esprit charitable de deux hommes riches d'un rang élevé, qui ont conçu le noble dessein d'essayer ce qu'il était possible de faire pour secourir de malheureux enfants vagabonds et repris de justice, les empêcher, s'il est possible, d'achever de se perdre, et leur procurer les moyens de gagner honnêtement leur vie. Il n'entre pas dans le cadre de cet ouvrage de rendre compte ici de l'ensemble de cette institution ; je dois me borner à la considérer comme école d'Agriculture, bien que les directeurs aient en vue trois branches d'instruction, pour faire de leurs élèves des cultivateurs, des matelots et des soldats. La discipline de l'institution est toute militaire ; il y a dans la cour de Mettray un navire complétement équipé et de grandes dimensions, sur lequel les enfants qui doivent devenir marins prennent leurs premières leçons pratiques. Il y a une ferme parfaitement montée en matériel, d'une étendue de 200 hectares, que les élèves doivent cultiver. Mettray est situé dans une contrée riche et salubre à portée d'une ville de grande consommation. La direction des cultures est confiée à un agronome instruit et expérimenté. Le but principal est d'arriver à couvrir par les produits les dépenses de l'institution ; on cherche ensuite à donner aux élèves une instruction agricole solide en les habituant à pratiquer les méthodes les plus perfectionnées. Mettray a été fondé par des souscriptions particulières, et bien que l'institution ait éprouvé quelques entraves dans les commencements, elle paraît aujourd'hui complétement assurée. Le vicomte de Courteilles a donné une grande propriété, et M. de Metz, conseiller honoraire à la cour royale de Paris, philanthrope éminent, renonçant à sa haute position dans la magistrature, passe sa vie au milieu des élèves et leur fait la plus grande des charités, celle de consacrer son temps, son bras, son cœur et sa tête à l'institution de Mettray.

Outre la ferme, un grand jardin et une vaste pepinière sont joints à l'établissement, qui possède un atelier pour la fabrication des instruments aratoires et des charrettes et des chariots à l'usage de l'exploitation rurale. Les enfants apprennent aussi à confectionner des souliers, des chapeaux, des habits, des literies ainsi que toutes sortes d'articles de fantaisie destinés à être vendus, et dont la confection sert à les occuper quand le travail des champs n'est pas possible. Le nombre des élèves était, en 1848, de 450. On ne les retient pas au-delà de leur seizième année, mais on peut les recevoir très-jeunes ; j'en ai vu quelques-uns qui n'avaient pas plus de sept ans. Ils vivent en famille de 40 à 50 élèves ; chacune occupe un bâtiment séparé ; elle est sous la direction d'un homme ou d'une femme respectable qui lui consacre tout son temps.

Cette disposition m'a semblé fort judicieuse. Quand les enfants travaillent dans les champs, un surveillant les accompagne constamment et travaille avec eux. Quelques-uns ont été condamnés par les tribunaux pour de légers délits ; les autres sont des orphelins sans appui, recueillis dans les rues en état de vagabondage. La manière dont Mettray est dirigé est à la fois morale et paternelle. La séquestration, le jeûne, la solitude et les réprimandes sont les principaux moyens de punition employés à Mettray ; on n'y connaît ni le fouet, ni les coups, ni les fers. Ce régime a été couronné du plus entier succès. On demandait à un jeune garçon qui depuis son enfance avait connu la prison et les tribunaux, et qui était depuis quelque temps à l'institution, s'il ne songeait pas à se sauver de Mettray? L'enfant fit cette réponse remarquable : *Me sauver? Il n'y a ni grilles ni murs pour m'en empêcher !*

Quand on songe aux bandes innombrables d'enfants livrés au vagabondage dans une grande ville, où ils sont non-seulement en proie à mille genres de tentations, mais encore façonnés, stimulés, encouragés au crime ; quand on les voit graduellement emportés dans ce courant de plus en plus rapide qui les entraîne à leur perte, jusqu'à ce qu'ils ne puissent lui échapper, combien ne doit-on pas admirer le courage, la générosité, le dévouement de ceux qui ne craignent pas de plonger dans le gouffre pour arracher quelques-unes de ces malheureuses victimes au sort fatal qu'elles ne semblaient pouvoir éviter? Je ne connais pas de passage plus beau ni plus touchant dans la sainte Écriture, que celui qui représente les anges dans le ciel, se réjouissant du salut d'un pécheur repentant. Sauver un pécheur, c'est une œuvre digne des esprits les plus élevés et les plus religieux, sur qui l'auteur de tout bien a voulu laisser tomber un reflet de sa nature divine.

L'institution considérée sous un point de vue moins élevé et plus pratique, comme donnant aux enfants une éducation agricole et industrielle, présente un caractère de haute utilité ; le bon grain qu'elle confie à la terre, sous l'œil et avec l'aide de Dieu, ne peut manquer de croître et de fructifier.

Une infirmerie, comme je l'ai déjà dit, est jointe à l'institution ; c'est un modèle de propreté, de bonne ventilation et de soins attentifs ; le service est confié au zèle infatigable des saintes sœurs de la Charité.

COLONIE DE PETIT-BOURG. — Une autre institution, analogue à celle de Mettray, est située dans un château nommé *Petit-Bourg*, à 32 kilomètres de Paris. C'est un palais bâti dans l'origine par un roi débauché pour une femme sans mœurs ; il est aujourd'hui converti en une école de charité : ce dernier usage vaut assurément mieux que l'autre. La colonie de Petit-Bourg n'est pas destinée aux enfants condamnés pour des crimes ou pour des délits, mais seulement aux petits vagabonds qui n'ont ni père, ni mère, ni amis ; l'institution a plutôt pour but de prévenir le mal que de le réprimer. L'exploitation contient environ 35 hectares. L'acquisition de Petit-Bourg a coûté fort cher, et c'est une habitation beaucoup trop somptueuse pour une institution destinée au soulagement de l'indigence ; cependant les grands appartements et les dépendances du château ont été fort bien appropriés aux besoins de l'institution. La proximité de la capitale où demeurent les principaux bienfaiteurs de Petit-Bourg, qui peuvent y avoir accès à toute heure, et les avantages du marché de Paris pour le prompt écoulement de tous les produits en fruits et en légumes, compensent jusqu'à un certain point le prix exorbitant auquel la terre a été achetée. On n'y reçoit personne au-dessus de 16 ans, et l'on ne peut y rester passé 21. Le prix de la pension est de 300 francs, payés pour chaque colon, soit par des souscriptions individuelles, soit sur le fond commun de la colonie. Il se trouvait à Petit-Bourg, à l'époque où je l'ai

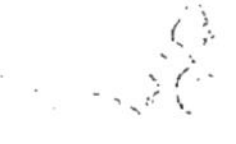

visité, 70 jeunes colons; il y avait plus de demandes d'admission que de places disponibles. On enseigne aux enfants l'Agriculture et les différentes branches du jardinage; quelques-uns apprennent divers métiers manuels et deviennent tailleurs, cordonniers, chapeliers, serruriers et charpentiers. La culture, parfaitement dirigée, ne comprend que des produits immédiatement réalisables. Les vaches de l'établissement sont, comme je l'ai observé sur plusieurs points du continent européen, tenues en stabulation permanente; elles sont d'une espèce très-remarquable. Deux, entre autres, ont attiré particulièrement mon attention, l'une était normande, l'autre de Flandre; j'en ai rarement vu ailleurs d'aussi belles. Je n'ai pu obtenir communication de leur rendement en lait; mais la vache flamande, d'une taille peu ordinaire, n'était pas moins distinguée, m'a-t-on dit, par l'abondance de son lait et la qualité de son beurre que par sa grande taille.

Dans le but d'encourager les jeunes colons de Petit-Bourg à bien travailler, une partie du produit de leur travail est placée à intérêt à leur profit. C'est un pécule qu'on leur remet lorsqu'au bout de leur temps de séjour à Petit-Bourg ils quittent l'établissement avec honneur; ils n'y ont aucun droit s'ils sont chassés pour quelque délit ou faute grave, ou s'ils quittent volontairement l'institution avant le terme prescrit. Je pense que le lecteur m'approuvera si je lui fais observer qu'à Petit-Bourg la discipline est toute morale et entièrement paternelle. Des punitions légères en elles-mêmes agissant surtout moralement sur l'amour-propre du coupable, destinées à faire impression sur son esprit et à modifier son caractère, ont été trouvées beaucoup plus efficaces que toute punition corporelle. Une fois par semaine, les élèves se réunissent en cour publique de justice, sous la présidence du directeur; on y passe en revue les rapports journaliers sur la conduite des élèves; le délinquant ou le coupable est appelé à rendre compte de ses actions devant ses compagnons, qui prononcent sur les punitions à infliger. C'est ce qu'on peut appeler *une cour d'honneur*; l'expérience en a démontré les excellents effets.

Outre Mettray et Petit-Bourg, il existe sur divers points de la France d'autres établissements sur le même plan. Je ne puis trop fortement les recommander à l'imitation des autres pays; il semble que ce soit une manière d'exercer la philanthropie dans laquelle il n'y a rien à reprendre. Qu'il me soit permis d'ajouter que si c'est une mission digne d'un messager céleste que de secourir et de sauver ceux qui courent à leur perte, c'est un devoir pour nous, dans la mesure de nos humbles moyens, d'imiter l'exemple du Sauveur (1).

Il m'a semblé fort utile de m'étendre comme je l'ai fait sur l'enseignement agricole en France, parce que ce sujet est l'objet de l'attention générale en Angleterre et aux États-Unis. Les mesures prises en France à ce sujet portent évidemment le cachet d'un libéralisme éclairé, et tout y est calculé dans un esprit sage et judicieux.

Occupons nous maintenant d'objets différents.

—

PRODUITS AGRICOLES.

On cultive en France les céréales, froment, seigle, orge et avoine; il y a en outre ce qu'on peut nommer les produits propres

(1) L'anecdote suivante ne sera peut-être pas sans intérêt pour quelques-uns de nos lecteurs. Parmi les récompenses données à l'institution, l'une des plus enviées et des plus honorables, quelque étrange que cela puisse paraître, est celle qu'on nomme billet de faveur. Ces billets donnent seulement à celui qui les obtient le droit de faire accorder à l'un de ses compagnons coupable de quelque faute un adoucissement à la peine qu'il a encourue, en prenant sa place et en subissant sa peine pour lui. Un jeune homme tout à fait ingouvernable avait été reçu dans l'établissement à la demande de ses parents. Le silence est strictement prescrit pendant le temps des repas. L'enfant récalcitrant, après plusieurs avertissements, persistant à enfreindre la règle sur ce point, fut sommé par un moniteur de quitter la table. L'enfant le frappa au point qu'il le blessa. Il fut condamné pour cette faute à une semaine de prison au pain et à l'eau. Au bout de trois jours, ses camarades demandèrent sa grâce; le blessé insistait plus que les autres, et il avait droit à réclamer une faveur. Après des refus réitérés, le directeur finit par consentir à relâcher le prisonnier, mais à condition que l'élève moniteur qui avait été blessé prendrait sa place et subirait ce qui restait à courir de son temps d'emprisonnement. Ces conditions acceptées et le blessé ayant été mis au cachot au lieu du coupable, celui-ci fut chargé de lui porter lui-même sa ration. Le généreux enfant acheva le temps de prison auquel le délinquant avait été condamné. En voyant chaque jour les souffrances de celui qu'il avait blessé et son dévouement à souffrir pour lui, le coupable, touché à son tour des démarches de toute l'école en sa faveur, en fut si profondément pénétré qu'il supplia le directeur de l'autoriser à achever sa punition et lui promit en pleurant de réformer complétement son caractère, et il est en effet devenu l'un des meilleurs sujets de toute l'école.

au sol de ce royaume, le vin, la soie et le sucre, représentant des valeurs immenses.

1°. FROMENT.—Le froment récolté en France, considéré en masse, constitue un produit énorme. A l'exception de la Russie, pour laquelle les documents statistiques manquent (et l'on sait que la Russie d'Europe produit peu de froment (1), la nourriture du peuple consistant principalement en pain de seigle), on a constaté que la moitié du froment produit en Europe se récolte en France. D'après les statistiques les plus exactes, la récolte annuelle du froment dans le Royaume-Uni de la Grande-Bretagne et d'Irlande, est de 38 millions 878,462 hectolitres; en France la récolte du froment donne 69 millions 531,000 hectolitres.

On sème ordinairement dans la proportion d'un hectolitre 75 litres, à 2 hectolitres 35 litres par hectare. Le produit comparé à la semence est, dans les meilleures terres, de 6,25 pour un, et dans les plus médiocres, de 5,40 pour un. La moyenne, dans les départements où le froment est principalement cultivé, a été reconnue de 6,07 pour un; ce renseignement peut être considéré comme inexact. Tout homme versé dans ces matières sait à quel point il est difficile d'approcher de l'exactitude. Peut-être le lecteur sera-t-il curieux de connaître les calculs qui ont été faits pour le même objet dans quelques autres pays.

NORD DE L'EUROPE.

PAYS.	ANNÉES.	PRODUIT D'APRÈS LA SEMENCE.	
Suède et Norwége.	1838	4,50	pour un.
Danemarck	1827	6	—
Russie, bonne récolte.	1819	5	—
Id. pr. de Tambow	1821	4,50	—
Id. pr. au N. du 50e degré.	1821	3	—
Pologne	1826	8	—
Angleterre	1830	9	—
Écosse.	1830	8	—
Irlande.	1825	10	—
Hollande.	1828	7,50	—
Belgique	1828	11	—
Bavière.	1827	7 à 8	—
Prusse.	1817	6	—
Autriche.	1812	7,05	—
Hongrie	1812	4	—

(1) Il est vrai qu'en Russie le peuple des campagnes se nourrit principalement de pain de seigle; mais les plaines de ce vaste empire produisent cependant des quantités très-importantes de froment qui s'exportent par les ports de la Mer Noire et de la Mer Baltique. Pendant les deux années de grande cherté (1846 et 1847) que

En Suisse, on a récolté sur les terres de moyenne qualité, en 1825, 3 pour un; sur les bonnes 8 pour un, et sur les meilleures 12 pour un. En France, la même année, on a récolté dans les terres de qualité inférieure 3 pour un et dans les meilleures, 6 pour un.

EUROPE CENTRALE.

PAYS.	ANNÉES.	PRODUIT D'APRÈS LA SEMENCE.	
Espagne.	1828	6	pour un.
Portugal.	1786	10	—
Toscane.	1786	10	—
Plaines de Lucques	1786	15	—
Piémont, plaine de Marengo . .	1786	4 à 5	—
Bologne.	1786	15	—

La même année, on a récolté dans les terres ordinaires des États Romains 8 pour un, et dans les Marais Pontins, 20 pour un; dans le royaume de Naples, sol de 1re qualité, 20 pour un, de seconde 8; Malte, 1re qualité, de 38 à 64 pour un; terres ordinaires, 22, 25, 30 pour un (1).

On comprend combien il est difficile d'atteindre à l'exactitude pour des données de ce genre. La quantité de semence employée diffère énormément d'un pays à l'autre; mais le produit n'est pas constamment en rapport avec la quantité de semence confiée à la terre. Pour s'en convaincre, il suffit de remarquer qu'à Malte les meilleures terres peuvent rendre jusqu'à 64 pour un; faut-il en conclure que si l'on avait semé à raison de deux hectolitres par hectare, proportion moyenne des semailles en France, on aurait récolté à Malte 128 hectolitres par hectare, ou bien qu'en semant à raison de 2 hectolitres 1/2, selon l'usage d'Angleterre, on aurait récolté à Malte 160 hectolitres par hectare? Dans l'ancienne Egypte, l'histoire assure que le produit était de 100 pour un; il était de 150 pour un aux environs de Byzance, et de 300 pour un dans l'ancienne Lybie. De tels renseignements ne peuvent servir de base à aucune conclusion certaine. Le célèbre voyageur Humboldt affirme qu'au Mexique le froment produit 25 à 30 pour un, sur des plateaux élevés de 2,600 mètres au-dessus du niveau de la mer; il a même trouvé que dans les grandes exploitations de ce pays, le

l'Europe a traversées récemment, la France, l'Angleterre et la Belgique ont consommé beaucoup de froment provenant de cette exportation. Le territoire russe, bien cultivé, nourrirait tout le reste de l'Europe.

(1) *Statistique des céréales de la France*, par M. Moreau de Jonnès, Paris 1843.

rendement est de 50 à 65 pour un. Aux Antilles, le rendement du maïs est de 300 pour un. J'ai vu dans la Nouvelle Angleterre le maïs rendre 400 pour un; c'est-à-dire qu'en semant les touffes de maïs à un mètre en tout sens, il ne faut que 16 litres de grain pour ensemencer un hectare qui produit 64 hectolitres; c'est bien un rendement de 400 pour un.

Il n'est pas possible d'asseoir une opinion entièrement digne de confiance, quant au rendement moyen du froment en France. On n'arrivera à rien de certain, à moins de mesurer exactement un canton d'une grande étendue, et de vérifier avec le plus grand soin le rendement de la récolte; encore le résultat doit-il varier énormément selon les climats, les expositions, les divers modes de culture et l'état de la température de chaque année. Jusqu'ici, c'est tout simplement matière à conjectures, et l'on ne saurait trouver deux hommes de bon sens d'accord à ce sujet. J'ai entendu des hommes politiques, se prétendant bien informés, affirmer qu'en Angleterre, le rendement n'est point au-dessus de 13 hectolitres par hectare. Un agronome éminent, il y a quelques années, portait cette évaluation à 15 hectolitres 50 litres par hectare. Il est des personnes qui portent le rendement moyen à plus de 26 hectolitres par hectare. En France, on a constaté dans les meilleurs cantons un rendement de 19 hectolitres. Tous ces calculs ne sont pas plus authentiques les uns que les autres. Il serait fort important pour les gouvernements de tous les pays, de connaître exactement le produit de chaque canton, de chaque province et du pays tout entier. On ne pourrait y parvenir qu'en exigeant des propriétaires ou des cultivateurs, le compte réel du rendement de leurs récoltes; autrement, tout repose sur de simples conjectures, et de telles évaluations ne peuvent être d'une grande utilité. Il y a par rapport à la culture du froment un autre ordre de renseignements d'une grande importance, que sont à même de fournir les sociétés d'Agriculture. Ces sociétés peuvent faire connaître d'abord le moindre produit moyen et le produit le plus élevé, avec les détails de la culture dans les deux cas, les causes de l'infériorité des mauvaises récoltes et celles de la supériorité des bonnes, autant qu'il est possible de s'en assurer. Quelque peu disposés que soient les hommes en général à laisser voir clair dans leurs affaires, la connaissance des causes des bons et des mauvais succès n'en serait pas moins très-profitable ; tout le monde comprend quant à la réussite, combien il importe d'en publier les causes, et quelle surexcitation il en résulterait pour l'émulation, ce grand instrument du progrès en Agriculture. En Angleterre, on m'a démontré, d'après les meilleures autorités, que dans une année extraordinairement favorable, on avait obtenu dans une grande exploitation un rendement de 43 hectolitres de froment par hectare. Des rapports adressés à la société royale d'Agriculture d'Angleterre, établissent que, sur une surface de 40 ares, on a récolté jusqu'à 28 hectolitres de blé (1).

En France, des documents appuyés des témoignages les plus dignes de foi m'ont démontré que dans certains cas on a récolté 35, 38 et demi et jusqu'à 63 hectolitres par hectare. On ne peut douter que, depuis quelques années, les récoltes n'aient reçu en Angleterre un accroissement considérable ; en France, la statistique officielle pour laquelle on n'a rien négligé de ce qui pouvait la rendre exacte, constate que depuis 80 ans, tandis que la population s'est élevée du chiffre de 21 millions à celui de 33 millions, la production du froment a plus que doublé ; ce seul fait indique une grande amélioration dans le bien-être du peuple. Il est constant, d'après les meilleures autorités, que le produit moyen d'un hectare de terre est double de ce qu'il était il y a 3 quarts de siècle, preuve d'un immense perfectionnement dans l'Agriculture. Un fait très-instructif, c'est que l'accroissement de la production du froment a été de 63 pour cent depuis la fin des guerres de Napoléon. Rien ne prouve avec une évidence plus frappante combien la guerre apporte de troubles dans le progrès des arts utiles, et combien de privations et de misères elle entraîne infailliblement à sa suite.

On a beaucoup discuté en France, comme partout ailleurs, sur l'origine du froment, quelques personnes soutenant que c'est une plante sans valeur à l'état sauvage, et que le froment, tel que nous le voyons, est un produit artificiel de la culture. Il ne semble

(1) Il est absolument impossible d'obtenir d'un fermier anglais des notions exactes sur ses récoltes, par la raison qu'il craint toujours qu'on n'en abuse pour élever le taux des fermages. Dans les pays où il est si essentiel de bien connaître le montant de la production, on devrait, en offrant des prix en argent, encourager la publication de documents à ce sujet, ou bien contraindre les cultivateurs à les fournir.

pas qu'il y ait là matière à discussions sérieuses. Il y a peu de motifs pour admettre une telle supposition, et il semble extraordinaire que des transformations pareilles ne se produisent pas de nos jours. Ce qu'il y a de certain, c'est que notre froment actuellement cultivé ne diffère en rien de celui qu'on a trouvé dans les pyramides d'Égypte.

On cultive en France une trentaine de variétés différentes de froment, les unes de printemps, les autres d'automne. Quant à la distinction entre ces deux séries, il est à peu près certain qu'un blé d'automne peut être converti au bout d'un temps plus ou moins long en un froment de printemps, rien qu'en choisissant constamment à chaque récolte les épis qui mûrissent plus tôt que les autres, pour en employer le grain comme semences. De même, le blé de printemps, s'il est plusieurs années de suite semé en automne, devient un blé d'automne, et perd sa faculté de mûrir de bonne heure. Il y aurait de l'imprudence à recommander, comme préférable aux autres, dans toutes les localités, une espèce particulière de froment. Les diverses variétés sont appropriées aux différents terrains ; quelques-unes se recommandent par leur précocité qui, bien qu'elles soient moins productives que d'autres, leur donne l'avantage de mûrir avant les sécheresses de l'été et d'échapper à la maladie de la carie jusqu'à un certain point, tandis que les autres sont plus susceptibles d'être endommagées par le froid. L'une des variétés les plus estimées est le froment blanc des Flandres ; on m'a dit que c'était la même variété connue en Angleterre sous les noms de froment Eclipse, froment Wellington et froment de Talavera. Cette variété est très-productive et le grain en est très-beau ; elle convient particulièrement aux terres d'une grande fertilité. Quant à la qualité du grain, le froment blanc de Provence passe pour être supérieur à tous les autres ; sa paille est très-tendre et il est trop délicat pour les climats froids. Le froment Lammas est aussi une excellente variété qui mûrit de très-bonne heure; il est très-sujet à s'égrener ; il veut pour cette raison être moissonné avant d'être mûr; il est très-sensible au froid; tous ces froments sont des blés d'hiver. Ce qu'on nomme en Europe blé de printemps, ne comprend que des espèces qu'on peut semer en février, tandis qu'aux États-Unis on ne désigne, sous le même nom, que des blés qui se sèment en mars ou en avril, avec la certitude de les voir atteindre avant l'automne leur parfaite maturité.

Le froment de Toscane (dont la paille sert à fabriquer les chapeaux renommés d'Italie), est d'une espèce printanière dont les épis sont courts, et qui produit très-peu de grains. Le blé Victoria apporté en France de la Colombie, contrée de l'Amérique du Sud, comme devant, disait-on, mûrir en 60 jours, ne s'est pas trouvé devancer dans sa maturité les blés ordinaires du printemps cultivés en France. Il y a quelques années, j'ai importé d'Espagne aux États-Unis une variété de froment hautement préconisée pour sa rapide croissance et sa maturité précoce. Je ne l'ai point trouvé, sous ces deux rapports, supérieur aux espèces hâtives de mon pays. Nous possédons aux États-Unis plusieurs belles céréales de ce genre. Je crois que si nous pouvions seulement importer de France quelques boulangers pour apprendre aux nôtres l'art utile et important de bien faire le pain, ce serait pour notre patrie un grand avantage. Je ne crois pas avoir mangé ailleurs d'aussi bon pain qu'en France, et cela non seulement dans les villes, mais aussi à la campagne; on en trouve ordinairement de la meilleure qualité jusque dans les moindres auberges de village.

Le froment d'Égypte que j'ai vu cultiver il y a quelque temps en Amérique et qui est connu pour produire plusieurs épis sur un même chaume, est très-productif dans les bonnes terres; mais la farine n'en est pas fort estimée; il ne supporte pas bien le froid, et il dégénère facilement de manière à ne donner qu'un épi simple, comme les autres espèces.

Une grande partie du sol cultivé de la France ne peut pas produire de froment à cause de son excessive sécheresse. Sans doute, le sol riche en calcaire est favorable à la culture du froment; mais il ne faut pas que la chaux s'y trouve en trop grande abondance. La terre propre à la culture du froment ne doit pas être de trop bonne qualité; il semble cependant qu'il y ait quelques exceptions à faire pour quelques terres d'alluvion très-riches de l'Ouest de la France. Il peut aussi arriver que la terre soit rendue trop grasse pour le froment par l'emploi du fumier en trop grande quantité, surtout de l'engrais nouvellement fait. On applique en général la fumure à la récolte qui précède, bien que, dans quelques cas, elle succède immédiatement aux semailles du blé, spécialement quand elle consiste en engrais liquide. C'est ce qui avait eu lieu pour la terre que j'ai citée plus haut, comme ayant produit 63 hectolitres par hectare.

On a souvent recours en France à la *jachère nue*, spécialement pour les terres infestées de mauvaises herbes et en particulier pour se débarrasser du chiendent *(triticum repens)*, fléau du vieux sol européen. La quantité de chiendent est telle dans certaines terres, qu'il semble que ce soit la principale récolte, comme si on l'avait cultivée à dessein.

Quelle est la récolte qui précède le plus convenablement le froment? Je donnerai à ce sujet l'opinion des meilleurs fermiers d'un des cantons de France le mieux cultivés. Le froment vient parfaitement lorsqu'il succède au tabac, parce que la culture soignée et la fumure abondante que cette nicotiane exige, laissent le sol à la fois propre et riche. Le froment réussit également après le chanvre, parce que cette plante laisse la terre aussi bien nettoyée et aussi largement fumée que le tabac ; mais le blé qui succède à ce dernier donne plus de paille que celui qu'on récolte après le chanvre. Le froment qui suit la culture du choux (pour fourrage vert), donne plus de grain, mais moins de paille que lorsqu'on le sème après la plupart des autres cultures qui peuvent le précéder. Schwertz, dans son livre intitulé : *Agriculture de l'Alsace*, rapporte qu'on a calculé que cent et vingt gerbes de froment récoltées sur une terre qui vient de produire des choux, rendent au battage autant ou plus de grain que cent cinquante gerbes récoltées sur la même terre après une culture de tabac. Quelques cultivateurs regardent les fèves comme une excellente récolte pour préparer la terre à produire du froment, moins bonne cependant, pour cette destination, que la culture du tabac ou celle du chanvre (1). Le froment obtenu après

(1) Les fèves conviennent particulièrement comme culture précédant le froment, dans les terres fortes, argileuses, où manque la silice à l'état soluble (*silicate de potasse*). La raison en est simple. Le froment et les autres céréales ont besoin de beaucoup de silicate de potasse pour former leur chaume; le vernis lustré qui couvre la surface de la paille est de la silice pure. Au contraire, si l'on soumet à l'analyse les tiges des fèves et des féveroles, on reconnaît qu'elles ne contiennent que des traces de silice, et c'est, par parenthèse, ce qui les rend si nourrissantes pour les bestiaux. Si l'on a donné aux fèves une fumure d'engrais d'étable ou d'écurie, comme elles ne prennent

le maïs, produit une récolte abondante en grain, mais médiocre en paille; cependant, on assure que dans quelques localités, le blé donne après le maïs un résultat également satisfaisant en grain et en chaume. On sème le froment avec grand avantage après une luzerne, parce que cette luzerne, épuisée et rompue, laisse de profondes racines dans le sol; elles y meurent et forment, en se décomposant, une excellente fumure. Le froment réussit après un bon trèfle; car si celui-ci est mauvais, le froment qui succède l'est également; or, comme la qualité du trèfle dépend de celle du sol, cela revient à dire, en d'autres termes, que le blé vient bien dans une bonne terre et mal dans une mauvaise. On blâme généralement l'usage de faire précéder le froment d'une culture de pommes de terre. Toutefois, dans les parties de la France où le blé revient à la même place tous les deux ans, les pommes de terre occupent souvent le sol entre les deux récoltes de froment; mais, dans ce cas, on donne une fumure à ces dernières, ainsi qu'au blé (1). On a constaté qu'après une culture de turneps, le froment fournit plus de paille que de grain. Les assolements diffèrent selon les cantons; le blé revient, dans certaines parties de la France, tous les deux ans dans la même terre; ailleurs, il ne se rencontre que deux fois dans une rotation de six ans.

Je ne saurais donner à ces diverses opinions ni la confiance ni l'importance que quelques agronomes leur accordent. Il y a toujours, sans doute, une présomption favorable pour un usage généralement et depuis longtems suivi dans un pays; mais il s'en faut de beaucoup que ce soit là une preuve certaine que c'est la pratique la meilleure ou qu'elle soit même bonne, car il n'existe pas de moyens d'en noter avec soin les résultats et de les constater authentiquement. Cependant, deux ou trois points semblent suffisam-

rien du silicate de potasse fourni par cet engrais, elles le laissent tout entier disponible pour la récolte de froment qui leur succède. Ces faits expliquent pourquoi, dans les terres où le silicate de potasse ne manque pas, les fèves n'offrent pas les mêmes avantages comme culture placée dans l'assolement immédiatement avant le froment.

(1) Cette observation se rattache à celle qui fait l'objet de la note précédente; il n'est point de plante cultivée qui enlève au sol plus de potasse que la pomme de terre; de là la nécessité de fumer de nouveau, quand on veut, pendant une longue suite d'années, obtenir d'une terre, même de très-bonne qualité, des récoltes alternatives de pommes de terre et de froment.

ment établis, savoir que pour donner une belle récolte de froment, la terre ne saurait être trop profondément labourée, trop soigneusement nettoyée, ni trop généreusement fumée, pourvu que l'engrais soit appliqué à la récolte qui précède immédiatement le froment.

En Angleterre, M. Coke, et après lui lord Leicester, offraient une récompense considérable à quiconque pourrait découvrir une seule mauvaise herbe dans leurs champs après qu'ils les avaient fait sarcler par la méthode ordinaire. Le blé émet des racines descendantes aussi bien que des racines latérales. Quand la terre a été d'avance parfaitement préparée, on pense que pour l'ensemencer en froment à l'automne, il n'y a rien de mieux que de lui donner un simple labour superficiel, à la profondeur de 6 à 8 centimètres seulement; beaucoup de cultivateurs sont d'avis que, dans les pays où la terre est sujette à être pénétrée profondément par la gelée, le blé semé en automne doit être recouvert par un trait de charrue. Quand la terre a reçu un labour profond en automne, on se contente de la herser au printemps avant de l'ensemencer en blé de printemps; on herse une seconde fois et on passe le rouleau pour enterrer la semence. Souvent après les semailles on fait piétiner la terre par des hommes, ou mieux par des troupeaux de moutons, pour la raffermir; j'ai noté cette pratique dans mes observations sur l'Agriculture anglaise.

Il est constant que dans la Grande-Bretagne les meilleurs fermiers ne sèment pas le froment autrement qu'en lignes, au moyen du semoir. Les semoirs sont, comme toutes les machines qu'emploient les Anglais quand ils s'en servent pour l'Agriculture, des instruments pesants, compliqués et dispendieux; mais ils remplissent admirablement leur destination; la plupart sont faits de manière à répandre en même temps que la semence, l'engrais lorsqu'il est sous forme pulvérulente. Bien des cultivateurs en France sèment aussi leurs céréales avec des semoirs, mais ce sont des instruments fort peu perfectionnés (1). J'en ai vu en Suisse inventés

(1) L'auteur a été mal informé sur ce point; l'Agriculture française possède plusieurs semoirs excellents, parmi lesquels nous pouvons citer ceux de *Hugues*, de *Crespel*, et de *Quentin Durand*. Depuis 1845, la Société centrale d'Agriculture de Paris fait vérifier, par des expériences directes, confiées aux plus habiles agronomes,

et construits dans ce pays ; ils étaient d'un prix modéré ; ils fonctionnaient d'une manière très-satisfaisante. On a essayé en France de semer le blé à la houe, par touffes, à 15 centimètres en tous sens; des trous étaient creusés, dans chacun desquels on déposait quelques grains de blé ; c'est la méthode qu'on suit pour le maïs aux Etats-Unis; évidemment on épargne ainsi une grande partie de la semence, et l'expérience prouve que ce mode de culture peut très-bien réussir; mais je n'ai pas été dans le cas de recueillir à cet égard des renseignements suffisamment détaillés. On m'a assuré que du blé semé par cette méthode avait produit jusqu'à 63 hectolitres par hectare. Ce froment, pendant sa croissance, avait été arrosé avec de l'engrais liquide, et sarclé avec un soin minutieux. Ce procédé ressemble beaucoup à celui qui se pratique en Angleterre, au moyen de l'instrument nommé *Dibble*. La somme de main-d'œuvre qu'exige cette méthode pour la culture du froment, serait un obstacle sérieux à son introduction dans l'Agriculture des Etats-Unis. On rencontre souvent dans notre pays beaucoup de difficulté à se procurer des ouvriers pour n'importe quelle besogne ; mais, toutes choses égales d'ailleurs, un bon cultivateur ne doit pas seulement se demander combien coûte un travail; il doit s'informer de ce qu'il peut produire.

On sème ordinairement à raison d'un hectolitre 75 litres par hectare, plus souvent moins que plus. La quantité dépend en partie de la nature du sol ; on sème plus serré dans une terre médiocre et plus clair dans un bon sol; elle peut dépendre aussi de l'époque des semailles ; quand elles se font de bonne heure, en septembre, on peut semer clair, parce que le froment a le temps de taller beaucoup plus que lorsqu'il est semé trop tard. Si la récolte précédente a été enlevée d'assez bonne heure pour laisser le terrain disponible dans la première quinzaine de septembre, c'est l'époque la plus favorable pour les semailles du froment. Dans les contrées où l'hiver est rigoureux, on recommande de semer tard, afin que le froment ne puisse prendre que peu ou point de développement avant le

le mérite relatif des meilleurs semoirs, ainsi que les avantages relatifs des semis en lignes, au moyen de ces instruments comparés à ceux des semailles à la main, à la volée. Il n'est donc pas juste de dire que l'Agriculture française ne possède que des semoirs plus ou moins grossiers et défectueux.

printemps. C'est le moyen d'empêcher qu'il ne soit attaqué par la gelée qui, lorsqu'elle fait périr les jeunes racines latérales du blé, si elle ne détruit pas entièrement la récolte, la compromet sérieusement. Le froment ne souffre pas, en général, d'un froid rigoureux non interrompu; il ne redoute que les alternatives de gelée et de dégel. Quand la terre est soulevée par la gelée, les petites racines de blé sont brisées et mutilées, et la plante déracinée doit périr.

Les maladies auxquelles le froment est sujet aux États-Unis existent également en Europe : ce sont le *charbon* ou la *carie*, la *rouille* et la *nielle*. On connaît en Amérique un remède pour prévenir le charbon ou la carie du froment; ce procédé, qui réussit presque toujours, consiste à tremper le blé dans une saumure, puis à le saupoudrer de chaux, avant de l'employer pour les semailles. Il est probable que le seul avantage de la saumure sur l'eau simple réside en ce cas dans sa nature plus consistante, qui permet à la chaux de s'attacher au grain. Une solution de sulfate de fer est également efficace contre la carie du froment; on emploie aussi quelquefois l'arsenic comme préservatif contre la même maladie, mais l'arsenic a contre lui les dangers que présente toujours la présence de ce poison violent.

Le blé peut être préparé deux ou trois jours avant de le semer, mais il faut veiller à ce qu'il ne puisse s'échauffer; s'il reste en tas sur le plancher, il doit être remué et retourné de temps en temps. La rouille et la nielle paraissent dues à des influences atmosphériques. Quand la végétation du froment est surexcitée par des alternatives de soleil et de pluie avec une température fort élevée, circonstances qui agissent également sur la croissance de tous les autres végétaux, surtout quand le sol est riche et que l'air n'est pas suffisamment renouvelé par des courants, il semble que la séve, forcée en quelque sorte de s'amonceler dans les vaisseaux des plantes, les brise et les fasse périr de réplétion. Ma propre expérience et mes observations personnelles confirment pleinement cette théorie. La nielle est une affection d'une nature toute différente; on n'en connaît pas bien les causes, non plus que les moyens de la prévenir. Un ecclésiastique allemand, homme d'un rare mérite (je ferai observer en passant que l'Agriculture doit plus d'améliora-

tions au clergé qu'à toute autre classe de la société), émet l'opinion fondée sur l'expérience et de longues observations, que trois causes produisent la nielle du froment, savoir : 1° l'état de l'atmosphère pendant une certaine période du développement de la plante ; 2° les semailles faites à contre-temps; 3° les conditions particulières du sol cultivé. Cet ecclésiastique-agronome a vu le blé, dans les mêmes localités, affecté sérieusement de la nielle sur un point et complétement épargné tout près de là. Ce fait semble en contradiction avec l'influence que la théorie attribue à l'atmosphère sur le développement de la nielle, bien que, dans le même endroit, l'état de la température puisse être fort divers par rapport à des champs dont les expositions sont différentes. C'est ce que chacun aura remarqué en voyageant, le soir, le long d'une grande route ; il ne faut pas recourir au thermomètre pour s'apercevoir des différences de température de l'atmosphère de telle place à telle autre.

Chez nous, dans la Nouvelle-Angleterre, les pois semés tard échappent rarement à la nielle, que nous nommons *la maladie bleue*, ce qui, je pense, doit être attribué à la chaleur brûlante qu'on éprouve en automne vers le milieu du jour, et que suivent des soirées froides avec d'abondantes rosées glaciales. La même théorie rend compte des faits relatifs à l'influence de l'époque des semailles sur le développement de la nielle du froment. Des blés semés en septembre ont été légèrement atteints par la nielle ; d'autres, semés en octobre, l'ont été cruellement; les blés semés en novembre dans les mêmes conditions, par le même observateur, ont été entièrement épargnés. Les circonstances particulières de chacune de ces semailles ne sont pas suffisamment expliquées pour qu'il soit possible d'asseoir un jugement certain sur ces données ; on peut toutefois en conclure que le froment semé tardivement l'avait été à une époque où la saison favorable au développement de la nielle était passée. Ni les résultats de l'expérience, ni ceux de l'observation n'ont pu constater jusqu'à quel point la maladie de la nielle peut être favorisée ou combattue par l'état du sol et la nature de l'engrais employé pour fumure. On assure que, dans une partie de l'Alsace, les fermiers ont remarqué que leurs blés étaient fortement attaqués de la nielle dans les champs où ils succédaient à un trèfle abondamment amendé ; l'engrais employé dans ce cas est celui des porcs; quelques agronomes sont portés à attribuer à cet engrais la propriété de faire naître la nielle (1).

Rien ne semble plus incertain ou moins exactement défini que les faits agricoles, si ce n'est au point de vue théorique seulement. Quant à la pratique, pour déduire des faits des vérités bien constatées et applicables à la culture, il faudrait qu'ils fussent observés et déterminés avec une exactitude scrupuleuse; mais bien peu d'agronomes joignent la patience à l'esprit d'observation. Toutes les circonstances qui accompagnent la manifestation des faits agricoles, doivent être connues et appréciées, pour qu'il en résulte quelque chose de concluant; c'est ce que bien peu de gens savent comprendre, et d'ailleurs, il faut bien l'avouer, dans l'état actuel de nos connaissances, il est, la plupart du temps, d'une excessive difficulté d'arriver à la certitude. La maladie de la nielle se propage évidemment d'une toute autre manière que la carie; le chaulage des blés pour semence n'exerce aucune action préventive contre la nielle. L'agronome–ecclésiastique allemand pense que la nielle ne dépend pas de la nature de l'engrais appliqué à la culture du froment; il est d'avis que sous ce rapport, un trèfle enfoui comme engrais végétal est plus favorable au blé qu'une fumure d'un engrais animal quelconque. La maladie de la nielle est quelquefois confondue avec celle de la rouille; le résultat de ces deux affections est presque le même; mais les symptômes en sont très-différents; dans les deux cas, la récolte est toujours à peu près perdue. La rouille attaque le froment par une invasion soudaine; les épis se trouvent tout d'un coup recouverts d'une couche de véritable rouille de couleur rouge; le grain cesse de grossir et sa surface devient toute ridée. Le froment attaqué de la nielle se couvre d'une poussière blanchâtre; les épis se montrent décolorés par places, puis ils tournent au noir, comme un membre frappé de gangrène.

(1) Le préjugé contre le fumier de porc est aussi répandu en Belgique qu'en France; ni la physiologie végétale, ni la chimie, ni aucune des autres sciences appliquées à l'Agriculture, ne révèlent aucun fait qui justifie ce préjugé. L'observation démontre qu'en effet certains produits végétaux ne réussissent pas aussi bien quand la terre est fumée exclusivement avec l'engrais précité; mais aucun fait constant ne prouve que la *nielle* ait jamais été provoquée dans les champs de froment par l'emploi de ce fumier. Au reste, tout cultivateur expérimenté sait qu'il y a toujours avantage à mélanger les engrais au lieu de les employer isolément, chacun d'entre eux possédant des propriétés qui peuvent contrebalancer les défauts des autres.

Je n'ai point entendu parler en France de ce qu'on nomme aux États-Unis la *mouche hessoise*, dont on suppose que les œufs ont été apportés en Amérique pendant la révolution, par les soldats mercenaires Hessois à la solde du gouvernement britannique ; il n'est point à ma connaissance que ce fléau existe dans ce pays. Les sauterelles, ou, comme on les nomme ici, les *locustes*, s'en prennent au froment, quand l'herbe vient à leur manquer. Le ver du blé, dont j'ai donné la description dans mes rapports officiels et dans d'autres publications, ne paraît pas commun sur le Continent européen, bien qu'il ait parfois exercé des ravages sérieux dans la Grande-Bretagne. De pareils fléaux semblent passagers ou périodiques (1).

J'ai parlé de la quantité de froment employée pour les semailles, et des préparations qu'on lui fait subir. On a avancé que des graines malades ou imparfaitement mûres pouvaient germer et servir à une autre récolte tout aussi bien que des semences saines ; pour moi, je crois qu'on peut considérer comme un axiome fondé sur la raison, que de belles graines doivent toujours être préférées à des semences défectueuses d'une manière quelconque. Dans certains départements de France, on emploie de préférence pour les semailles du blé nouveau. Les cultivateurs les plus expérimentés pensent qu'en semant du froment de l'année précédente, ils ont plus de chances contre les atteintes de la carie, parce que quand même le blé de semence proviendrait d'épis affectés de cette maladie, les germes de la carie ont perdu dans l'intervalle d'une année leur pouvoir de se reproduire et ne sauraient la communiquer. Quoiqu'il en soit, un fermier est inexcusable s'il néglige de prendre, contre la carie, les précautions reconnues efficaces, par la pré-

(1) Nous pensons qu'il y a un remède contre les ravages de cet insecte destructeur que nous voyons quelquefois ravager des récoltes offrant la plus belle apparence. La mouche dont les œufs donnent naissance au ver du blé se montre quand le froment est en fleurs. Si, à cette époque, on saupoudre les champs de froment avec de la chaux pulvérisée répandue à la volée, cela suffit ordinairement pour sauver la récolte. La causticité de la chaux empêche les mouches de déposer leurs œufs dans les épis, et elle détruit ceux qui pourraient déjà y être. Les frais et la peine sont insignifiants en comparaison du résultat. On ne s'aperçoit pas de la destruction de la récolte par les ravages de ce ver, jusqu'au moment de la moisson ; mais alors, bien que les blés offrent le plus bel aspect, on reconnaît que chaque grain renferme une petite larve jaune, qui en a dévoré toute la substance.

paration des grains employés aux semailles; s'il choisit, pour cette destination, du vieux blé au lieu de nouveau, il doit semer plus épais, en ayant égard aux grains qui ne lèveront pas, parce qu'ils ont perdu leur faculté germinative. Il y a des départements où l'on croit nécessaire de changer la semence tous les deux ou trois ans ; mais quelques agronomes ont attribué cette nécessité à la culture négligée de ces parties de la France où le peu de soin donné au blé le fait promptement dégénérer. Je pense que l'expérience a pleinement démontré, à l'égard de tous les végétaux cultivés, qu'il n'y a pas de nécessité de changer la semence quand l'espèce en elle-même est bonne et qu'elle se reproduit par un bon système de culture ; il suffit de choisir, chaque année, les grains les plus parfaits, et de les réserver pour les semailles.

Dans quelques circonstances, spécialement dans les contrées exposées à des froids rigoureux et à des vents violents, on croit utile d'enterrer les blés à la charrue, à la profondeur de 7 centimètres ; les meilleurs cultivateurs approuvent cette méthode, partout où le sol est léger. Mais il est un usage déplorable, usité en certains endroits, qui consiste à semer après un simple hersage, sur les éteules de la récolte précédente ; par ce moyen, on perd tout au moins, et l'on perd complétement, l'avantage que pourrait offrir l'enfouissage comme engrais des éteules et celui du trèfle qui peut exister sur le sol avant l'ensemencement nouveau (1). On pense que le froment, lorsqu'il succède à un trèfle enfoui, doit être semé quinze jours ou trois semaines plus tôt que s'il avait été précédé d'une récolte de tabac ou de chanvre, afin qu'il ait le temps de gagner de la force avant l'hiver. Quand le blé succède au tabac, il est d'usage d'étendre les tiges de tabac à la surface du champ et de les y laisser jusqu'au printemps. Je ne sais pas quel avantage peut en résulter, à moins que ce procédé ne soit considéré comme une protection contre le froid.

(1) On suppose que le froment, lorsqu'il reçoit pour fumure une récolte de fourrage enfouie en vert, a moins de force et est par conséquent plus sujet à verser que celui qui reçoit une fumure d'engrais d'étable ou d'écurie. Quand les chaumes du blé sont faibles et prédisposés à verser, c'est, dit-on, qu'il n'a pas puisé assez de silice dans le sol; mais il existe peu de terrains qui ne soient pas suffisamment riches en silice. Nous rapportons ces opinions parce qu'elles sont basées sur des autorités respectables; mais nous n'en prenons pas la responsabilité.

Rien n'est plus préjudiciable au succès de la culture du froment que la présence d'un excès d'humidité stagnante, soit à l'extérieur, soit à l'intérieur de la couche arable. Toutefois, je n'ai observé en France aucun exemple d'assainissement du sol par le drainage souterrain ou par le défoncement; seulement, on commence à comprendre dans ce pays l'immense valeur de ces moyens d'amélioration. Quand la terre est argileuse et humide, le blé est semé en planches ou en billons que séparent des rigoles d'écoulements entretenues avec soin. On a fait sur quelques points de la France des essais d'irrigation appliqués au froment; ces essais ont réussi partout où le sol est poreux, et où le drainage permet à l'eau des irrigations de s'écouler assez promptement; mais l'irrigation est nuisible au blé lorsque la couche arable retient trop fortement l'humidité.

La culture du froment de printemps, à moins que la terre n'ait été préparée en automne, peut donner lieu à quelques objections. Le cultivateur est au printemps surchargé d'une besogne qui doit être faite à cette époque et qui ne peut être différée. La terre labourée en automne, si elle est par sa nature ou sa situation sujette à retenir l'eau dont elle est saturée en hiver, est difficile à façonner au printemps, ne fût-ce qu'à la herse, et se trouve dans de mauvaises conditions pour recevoir une semaille. Quoique le froment printanier donne une farine d'aussi bonne qualité que celui d'automne et qu'il soit même préféré à tout autre pour certains usages, il fournit rarement une récolte aussi abondante.

En France, le froment est quelquefois soigneusement sarclé et nettoyé au printemps; mais, d'après ce que j'ai observé, cette besogne, pour laquelle on n'emploie pas d'instrument convenable, ne se fait qu'assez imparfaitement. On ne peut rien imaginer de plus beau, en fait de culture, que les champs de blé de certains cantons d'Angleterre et d'Écosse, où cette céréale est semée en lignes droites, et sarclée avec une netteté rare, au moyen de la houe à cheval. Bien que j'aie vu de très-belles récoltes de froment en France, les champs de blé dans ce pays sont fort souvent loin d'être propres. Quand le froment semé de bonne heure est trop avancé au printemps, on le fauche quelquefois; mais cet usage n'est pas généralement approuvé. On le fait aussi pâturer par les moutons, et avec grand avantage ; mais on regarde comme dangereux d'y laisser paître le gros bétail. Cette méthode de faire brouter le blé par les bêtes à laine, ne doit, en tous cas, être pratiquée que quand il croît trop vigoureusement, et toujours avant le mois de mai (1).

Lorsqu'on dispose d'une grande quantité d'engrais liquide, on s'en sert quelquefois pour le froment. On répand aussi avec grand avantage sur le blé, les cendres, surtout celles de bois, soit *crues*, soit lessivées. Cette opération, qui se fait au printemps, à l'époque où l'on herse le froment, lorsque cette céréale n'a encore que quelques centimètres de hauteur, est considérée comme d'une haute utilité par les plus habiles cultivateurs; je partage entièrement leur conviction à cet égard, d'après ma propre expérience. En Angleterre, où les blés sont nettoyés et sarclés par la houe à cheval ou le scarificateur, le hersage est remplacé par cette opération avec avantage; mais partout où le froment n'est pas sarclé avec les mêmes instruments, partout où il est semé à la volée et non pas en lignes avec le semoir, l'usage de lui donner au printemps deux ou trois traits de herse, en employant une herse pesante à dents de fer, est fortement recommandé. On dit que cette pratique a pris naissance accidentellement : un fermier qui avait semé du trèfle au printemps dans un blé d'hiver, craignant que la semence ne levât point, se hasarda à l'enterrer par un hersage. Il reconnut, à sa grande surprise, que ce froment, à l'époque de la récolte, donnait des produits de beaucoup supérieurs à ceux du blé où la herse n'avait point passé. C'est une coutume généralement adoptée dans plusieurs districts en France que celle de semer au printemps le trèfle dans le froment. Cet usage est fort connu dans quelques parties de la Nouvelle-Angleterre, où l'on répand la graine de trèfle sur les blés lorsqu'ils sont couverts de neige. Je ferai observer, par parenthèse, qu'on sème ce trèfle sans

(1) Tout dépend à cet égard du climat plus ou moins méridional. Dans toute la partie de la France, au Sud de la Loire, on ne peut faire pâturer les froments par les moutons passé le mois de mars. Dans les départements, au Nord de ce fleuve, on peut tarder jusqu'en avril; mais, après les hivers doux, à la suite desquels les blés trop épais peuvent avoir besoin d'être éclaircis par la dent des bêtes à laine, il est toujours prudent de ne point attendre plus tard que la fin de mars pour cette opération.

le nettoyer, tel qu'il provient du battage ; de sorte qu'on répand souvent, en même temps, différentes graines de mauvaises herbes. La croissance du froment est très-favorisée par la *colombine*, formée de fiente de pigeon, de poules, d'autres oiseaux de basse-cour ; on la jette en poudre sur les blés au printemps, lorsqu'on peut s'en procurer une assez grande quantité.

Quand la terre où l'on sème du froment de printemps a été bien labourée en automne, et qu'elle n'a point trop souffert de la présence de l'humidité en excès, il n'est pas nécessaire de lui donner un nouveau labour ; on peut semer sur un simple hersage et passer le rouleau pour enterrer la semence. Il me semble que les cultivateurs européens donnent quelquefois trop de labours à leurs terres ; par exemple lorsqu'ils rompent en trèfle ou en gazon, ou les éteules d'une prairie artificielle retournée, ils prennent la peine de ramener toute la substance végétale à la surface pour la laisser se dessécher, ou bien pour la brûler au lieu de la laisser se décomposer naturellement dans l'intérieur de la couche arable, où elle deviendrait une excellente nourriture pour les plantes cultivées. On ne se doute pas généralement de l'énorme quantité de matières végétales qui existe en pareil cas ; un agronome éminent de la Nouvelle-Angleterre, M. *Phinney de Lemington*, dans l'État de Massachusetts, a démontré un fait que tout cultivateur éclairé peut vérifier partout, c'est que dans un champ bien gazonné, ou dans une prairie ordinaire, les racines et les parties vertes des plantes, pesées et mesurées, dépassent la quantité de 32,000 kilogrammes par hectare.

La question des engrais, appliquée à la culture du froment, est d'une très-grande importance. La quantité de substances nutritives que contient le froment, ou en d'autres termes, la quantité de pain de bonne qualité qu'on en peut obtenir, offre des différences très-considérables pour les diverses variétés de cette céréale, ou pour des froments de même espèce cultivés dans des localités différentes. On suppose que la quantité de gluten et d'albumine contenue dans le froment est la mesure de ses propriétés nutritives. La proportion de ces principes dans le blé est attribuée par plusieurs agronomes à la nature du sol dans lequel il a été cultivé, et au genre de fumier qu'il a reçu. Cette théorie présente assez de probabilités, et elle semble assez bien établie pour engager les cultivateurs à y avoir égard dans la pratique et à employer en conséquence les engrais susceptibles de fournir au froment les éléments dont il a besoin. Mais beaucoup d'autres causes peuvent agir en même temps, particulièrement celles qui dépendent du climat, de la température et d'autres influences que nous ne comprenons qu'imparfaitement (1). Les diverses variétés de froment donnent en farine des rendements fort différents, comme le savent très-bien les meuniers. Un savant chimiste français, en analysant 21 espèces de froment, trouva que leur rendement en farine répondait en moyenne à 79 pour cent du poids des grains non moulus. Mais la farine, selon l'espèce de froment dont elle provient, peut présenter de grandes différences, quant aux proportions de ses principes constituants. Les principes réellement utiles à la nutrition peuvent varier dans les diverses qualités de froment dans la proportion de 14 à 21. Les blés analysés par ce chimiste avaient été récoltés dans diverses contrées, sous des latitudes très-différentes. Il est évident que si les propriétés nutritives du froment, à divers degrés, dépendent entièrement du climat, elles se trouvent placées en dehors des moyens d'action du cultivateur.

On sait que dans les pays vignobles, le même raisin récolté dans diverses localités donne des vins qui diffèrent totalement les uns des autres. L'espèce ou la variété de la vigne, la manière dont

(1) Les circonstances dont parle ici M. Colman, et qui déterminent la qualité du froment, c'est-à-dire sa force alimentaire, dépendent beaucoup plus du pouvoir de l'homme que l'auteur ne paraît le croire. Depuis la publication de son livre, le *docteur Lindley* a fait connaître sa théorie sur la *température de la terre*, dans une série d'articles publiés par les journaux agricoles de la Grande-Bretagne, et qui ont produit une grande sensation. La Chimie moderne, dont M. Colman n'est point partisan, quant à ses applications à l'Agriculture, montre aisément ce qui manque à tel ou tel sol; la Géologie met une foule d'amendements utiles à la disposition de l'Agriculture; la Botanique enseigne à choisir les végétaux le mieux appropriés au sol et au climat, et les observations de la Météorologie montrent qu'il est au pouvoir de l'homme de modifier le climat même, dans des limites beaucoup plus larges que ne le croient les personnes peu familières avec les ressources de la science. Si nous avions des analyses exactes des produits de l'Agriculture, tels qu'ils étaient il y a un siècle, nous verrions qu'ils ont augmenté en *qualité* non moins qu'en *abondance;* c'est une voie dans laquelle la science a déjà fait et peut toujours faire de nouveaux pas; mais il ne faut pas se persuader que le progrès, à cet égard, est placé en dehors de la puissance humaine.

elle est cultivée, l'âge, le degré de maturité du raisin, la méthode suivie pour faire le vin, et sans doute, dans bien des cas, divers procédés artificiels contribuent à différents degrés à constituer la qualité du vin ; mais en dehors de tout cela, il y a dans *le terroir* même quelque chose qui, je crois, donne à chaque vin son caractère distinctif. Le vin célèbre sous le nom *de Constance*, vient d'une vigne qui n'occupe qu'un terrain de peu d'étendue, au cap de Bonne-Espérance. En passant sur les bords du Rhin, on m'a montré la propriété du prince de Metternich, où se récolte le raisin dont on fait le *Johannisberg;* on n'en rencontre point ailleurs de semblable, et cela seul lui donne une valeur fort élevée, source d'un bénéfice énorme pour le producteur. Ces faits semblent démontrer la solidité de mon observation, quant aux recherches sur les conditions dont dépend la qualité du froment, qu'il y a quelque chose dont on ne peut s'assurer, quelque chose qui tient exclusivement à chaque localité, à l'exposition, au climat, aux propriétés particulières du sol, et d'où dérivent les caractères spéciaux du vin de chaque vignoble ; des circonstances semblables ou analogues peuvent influer sur les propriétés alimentaires du blé, et il est évident que si ces conditions sont purement locales, dépendantes du climat, de l'exposition, des propriétés du sol, toutes choses qui ne se rencontrent pas ailleurs parfaitement identiques, elles sont placées hors de la sphère de notre action.

Mais on ne saurait douter de l'influence que peut exercer la qualité des engrais sur celle du froment. Le lecteur ne lira pas sans intérêt le résumé de quelques expériences faites à ce sujet en Allemagne par un agriculteur de ce pays.

Des froments fumés avec divers engrais ont donné à l'analyse les proportions ci-dessous indiquées de gluten et de fécule :

				GLUTEN.	FÉCULE.
1°	Froment	fumé avec	de l'urine humaine	35,1	39,3
2°	—	—	du sang de bœuf	34,2	41,3
3°	—	—	des excréments humains	33,1	41,1
4°	—	—	du fumier de moutons	22,9	42,8
5°	—	—	de chèvres	32,9	42,4
6°	—	—	de chevaux	13,7	61,6
7°	—	—	de pigeons	12,2	63,2
8°	—	—	de vaches	12,0	62,3
9°	Froment semé sans fumier			9,2	66,7

Ces chiffres sont empruntés au *Cours d'Agriculture*, de Gasparin. Je manque de données permettant d'affirmer jusqu'à quel point on peut se fier à ces expériences ; j'ignore également s'il en a été fait d'autres du même genre qui en confirment les résultats. Deux choses m'y semblent surtout dignes d'attention : 1° les qualités entièrement différentes du blé obtenu avec les engrais les plus énergiques, et des blés obtenus sans aucun engrais ; 2° le résultat comparativement très-faible de la fumure avec la *colombine* (fiente de pigeons), qui passe pour pouvoir rivaliser avec le *guano*, quant à sa puissance fertilisante. La nature des aliments distribués aux bestiaux dont le fumier a servi à ces expériences, a dû nécessairement influer sur le résultat ; car le fumier des mêmes animaux tenus à des régimes différents, doit être composé de principes également différents, ce qui doit modifier le résultat des cultures : tant les expériences de ce genre sont inévitablement compliquées !

Les cultivateurs français ne le cèdent à ceux d'aucun autre pays, quant à ce qu'on peut nommer, au point de vue technologique, la science de l'Agriculture. Quelques hommes d'un talent éminent parmi ceux qu'on désigne quelquefois sous le nom d'agronomes de cabinet, ont poussé fort loin les calculs mathématiques les plus minutieux et les plus exacts, quant aux proportions actuellement existantes dans le sol, de certains éléments minéraux supposés essentiels à la croissance de chaque plante cultivée, et quant à la quantité de ces éléments minéraux enlevés au sol cultivé par les tiges et le grain de chaque récolte. Ils ont établi sur ces calculs l'évaluation de la somme exacte des mêmes substances qui doivent être réintégrées dans le sol pour maintenir sa fertilité. Le premier point se détermine par l'analyse la plus exacte possible d'une portion de la terre arable ; le second, en soumettant à l'analyse une portion de la récolte, paille et grain ; ces deux premières données étant acquises, le reste s'en déduit de soi-même. Ce sont d'ingénieux calculs, sans doute, et si la végétation et l'accroissement des plantes étaient des choses aussi simples et aussi faciles à bien comprendre que tant de gens se l'imaginent, les faits mis en lumière par l'analyse chimique auraient dans la pratique une utilité directe. Toutefois, un des plus éminents d'entre ces calculateurs (*Gasparin, Cours d'Agriculture*, tome III, page 405) avoue lui-même que l'application de ces faits ou plutôt des règles qu'on en peut déduire, est une opération difficile, délicate, qui ne doit être entreprise que par les chimistes les plus habiles.

Dans l'état d'imperfection où sont encore nos connaissances en fait de végétation, je puis exprimer librement ma conviction, que tout cela ne saurait avoir qu'un but d'amusement et de simple curiosité (1). Dans l'analyse d'un sol, par exemple, supposons qu'on ait pris pour l'essayer 30 décimètres cubes (un pied cube, ancienne mesure), ce peut être une représentation fort infidèle du reste de la terre du même champ. Si l'échantillon a été pris à la surface, c'est-à-dire dans la partie de la couche modifiée par la culture, il restera à connaître la nature et la composition du sous-sol dans lequel plongent les racines des végétaux cultivés. On sait que dans l'analyse chimique d'un sol, les principes les plus actifs, ses éléments végétaux, se désignent par l'action de la chaleur, et qu'on n'apprend rien à leur sujet, si ce n'est leur poids relatif qui se déduit de la diminution du poids de la terre analysée. L'analyse peut bien donner tous les éléments dont se compose une terre, mais, à coup sûr, elle détruit leurs combinaisons, elle trouble les rapports qui pouvaient exister entre eux. Il y a aussi à ce sujet une omission grave. Malgré tant d'analyses faites jusqu'à présent des terres et de leurs produits, donnant avec le plus d'exactitude possible les proportions de leurs éléments minéraux, je n'ai jamais entendu parler d'une analyse de terre cultivée, soumise aux investigations de la Chimie immédiatement après l'enlèvement de la moisson, pouvant par comparaison avec l'état de la même terre à l'époque des semailles, mettre à découvert ce qu'elle venait de perdre. C'est cependant là une donnée fort désirable, et nous devons espérer que la science moderne pourra nous la fournir.

(1) Le lecteur a pu déjà remarquer précédemment que l'auteur, peu familier apparemment avec les connaissances chimiques, accorde en Agriculture tout à la pratique, et n'accorde rien à la théorie; il ne croit pas à la puissance de la science pour venir efficacement en aide à l'Agriculture. C'est un peu trop ouvertement nier la lumière en plein jour. Nous vivons dans un temps où l'Agriculture, comme toutes les autres branches du travail humain, doit demander à la science, particulièrement à la Chimie, les moyens de proportionner la production à la consommation, difficile problème de la solution duquel dépend l'existence même des nations. On ne peut donc le regarder comme fondé à dire que l'analyse chimique des terres cultivées et de leurs produits est un objet de simple curiosité.

Un chimiste agricole très-distingué affirme que la végétation n'est rien autre chose qu'une simple opération chimique, dans le sens où la Chimie doit être comprise de nos jours : c'est une assertion très-hardie; mais, quant à présent, elle n'est rien moins que prouvée. Je pense qu'on serait tout aussi fondé à dire que la vie animale n'est qu'une opération chimique, qu'à appliquer cette assertion à la vie végétale. Que nous puissions, en raison de la parfaite régularité du jeu des organes, comprendre en grande partie les règles et les principes qui gouvernent et qui dirigent la vie animale; que nous sachions, dans des limites fort étendues, la contrôler et la régulariser par l'observation de ses règles et l'application de ses principes, cela n'est pas douteux; on ne peut pas regarder cette matière comme étant absolument hors de notre portée, et il est permis d'espérer que des recherches persévérantes nous conduiront à une intelligence plus parfaite de tout cet ordre de faits. Mais, quand nous considérons tous les phénomènes de la vie végétale, même ceux qui nous sont les plus familiers, nous nous trouvons aussi parfaitement hors d'état que pour la vie animale d'en saisir la marche et d'en comprendre le point de départ, d'en voir le premier moteur. Comment les os se sont-ils assemblés? comment les muscles se sont-ils attachés? Comment s'est disposé tout ce merveilleux mécanisme de l'assimilation, de la digestion, de la circulation, de l'accroissement? Comment fonctionne-t-il? Comment se fait-il que, par suite de ce que nous nommons mille et mille accidents, tout cela puisse être arrêté, détraqué, brisé, et que le tout retourne à ses éléments primitifs? Les mêmes remarques s'appliquent à la vie végétale avec autant de force qu'à la vie animale, et tant que nous n'aurons pas su remonter à la cause première et dernière de tout, la sagacité humaine ne pourra pas seulement approcher de la solution du problème (1).

(1) Cette assertion semble un peu absolue. Un savant moderne, mort il y a vingt ans, disait à ses élèves : « Mes amis, je ne mourrai content que quand j'aurai fait un haricot qui germera. » Il n'est pas mort content. Mais si, ni lui, ni ceux qui comme lui cherchent à pénétrer les secrets de la nature, ne peuvent aspirer à remonter à la cause première et dernière, ils peuvent trouver une foule de faits importants, et jeter de vives lumières sur la pratique agricole. L'homme ne sera jamais *savant* dans le vrai sens du mot; il ne peut être que plus ou moins ignorant : d'accord. Mais, ce plus ou ce moins, c'est tout pour l'humanité.

On a fait beaucoup de calculs fort justes sur le rapport du poids de la paille à celui du grain, et sur le poids des éteules (quand on a moissonné à la faux), comparé au poids total du grain et de la paille. L'état du sol, la température dans chaque saison, la somme des produits récoltés, le temps accordé à la plante pour atteindre sa maturité, la hauteur à laquelle les blés ont été coupés, les conditions dans lesquelles se trouve la paille lorsqu'elle est sèche, doivent tellement influer, selon les circonstances, sur les résultats, qu'il est difficile d'en conclure aucune règle certaine pour la pratique. On m'a montré les comptes-rendus de dix expériences de ce genre ; il n'y en avait pas deux qui fussent d'accord.

J'aurai occasion de revenir ailleurs sur les engrais appropriés à la culture du froment. Tous les agronomes semblent unanimes pour reconnaître le service que rend à la végétation du froment le *potassium*, principe qui existe dans les cendres de bois. Mon expérience et mes observations personnelles s'accordent avec cette opinion. Ayant été appelé, en vertu des fonctions officielles dont j'étais investi, à examiner le mode de culture du froment et le genre de fumure propre à cette céréale, et cela dans cent trente-six expériences sur le blé, j'ai trouvé que partout où la terre avait reçu des cendres de bois, l'efficacité de celles-ci avait été hautement proclamée ; l'analyse chimique du froment (paille et grain) ne donne qu'une très-faible portion de potasse, environ 2/3 pour cent ; mais cette petite quantité de cet élément semble indispensable. Je n'ai pas la présomption de décider ici la question de savoir si la potasse est absolument nécessaire au froment comme entrant pour une proportion quelconque dans son alimentation, ou bien si la potasse sert seulement à préparer dans le sol les autres éléments qui doivent servir de nourriture au froment. Je laisse aux esprits les plus habitués à vivre dans les hautes régions de la science, le soin de poursuivre des recherches aussi délicates que curieuses.

J'ai retenu longtemps l'attention du lecteur sur le froment, à cause de l'immense importance de cette culture. On ne peut pas dire qu'il y ait eu jamais une disette véritable aux États-Unis ; mais en 1812 et en 1816, la récolte du maïs a manqué presque complétement dans toute la Nouvelle-Angleterre. C'est seulement lorsque ce fléau vint nous frapper, que bien des gens comprirent

à quel point le maïs était indispensable à la subsistance du peuple américain, pour les repas de chaque jour. Depuis cette époque, le froment a pris aux États-Unis une nouvelle importance, et je puis dire qu'à l'exception des pays où l'esclavage existe, je ne connais pas un seul canton en Amérique où le blé ne soit devenu la base principale de la nourriture des habitants. Mais il faut avoir vécu en Europe en temps de famine, pour se faire une idée véritable de l'immense importance que peut avoir toute denrée dont la consommation est d'un usage général, et pour bien comprendre les souffrances que doit endurer toute la masse de la population, lorsqu'une de ces denrées devient seulement rare, et les misères et les horreurs qu'entraîne à sa suite la perte totale d'un de ces produits. Un fait qui doit rester inscrit en relief dans les pages les plus sombres de l'histoire, tant que subsistera chez les hommes la mémoire du passé, c'est que dans les années 1846 et 1847, dans un pays moins grand que la Nouvelle-Angleterre, la perte d'une seule récolte a fait périr de faim plus de 116,000 êtres humains, sans parler des mille et des centaines de mille qui plus tard ont été moissonnés par des maladies nées de l'usage d'aliments malsains ou insuffisants ; sans parler des souffrances affreuses de milliers d'autres malheureux qui, dans ce grand naufrage, ont eu tout juste la force de s'échapper et d'atteindre le rivage.

Avec une population qui s'accroît rapidement dans toutes les parties du monde civilisé, la production du pain doit être l'objet de la principale préoccupation de l'homme d'État aussi bien que du paysan. J'aurais peine à calculer l'immense quantité de grains qui serait économisée chez chaque grande nation, si l'on pouvait seulement diminuer de 70 litres la quantité de grain ordinairement employée pour les semailles. Le résultat serait encore plus brillant si l'on pouvait ajouter en même temps 70 litres à la moyenne annuelle du produit en blé d'un hectare. Ce simple résultat offrirait une ample compensation pour les travaux et les dépenses que pourraient faire, pour l'obtenir, toutes les sociétés d'Agriculture qui existent actuellement dans le monde, et pour tous les prix que, dans chaque pays, les gouvernements ont proposés ou proposent pour éclairer les cultivateurs et stimuler la production agricole. Je ne doute pas qu'une culture améliorée ne puisse non-seulement couvrir et au-delà toutes les dépenses supplémentaires qu'elle exige par une telle augmentation de production, mais encore ajouter trois hectolitres et demi par hectare à la moyenne actuelle des terres cultivées en froment. Si l'on entreprenait d'énumérer les avantages qui résulteraient d'un tel accroissement de production, je crois que l'exagération ne serait pas même possible (1).

En relisant ce que je viens d'écrire sur la culture du froment, je crois qu'il n'est point inutile de revenir sur quelques points essentiels de ce sujet.

La terre où le froment réussit le mieux est une terre forte alumineuse, sans être toutefois tellement argileuse qu'il soit impossible de lui donner des labours profonds; il faut, pour cette raison, au froment un mélange de chaux, de silice et d'alumine, dans de justes proportions. Un sol d'une excessive légèreté, trop dépourvu de consistance, ne convient pas plus au froment qu'un sol trop compacte et trop peu perméable.

Le sol ne saurait être labouré trop profondément pour la culture du blé. Les racines du froment, en même temps qu'elles plongent perpendiculairement dans le sol, s'étendent latéralement dans toutes les directions pour chercher leur nourriture. Ce peut être une faute de donner un labour trop profond au moment de semer cette céréale; il est toujours utile de passer le rouleau et de raffermir le sol après les semailles; mais le froment doit trouver par dessous une couche ameublie et pénétrable; c'est ce qui a lieu quand il succède à la garance ou au tabac, ou bien quand la terre a été profondément défoncée pour le blé.

L'excès d'humidité dans le sol est tout spécialement nuisible au froment. L'humidité superficielle qui séjourne longtemps à la surface du sol, et celle qui demeure stagnante à l'intérieur de la cou-

(1) La quantité de froment employée, tous les ans, pour les semailles en France, est évaluée à 11,372,192 hectolitres. En supposant qu'elle pût être réduite d'un tiers, l'économie serait de 3,790,731 hectolitres; un accroissement de production de 3 hectolitres 1/2 par hectare, donnerait 9,011,927 hectolitres; l'accroissement de production, joint à l'économie sur la semence, donnerait donc 22,802,658 hectolitres. On peut atteindre facilement à un tel résultat par une Agriculture perfectionnée. Y a-t-il un seul objet du ressort de l'économie publique qui soit plus digne que celui-là de la sollicitude d'un gouvernement?

che arable, sont également préjudiciables à sa végétation ; c'est ce qui rend si avantageux le système de M. *Smith de Deanston,* qui associe les défoncements au drainage profond. L'eau qui tombe sur un sol ainsi préparé est promptement absorbée et conduite hors du sol cultivé. Quand le terrain est de nature à retenir l'eau, et qu'il n'a point été défoncé, il importe de le diviser en planches étroites très-bombées, afin que l'eau s'écoule d'elle-même par les rigoles entre les planches.

La terre qui doit porter du blé ne saurait être trop propre, c'est-à-dire, trop soigneusement délivrée des mauvaises herbes; le froment doit, par ce motif, succéder à une récolte qui a exigé des sarclages soignés et réitérés. Les petites variétés de trèfles peuvent être avec avantage semées en même temps que le blé, ou par-dessus cette céréale, au printemps de l'année suivante. Le trèfle ne met point obstacle à la croissance du blé ; il contribue jusqu'à un certain point à étouffer la mauvaise herbe ; dans les pays chauds, après que le froment a été enlevé, le trèfle protége le sol contre l'action brûlante des rayons solaires; il offre déjà, aussitôt après la moisson des blés, un peu de nourriture pour le bétail; enfin, quand on l'enterre par un labour, il enrichit sensiblement la couche cultivable.

Le froment doit être semé en lignes, à 15 centimètres d'intervalles, ou mieux, semé par touffes, à la main, besogne qui n'a rien d'excessif lorsqu'elle est confiée à des mains adroites et exercées. Dans tous les cas, qu'il soit semé en lignes ou bien à la volée, il doit recevoir au printemps une façon soignée, soit à la herse, soit au scarificateur (1).

Dans les pays chauds, il est expressément recommandé de semer de bonne heure, afin que la végétation des plantes cultivées puisse s'accomplir avant les chaleurs excessives de l'été. Mais, dans les climats froids, on recommande, au contraire, les semailles tardives, afin que le froment, n'ayant pris que peu d'accroissement avant

(1) Ce n'est pas une petite affaire que de semer à la main, par touffes comme des haricots, une centaine d'hectares de froment, comme on sème à la volée ou au semoir dans les grandes exploitations des pays de grande culture en France; cette pratique, malgré toute l'habileté possible des travailleurs, exige trop de temps et trop de bras; elle n'est réellement possible que dans la très-petite culture.

l'hiver, soit moins exposé à souffrir de la rigueur du froid et soit prêt à entrer en pleine végétation dès les premiers beaux jours du printemps. Le climat de la Grande-Bretagne est réputé particulièrement favorable au blé, à cause de sa température modérée et de l'absence des sécheresses; sous l'empire d'un tel climat, le blé met un temps plus long à croître et à mûrir. On moissonne habituellement en Angleterre et en Écosse un mois plus tard qu'aux États-Unis, où les chaleurs d'un été brûlant frappent le blé d'une maturité trop prompte. L'humidité du climat de la Grande-Bretagne y rend toujours les récoltes plus productives.

Il vaut mieux, dans les circonstances ordinaires, appliquer la fumure destinée au froment à la culture qui le précède, que de la lui donner directement. On regarde généralement comme une faute en Agriculture, de semer le blé sur une fumure d'engrais nouveau sortant de l'étable ou de l'écurie. L'effet de la chaux sur le sol peut être considéré comme triple; cette substance agit : 1° en divisant un sol trop compacte et le rendant plus friable; 2° en préparant pour l'alimentation des plantes les substances végétales existant dans le sol; 3° en entrant pour une petite portion dans la composition des plantes cultivées. La présence du potassium dans le sol, soit qu'il provienne des cendres de bois, soit qu'on l'emprunte à toute autre substance, paraît être toujours d'une haute utilité et, le plus souvent, indispensable. On obtient souvent de très-bons effets de l'urine étendue d'eau employée comme engrais liquide et répandue sur les blés pendant la première période de leur croissance. J'ai vu aussi appliquer au même usage avec beaucoup de succès, de l'eau dans laquelle on avait fait *rouir* du lin.

Il vaut mieux moissonner le froment trop tôt que trop tard, c'est-à-dire qu'il doit être abattu plutôt tandis qu'il n'est pas complétement sec, que lorsqu'il est parfaitement desséché, parce que, dans ce dernier cas, on en perd beaucoup par l'égrénage. S'il est coupé un peu avant maturité, le blé achève de mûrir en gerbe; il paraît prouvé que cette céréale moissonnée de bonne heure rend au moulin plus de farine, et que celle-ci donne un pain de meilleure qualité.

Tels sont les grands axiomes que j'ai recueillis, quant à la culture du froment sur le continent européen. L'importance du sujet m'excuse de l'avoir traité un peu longuement, bien que j'aie ajouté peu de chose à la somme des connaissances de mes compatriotes en pareille matière, et que dans la plupart des provinces des États-Unis, la culture du froment ait reçu, comme on sait, de grandes améliorations. Si l'on considère la variété des usages, la facilité de la culture, l'élévation des produits sous un bon et généreux système de culture, le petit nombre de maladies et d'accidents et, par-dessus tout, la somme des débris rendus à la terre comme engrais, il n'y a pas de plante à ma connaissance qui puisse rivaliser avec le maïs dans les pays dont le climat lui permet d'arriver aisément à maturité. Mais le froment tient la première place dans l'opinion générale ; son usage devient de jour en jour plus répandu dans les pays civilisés, et il tend à prendre la place des autres grains moins nourrissants; enfin, au point de vue commercial aussi bien qu'à celui de l'abondance des subsistances, le froment continue à occuper le premier rang parmi les céréales.

Épeautres.— On cultive dans quelques parties de la France et dans les Flandres, une qualité inférieure de froment qui diffère principalement des autres en ce que le grain ne peut être détaché de sa balle qu'au moyen d'une machine. On s'en sert dans plusieurs localités pour faire du pain ; l'analyse chimique montre, autant qu'on peut en croire ses indications, que la puissance nutritive de l'épeautre est à celle du froment comme 39 est à 50. On dit qu'il est moins épuisant que le blé, mais ce point est contesté par des agronomes dont l'opinion fait autorité. Il réussit dans un sol pauvre, ce qui lui fait souvent accorder la préférence ; mais, quand on lui donne une bonne terre et une culture soignée, il en paie largement les frais, par l'abondance de ses produits. Pendant la première période de sa croissance, il peut être fauché une ou deux fois comme fourrage vert, et on le regarde comme excellent pour cet usage ; la paille dont le tissu est plus épais que celui de la paille de froment, est plus solide et néanmoins préférée par les bestiaux. L'épeautre endure la sécheresse comme le seigle, et réussit dans des terres trop sèches et trop légères pour la culture du froment. Le poids de l'épeautre avec sa balle adhérente au grain, est à celui du froment comme 42 est à 66. Leur prix diffère habituellement dans la proportion de 72 à 100, en tenant compte du surplus de dépense qu'exigent l'enlèvement de la balle de l'épeautre et sa conversion en farine. On estime que, lorsqu'il est bien cultivé, il rend en moyenne 26 hectolitres par hectare, le grain étant mesuré avant d'être dépouillé de sa balle.

On cultive ordinairement deux sortes d'épeautre : le rouge et le blanc ; quelques variétés de ces deux séries ont des barbes, les autres en sont dépourvues ; il y a un épeautre d'automne et un de printemps ; celui d'automne est converti sans difficulté en espèce printanière, rien qu'en choisissant les épis mûrs les premiers, pour en semer les grains au printemps. On dit que, par une culture négligée, l'épeautre sans barbes devient barbu, et que réciproquement l'épeautre barbu perd ses barbes par une culture soignée. On donne la préférence à la variété rouge comme plus robuste, supportant mieux l'humidité ou le froid, donnant une paille plus abondante, étant moins sujette aux maladies qui attaquent les céréales, et rendant à la mouture une meilleure farine.

La quantité d'épeautre pour ensemencer un hectare, est double de celle de froment pour la même surface, parce que l'épeautre se sème avec sa balle. On fait quelquefois produire à la terre du chanvre ; si cette plante est enlevée de bonne heure, on fait succéder une récolte dérobée de turneps ; on sème l'épeautre après l'enlèvement de ceux-ci. On le cultive quelquefois aussi après une récolte de pommes de terre, quand celle-ci a laissé le sol suffisamment propre. Dans ce cas, le terrain après l'enlèvement des pommes de terre ne reçoit pas de labour ; on lui donne une simple façon au scarificateur ou à l'extirpateur, et les semailles d'épeautre sont recouvertes par un hersage.

L'épeautre avec sa balle adhérente au grain est regardé comme une excellente nourriture pour les chevaux. La paille en étant très-forte, est extrêmement recherchée pour la fabrication des chapeaux. Ce grain ne se place pas aisément sur les marchés, parce que, d'une part, on lui préfère généralement le froment et que, de l'autre, les meuniers n'aiment pas à moudre l'épeautre.

On m'a parlé d'une récolte de cette céréale de 82 hectolitres par hectare, mais je ne puis croire à un résultat aussi extraordinaire ; pour comparer son produit à celui du froment, il ne faut pas perdre de vue qu'elle se mesure toujours avec sa balle.

La proportion du grain à la paille dans cette céréale, sans tenir compte des éteules, donne les chiffres suivants :

Grain nettoyé.	46,38
Balles	15,05
Paille	36,43
Déchet	2,14
Total	100,00

Cent parties de grain en balle donnent :

Grain nettoyé	72,96
Balles	23,67
Déchet	3,37
Total	100,00

Ces résultats peuvent être considérés seulement comme des approximations; ils sont de nature à être modifiés par une foule de circonstances diverses. Il y a une variété d'épeautre fort petite et de qualité tout à fait inférieure; on ne la cultive que dans les terrains réputés trop pauvres pour produire du seigle ou de l'avoine; elle est très-peu productive. La farine de ce grain est excellente pour quelques usages domestiques, et cette variété d'épeautre paie très-bien par là le peu de soin et de travail qu'exige sa culture.

J'ai souvent remarqué qu'il y a dans la société certaines personnes ou certaines classes de personnes d'une condition très-humble dans la domesticité, dont les services sont indispensables, et dont toutes les autres classes sont toujours prêtes à réclamer l'intervention. On trouve toujours assez de gens pour faire cette partie de la besogne sociale, et il ne leur est jamais alloué qu'un très-faible salaire. Nous les considérons comme condamnés à rester dans la condition où ils sont placés; nous ne pensons jamais dans aucune circonstance, soit en soignant leur éducation, soit en développant les germes de capacité qui peuvent se trouver en eux et qui brillent quelquefois subitement comme les dernières lueurs d'un feu près de s'éteindre, à leur frayer la voie vers une condition plus relevée, ou à les aider à prendre place dans les rangs de l'aristocratie. Telle me paraît être précisément la condition de l'épeautre et du seigle. Il y a dans ces deux céréales d'excellentes variétés de grains, mais nous ne songeons jamais à les traiter autrement qu'avec une extrême rudesse. Elles donnent de très-beaux produits dans un sol très-pauvre, sans engrais et avec une culture très-négligée. Nous nous figurons que ces espèces de céréales sont exclusivement adaptées aux mauvaises terres, et que ces terres seules leur conviennent, mais nous ne prenons pas la peine de voir ce qu'elles feraient, placées dans de meilleures conditions de culture. Je pense qu'il en est des végétaux comme des hommes, comme de toutes les œuvres du Créateur, et que tous les êtres vivants sont soumis à la loi du progrès. Je crois que, si le perfectionnement n'est point illimité, du moins sa limite extrême n'a jamais été atteinte; que chercher tout ce qui peut être tenté dans cette voie, c'est le premier de nos devoirs, tant pour nous que pour les autres, et que dans le monde végétal comme dans le monde animé, dans l'ordre physique comme dans l'ordre intellectuel, nous ignorons ce que la culture et l'éducation peuvent faire pour les êtres les plus humbles et les plus dédaignés.

J'espère que la bienveillance du lecteur me pardonnera si j'insiste un peu sur ces analogies morales. Plus nous donnons d'extension et de perfectionnement à la culture des grains de qualité inférieure, plus le bien-être de la communauté s'en accroît; plus nous étendons nos moyens de pourvoir à la subsistance et au soulagement des classes pauvres, plus en même temps nous pouvons donner de soins à l'amélioration de la culture des grains de qualité supérieure. Les hommes de l'élite de la société qui voient si souvent avec jalousie l'avancement, ou, comme ils disent entre eux, l'usurpation des classes pauvres, commettent à cet égard une grande erreur; car plus l'ensemble de la communauté peut améliorer et élever sa condition autour de l'aristocratie, plus la propre condition de celle-ci est améliorée. Le caractère de tout bien moral et intellectuel est de se multiplier lui-même et de se refléter dans tous les sens. Un fermier pourrait-il se fonder sur de bonnes raisons pour laisser une partie de ses terres dans un état d'abandon ou de culture négligée? Sans doute, la supériorité des portions améliorées en serait plus frappante par le contraste; mais ce contraste pourrait-il être, sous un point de vue quelconque, à l'avantage de ce fermier? Ne vaut-il pas beaucoup mieux, pour son bien-être, sa considération, son honneur et son bonheur, voir toutes les parties du domaine qu'il exploite, offrir de brillants témoignages d'une culture intelligente et améliorée? L'amendement des terres de qualité inférieure et l'abondance de leurs produits, peuvent-ils d'une manière quelconque porter préjudice aux parties les plus fertiles?

Seigle. — Cette céréale est cultivée en Europe sur une très-grande échelle, excepté dans la Grande-Bretagne, où il n'occupe que peu d'espace. Sur le Continent européen, particulièrement dans les pays du Nord, le seigle forme un élément essentiel de l'alimentation du peuple; il en est la base principale dans l'Allemagne, la Belgique, la Russie et aussi dans les parties froides et montagneuses de la France. Les Flamands ont trouvé une grande source de richesses dans leurs distilleries, non-seulement par la liqueur qu'ils en retirent, mais aussi par le grand nombre de porcs et de bêtes à cornes qu'ils élèvent et qu'ils engraissent avec les résidus des distilleries, et la grande quantité de fumier qu'ils obtiennent par ce moyen (1). C'est une sorte de compensation aux maux que verse sur l'humanité *la boîte de Pandore,* sous forme de liqueur distillée, source inépuisable de crimes, de misères et de dégradation morale; mais ce sujet s'écarte un peu trop de celui que j'ai entrepris de traiter; je l'abandonne aux réflexions et aux calculs de mes lecteurs.

Le pain de seigle passe pour être moins nourrissant que le pain de froment, mais il n'en est ni moins bon, ni moins salubre. Un auteur allemand, de distinction, affirme que le pain de seigle est un remède souverain pour les personnes dont le système nerveux

(1) En Hollande, les distilleries ont été presque entièrement détruites par les impôts dont les a surchargées le gouvernement, et par les droits élevés dont leurs produits ont été frappés à leur entrée en France.

Chacune de ces distilleries, dans le cours d'une année, engraissait 180 têtes de gros bétail; la quantité de grains distillée par chacune d'elles annuellement était estimée à plus de 96,000 hectolitres. Ces établissements, outre le puissant stimulant qu'ils donnaient à la culture par le large débouché ouvert au seigle, fournissaient aussi un grand approvisionnement en engrais de la nature la plus riche.

On y trouvait en outre cet avantage qu'en cas de rareté des grains, ou même de famine, l'immense approvisionnement en grains des distilleries pouvait toujours être dérobé à la production du genièvre et employé à la nourriture du peuple. C'était comme le scorpion qui guérit les blessures qu'il a faites quand on l'écrase dessus.

est affecté ou fatigué par des travaux sédentaires, ou par une application trop assidue à l'étude.

Le seigle réussit bien, même dans un sol sec et léger. Une terre humide, argileuse ou calcaire ne lui convient pas. Il prospère dans des terres sablonneuses, ou tout autre grain pourrait à peine lever. Parmi les céréales cultivées, il n'y en a pas qui donne une plus grande quantité de paille; c'est une source abondante de litière pour le bétail, et, par conséquent, d'engrais propre à enrichir le sol. La paille de seigle est utile pour plusieurs autres usages, particulièrement pour couvrir les chaumières et les meules de grains. En France on emploie une très-grande quantité de paille de cette céréale pour couvrir les tonneaux de vin pendant qu'on les transporte d'un lieu dans un autre, afin de les préserver du contact des rayons solaires; on s'en sert de même pour couvrir diverses autres marchandises, lorsqu'on les porte au marché. On dit que quatre récoltes de seigle ne fatiguent pas plus le sol que trois de froment. Enfin, il est à ma propre connaissance, d'après mon expérience personnelle, qu'aux États-Unis, si la terre qui a produit du seigle pendant plusieurs années sans interruption reçoit de bonne heure, au printemps, une semaille de trèfle, et qu'en automne ce trèfle soit enterré par un labour, elle peut recevoir une nouvelle semaille de seigle sans autre engrais, non-seulement sans s'épuiser, mais encore en s'améliorant graduellement, ce dont on s'aperçoit à l'accroissement de la production du seigle. Cette pratique est suivie par les meilleurs cultivateurs flamands, et hautement recommandée (1).

Parmi les seigles cultivés, on distingue celui d'hiver et celui de printemps; ils ne diffèrent l'un de l'autre que par l'époque à laquelle on les sème, sauf que le seigle d'automne, ayant un temps plus long pour accomplir les phases de sa végétation, est plus productif que celui du printemps. Le seigle que j'ai eu l'occasion de décrire ailleurs sous le nom de *seigle de la Saint-Jean,* est connu

(1) Les cultivateurs flamands sont trop éclairés pour demander à leurs terres toujours du seigle sans autre engrais qu'un trèfle retourné. Mais il est vrai que cette plante vient plus ou moins et plusieurs fois de suite sur une terre pauvre, qui ne reçoit presque pas de fumure; c'est une des propriétés de cette céréale, mais il ne faut pas en abuser.

en France sous le nom de *seigle multicaule*. On le sème en juin; il peut être fauché deux ou trois fois comme fourrage vert, et il n'en donne pas moins une bonne récolte de grain. Il possède la propriété de taller, c'est-à-dire de pousser une foule de rejetons du collet de la racine; toutefois, bien des cultivateurs prétendent que les autres variétés de cette céréale se comportent de même quand on les cultive dans les mêmes conditions, et que le seigle multicaule semé en automne perd la propriété de taller plus que les autres. Le grain du multicaule n'est pas favorable pour la vente, à cause de sa petitesse.

La culture du seigle est si généralement bien comprise et bien pratiquée, que je n'ai pas besoin de m'étendre sur ce chapitre. Les meilleurs cultivateurs évitent de donner à cette céréale du fumier sortant nouvellement de l'écurie; ils préfèrent, pour fumer la terre où doit être semée cette céréale, un engrais bien décomposé, ou bien ils font précéder le seigle d'une autre récolte fumée et sarclée. Cette plante ne réussit point dans les terres sujettes aux brouillards; elle y donne beaucoup de paille, mais peu de grain; c'est la raison pour laquelle elle est si peu cultivée dans la vallée du Rhin.

La principale maladie à laquelle elle est sujette, est *l'ergot*, qui change la nature de la substance du grain et la convertit en une matière cornée noirâtre, bien connue des hommes de l'art comme un médicament d'une grande énergie. L'ergot est beaucoup plus fréquent dans certaines années que dans d'autres. Quand on ne prend pas la précaution de le séparer par le vannage et par le criblage avant de livrer le grain au meunier, le seigle ergoté produit de funestes maladies; il cause fréquemment la folie et des ulcères gangréneux aux jambes. La fièvre qui sévit comme un fléau si terrible en 1812 dans la Nouvelle-Angleterre, fut attribuée à l'usage du pain de farine de seigle ergoté. Le même fléau fit beaucoup de victimes en Allemagne en 1816; on dit qu'à cette époque il périt un dixième des soldats d'une garnison nourrie de pain de farine de seigle affecté de l'ergot.

L'utilité des hersages au printemps, si unanimement reconnue pour le froment, est un point très-controversé parmi les meilleurs cultivateurs : les uns approuvent fort cette pratique, les autres la repoussent. Le hersage n'est sans doute point à conseiller quand le seigle est trop avancé au printemps, mais l'usage de le herser à cette époque de l'année est recommandé par des agronomes d'une telle autorité, et leur opinion est si bien fondée sur l'expérience, que pour moi, je suis fortement disposé à regarder le hersage du seigle au printemps comme une très-utile opération, pourvu que l'état de cette céréale la rende praticable. Le seigle de printemps donne une récolte inférieure en quantité comme en qualité à la récolte de celui d'automne. J'ai dit que le multicaule semé en juin donne un très-bon fourage vert; par sa précocité au printemps il pourrait être d'une certaine utilité aux États-Unis; mais, à l'arrière-saison, il a dans le maïs un remplaçant qui lui est supérieur sous tous les rapports.

Le poids ordinaire du seigle est de 72 à 75 kilog. par hectolitre ; la proportion du grain à la paille, y compris la balle du grain, est dans le rapport de 100 à 292. Cette proportion peut varier selon les dimensions de la plante et la hauteur à laquelle elle a été coupée; on a rendu rarement à la culture du seigle la moitié de la justice qui lui est due. Je pense que la couleur du grain tient en grande partie à la nature du sol où il a été obtenu. Il existe un préjugé contre le pain noir qu'on fait dans quelques parties de la France ; mais on tire du seigle blanc un pain d'une saveur très-agréable, presque aussi blanc que le pain de froment. Cette céréale est d'une grande valeur nutritive pour l'alimentation du bétail ; un kilogramme de seigle cuit équivaut à trois kilogrammes de foin. Un de mes amis en France, qui passe pour l'un des meilleurs agriculteurs de ce pays, et qui entretient un grand nombre de chevaux, les nourrit avec du pain de seigle toutes les fois que les prix comparatifs de cette céréale et du fourrage lui permettent de choisir (1).

ORGE. — On cultive peu d'orge en France, parce que le vin est la boisson habituelle des habitants de ce pays. On assure toutefois que

(1) Nous pensons que M. Colman parle ici de feu M. Dailly, maître de la poste aux chevaux à Paris, qui faisait en effet grand usage de pain de seigle pour nourrir ses 700 chevaux. Une année où l'avoine se trouvait chère, tandis que le seigle était à bon marché, M. Dailly donna exclusivement du seigle cuit à la vapeur à ses chevaux en guise d'avoine; pendant quelque temps, ils engraissèrent et firent très-bien leur service; puis ils se mirent à maigrir, et plus de 300 moururent en quelques mois, ce qui força M. Dailly à en revenir à l'avoine. Il paraît que feu M. Dailly ne s'était pas vanté de cet échec à M. Colman.

la consommation de la bière s'étend annuellement, et avec elle la culture de l'orge.

On dit qu'il y en a trois espèces : une d'hiver et deux de printemps. Celle d'hiver se sème en automne ; l'une des deux printanières se sème le plus tôt possible, dès la fin de l'hiver ; l'autre un peu plus tard ; on la désigne sous le nom d'orge d'été. On distingue aussi l'orge à six rangs et celle à deux, ayant chacune leurs sous-variétés. Celle qu'on nomme orge-céleste adhère fortement à la balle, mais après le battage elle rentre dans la catégorie des orges qu'on nomme *nues;* le grain séparé de sa balle est demi-transparent. Cette espèce est fort productive, mais elle mûrit tard. En général, les *nues,* bien qu'elles soient cultivées pour les potages et pour d'autres usages domestiques, sont peu recherchées sur les marchés. Il y a, parmi ces dernières, une autre variété nommée orge-café, dont le grain est, dit-on, aussi lourd que celui du froment ; la paille en est faible, ce qui la rend sujette à verser ; elle est difficile à battre et souvent attaquée de la carie.

Les espèces les plus cultivées sont l'orge commune à six rangs et celle qui en a deux. Cette première céréale est d'une grande rusticité; on la cultive en Laponie, par le 67me degré 20 minutes de latitude Nord. On prétend que l'orge d'hiver donne une récolte un peu plus abondante que celle de printemps; quand on choisit cette dernière espèce, il est recommandé de la semer le plus tôt possible dans les premiers jours de mars. On emploie un tiers de semence de moins que pour le froment. L'orge succède fréquemment au blé; dans ce cas, on regarde comme essentiel de se hâter de retourner les chaumes dès que la récolte du froment est enlevée. Si l'on tarde quelque temps, l'orge qui doit occuper ensuite le même terrain se ressent de cette négligence.

La terre, pour recevoir une semaille de cette céréale, doit être aussi riche, aussi bien labourée et aussi propre que possible. Aucune plante ne végète avec plus de rapidité; c'est pourquoi, lorsqu'on lui applique directement l'engrais, il faut du fumier, non pas frais, mais déjà bien consommé, afin que la plante puisse immédiatement en profiter. Ce précepte s'applique plutôt à l'orge de printemps qu'à celle d'hiver, dont la végétation dure plus longtemps. L'orge ne se plaît pas dans une terre trop forte, sujette à se durcir sous l'action de la chaleur solaire, parce que ses racines ont une tendance naturelle à s'étendre de tous côtés; elles veulent, par conséquent, une terre friable et pénétrable. Cette céréale succède assez souvent aux pommes de terre. Dans ce cas, dès que cette récolte est enlevée, on donne à la terre un bon labour avant l'hiver, et un autre, mais superficiel, au printemps, puis on sème l'orge qu'on recouvre au moyen d'un hersage. On sème assez souvent du trèfle avec ce grain, et l'on passe le rouleau pour raffermir légèrement le sol.

L'orge d'automne peut être semée sans inconvénient dans une terre humide ; mais il faut à celle de printemps une terre à la fois chaude et sèche au moment des semailles. Quand la terre est froide et argileuse, on doit y semer l'orge plus tard.

Dans les Flandres, cette céréale est cultivée avec autant de soin que d'intelligence, et l'on n'en voit nulle part de plus belles récoltes que dans ces provinces. On nomme *polders,* dans ce pays, des terres reprises sur la mer ou sur le lit des fleuves par le moyen des digues et des canaux à angles droits, qui en font écouler les eaux. Les polders, terres d'alluvion accumulées pendant une innombrable suite de siècles, sont d'une incomparable fertilité; on y obtient d'excellentes récoltes d'orge d'hiver. Cependant, un cultivateur de talent m'a assuré qu'on obtient des récoltes d'orge non moins abondantes, dans des terres plus légères, bien cultivées et largement fumées. Les brasseurs donnent la préférence à l'orge récoltée sur les terres légères; le son en est plus mince et le grain mieux rempli ; ils préfèrent aussi l'orge d'hiver comme étant plus pesante que celle de printemps.

Dans les environs de Gand, pays renommé pour la perfection de son Agriculture, on cultive cette céréale d'après une méthode décrite par un agronome expérimenté, aux travaux duquel j'ai déjà fait allusion (Van Aelbroeck, *Agriculture des Flandres*).

La terre est labourée deux fois, puis divisée en planches d'environ 1 mètre 60 centimètres de large, sur lesquelles on répand de l'engrais liquide, en faisant passer dessus un tonneau d'arrosage traîné par un cheval qui marche dans la rigole entre les planches, de sorte qu'une partie de l'engrais liquide tombe nécessairement dans cette même rigole. Cela fait, on égalise la surface du terrain

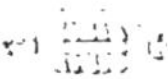

avec une herse, puis on y répand du fumier bien consommé dans la proportion de 30,000 kil. par hectare. On sème l'orge directement sur cette fumure. Pour recouvrir la semence, on nettoie à la bêche les rigoles qui séparent les planches, et l'on en répand le plus également possible la terre sur le sol ensemencé, après quoi toute la surface des planches est piétinée par des hommes, ou bien on y passe un rouleau assez léger pour qu'un homme puisse le traîner. Le but de cette dernière opération est de maintenir dans la terre assez de fraîcheur pour que le grain lève promptement. Quand l'orge a acquis 5 à 6 centimètres de hauteur, on lui donne de nouveau une abondante fumure d'engrais liquide. La terre se trouve alors assez engraissée pour pouvoir porter la même année une récolte abondante de navets ou de pommes de terre. Lorsque l'engrais liquide provient des vidanges des villes, il doit être étendu d'eau. Comme les racines de l'orge ont plus de dispositions à s'étendre qu'à plonger dans le sol, l'engrais qu'on destine à cette céréale n'a pas besoin d'être enterré profondément, non plus que la semence ; cependant, pour les semailles d'automne, on recouvre généralement la semence de l'orge au moyen d'un léger trait de charrue. On obtient, par ce système, des produits très-abondants qui ne montent pas à moins de 52 hectolitres par hectare.

Le système général de culture pratiqué dans les Flandres est remarquable par les soins minutieux de son exécution, autant que par la libéralité de la main-d'œuvre et l'abondance des engrais. Je serais fort en peine de trouver rien de mieux en fait de culture ; il serait même difficile de rien rencontrer de comparable, quant à la production. Les fermiers des États-Unis seraient effrayés s'ils voyaient la somme de travail manuel dépensée par les Flamands sur leurs terres. La surabondance de la population dans ce pays permet seule d'y suivre un tel système avec grand avantage.

Un fait agricole bien constaté est que si l'orge peut succéder au froment, celui-ci ne peut succéder à l'orge. Une récolte de turneps suit souvent ce dernier grain, puis vient une semaille de seigle et quelquefois aussi une de fèves.

Avoine. — On peut dire que l'avoine est cultivée fort en grand en France exclusivement pour la nourriture des chevaux, et beaucoup plus dans le Nord que dans le Midi. Les propriétés excitantes et stimulantes de l'avoine pour les chevaux leur rendent cet aliment plus utile dans les contrées froides que dans les chaudes. On admet généralement que l'avoine se contente de tous les sols et s'accommode de tous les climats. Mais on peut dire qu'elle paie aussi bien que les autres produits les soins et les frais de culture qu'elle réclame dans un bon terrain. Quelques agronomes ont avancé que cette graminée, loin d'épuiser le sol, contribue à y rétablir la fertilité. L'avoine peut être améliorante lorsqu'on la sème sur une terre nouvellement défrichée et plus ou moins tourbeuse; c'est-à-dire que c'est peut-être la meilleure des récoltes pour mettre un pareil sol en bon état de culture; mais il est difficile de croire que l'avoine puisse autrement améliorer un terrain quelconque. Toutefois beaucoup de fermiers pensent que l'avoine, mieux que toute autre récolte, sait s'approprier les principes nutritifs que contient la terre et que, mieux que toute autre plante cultivée, elle s'accommode des engrais les plus grossiers. Je donne cette opinion comme je l'ai reçue, émanant d'une autorité respectable.

Les Français rangent les avoines cultivées dans deux catégories: les blanches et les noires; les Flamands distinguent trois séries de ces graminées : les blanches, les jaunes, les noires. La blanche convient mieux aux terres humides et la noire aux sèches. La noire, comparée à la blanche, passe pour valoir un huitième de plus, c'est-à-dire qu'elle est beaucoup plus nutritive, à poids égal, et que la culture en est moins épuisante.

L'avoine de Hongrie, aussi nommée avoine de Tartarie, dont les panicules pendent d'un seul côté, est représentée en France par deux variétés : l'une blanche, l'autre noire. La noire pèse plus que la blanche, mais moins que la noire commune. Elle donne plus de grain et plus de paille que la blanche ordinaire, mais elle demande une terre forte et riche.

L'avoine patate est peu cultivée en France. Cette espèce ne peut réussir que grâce à une culture beaucoup plus soignée que celle qu'on lui accorde dans ce pays. L'avoine de Sibérie est une variété à maturité très-précoce; le grain en est jaune et très-pesant, mais la paille en est dure et grossière. La croissance de cette dernière espèce est si rapide qu'on assure qu'elle peut être fauchée, comme fourrage vert, avant de monter en épi, et donner encore une très-bonne récolte de grain.

On cultive en France deux sortes d'avoines, sous le nom d'avoine d'hiver et d'avoine de printemps. La première se sème en automne, mais elle ne réussit que dans les parties de ce royaume où les hivers sont fort doux ; car l'avoine ne supporte pas un froid rigoureux.

Les meilleures récoltes de cette plante donnent, en France, jusqu'à 42 hectolitres par hectare, pesant 50 kilogrammes par hectolitre; mais une grande portion des champs cultivés en avoine produit beaucoup moins ; la moyenne n'est pas estimée à plus de 14 hectolitres par hectare, ce qui indique une culture peu soignée. Un célèbre agronome français dit, sans détour, que c'est l'indice d'une culture détestable; mais ce terme pourrait sembler un peu dur dans la bouche d'un étranger.

La valeur de l'avoine, comparée au foin comme substance alimentaire pour les bestiaux, est estimée dans la proportion de 100 à 75. Les cultivateurs français font grand cas de l'usage de donner l'avoine aux bestiaux sans la battre en la faisant passer au hache-paille avec son grain non-battu ; ils pensent aussi que cette plante doit être moissonnée d'assez bonne heure pour ne pas s'égrener sur le terrain. On perd en effet par *l'égrenage* une grande quantité d'avoine quand on la récolte trop mûre. Elle se sème en France à raison de 2 hectolitres 1/2 par hectare.

Les cultivateurs flamands en obtiennent des récoltes très-abondantes dans les terres cultivées à la bêche ou défoncées de toute autre manière. Dans ce cas, c'est l'avoine blanche qui pèse le plus à l'hectolitre ; mais c'est la jaune qui donne les plus belles récoltes, principalement sur des prairies retournées. Ils cultivent l'avoine en planches plus ou moins larges, selon que le sol est plus ou moins sec ou humide. On dit en Flandre que cette graminée demande un tiers de fumier de moins que l'orge, mais qu'il lui faut de l'engrais fort consommé pour la faire végéter avec le plus de rapidité possible. Les cultivateurs de ces provinces répandent une bonne dose d'engrais liquide sur leurs avoines, quinze jours après la levée. Ce mode de culture est évidemment dispendieux et pénible ; mais ici, comme dans toute autre culture, des soins extraordinaires sont récompensés par des récoltes magnifiques. Quelquefois les avoines sont arrosées d'engrais liquide à plusieurs reprises. Les Flamands ont soin, lorsqu'ils les sèment, de les enterrer peu profondément, à trois ou quatre centimètres au plus.

La carie est la maladie la plus pernicieuse à laquelle cette plante soit sujette; on n'a point découvert de moyen de la prévenir; on est certain seulement que cette maladie se reproduira si l'on emploie comme semence de l'avoine plus ou moins atteinte de carie.

Meslin ou méteil. — Les Français ont coutume de cultiver ce qu'ils nomment du méteil; c'est un mélange de froment et de seigle que les Anglais nomment *meslin*. Les quantités relatives de ces deux grains ne sont pas exactement déterminées. Si la terre est plus favorable au froment qu'au seigle, on sème plus de blé; dans le cas contraire, c'est le seigle qui domine. Le méteil peut succéder au froment et donner une bonne récolte dans les terres où il ne serait pas possible de semer cette céréale deux fois de suite. La culture du méteil n'est pas généralement approuvée en France; mais quelques agronomes distingués soutiennent que cette récolte est d'un produit plus certain que toute autre, que ce mélange ne verse pas aussi facilement que le froment ou le seigle croissant séparément, et qu'enfin ils sont moins sujets à la rouille et à la nielle que lorsque tous deux sont cultivés à part. Il arrive quelquefois aussi que la saison n'est pas favorable à l'une des deux sortes de grains, tandis que l'autre donne une bonne récolte. Le méteil succède fort bien aux pommes de terre. On aime mieux, en général, le faire consommer par le personnel de l'exploitation que de l'envoyer au marché; il donne un pain très-sain et très-nourrissant.

Maïs. — On nomme assez souvent en France le maïs, *blé de Turquie;* il ne m'a pas été possible d'en découvrir la raison. Ce grain est cultivé sur une très-grande échelle dans les départements du Midi, du Sud-Ouest et du Sud-Est; il l'est encore plus dans les différentes parties de l'Italie. Dans les provinces les plus fertiles de la Péninsule Italique, le maïs végète avec une étonnante vigueur; mais j'ai vu partout sa culture pratiquée avec une extrême négligence.

La récolte de maïs la plus abondante dont j'aie entendu parler, était de 70 hectolitres par hectare; mais le produit moyen de cette culture est beaucoup moins élevé; il est même généralement très-faible. Le blé de Turquie le plus cultivé en France appartient à la petite espèce à grain jaune. Le maïs à gros grain, cultivé dans les États du sud de l'Union Américaine, les variétés obtenues dans les États de l'Ouest et les espèces intermédiaires, trouveraient dans le midi de l'Europe un sol et un climat favorables, et ils pourraient y être naturalisés avec avantage, si l'état de la société, dans cette belle contrée, permettait de songer à y introduire une grande amélioration quelconque. Le peuple, en Italie, n'est point dans l'usage de faire du pain de maïs, ne connaissant pas la manière de l'associer, pour la panification, au riz et au froment; les Italiens mangent le maïs sous forme d'une bouillie qu'ils nomment *Polenta*. On objecte avec raison au maïs les frais qu'il exige pour être converti en aliment à l'usage des paysans, ce qui ne se peut qu'en dépensant du temps et du combustible. On a dit que Napoléon déplorait souvent la nécessité pour le paysan et l'ouvrier des villes, d'avoir chez eux du feu pour cuire leurs aliments; l'auteur qui rapporte ce fait s'associe chaudement aux sentiments exprimés à ce sujet par l'Empereur; il aurait voulu que les classes laborieuses eussent toujours leurs aliments froids préparés d'avance, sans être obligées de perdre, pour les faire cuire, du temps et de l'argent (1).

Je m'étonne que ces gens n'aient jamais songé quelle économie c'eût été, si tout ce peuple de travailleurs si embarrassant et si coûteux à nourrir, si nécessaire pourtant, ne fût-ce que pour faire croître de quoi manger, avait pu être mis à paître, la nuit, comme le bétail dans un pré, après qu'on l'a détaché du joug. Cela eût épargné le lit et le loyer de la chambre, aussi bien que les frais pour faire cuire les aliments.

(1) Les préjugés américains de M. Colman lui font ici donner une très-fausse interprétation au vœu exprimé par Napoléon; évidemment, la pensée de l'Empereur était une pensée de bienveillance et d'intérêt pour les classes laborieuses; car le temps qu'elles perdent pour préparer leurs aliments est pris sur leur repos, et la dépense en combustible pour le même objet est retranchée de leur nécessaire. Quant à l'abondance des vivres dont parle l'auteur comme étant habituelle chez ses compatriotes, cela ne doit s'entendre que des États purement agricoles comme *le Vermont*, patrie de M. Colman, où il n'y a pas de grandes villes, et où les vivres sont abondants et pour rien. Mais dans les principales villes des États-Unis, il y a une population ouvrière aussi pauvre et aussi mal nourrie, à peu de chose près, que celle des grandes villes de l'Europe.

Un tel langage pourra sonner rudement aux oreilles du fermier et du laboureur américains, habitués, même ceux du rang le plus humble, à s'asseoir tous les jours à une table proprement servie, abondamment chargée de mets variés : pain, viande, légumes, auxquels s'ajoutent bien souvent du thé, du café et de la bière. Le pain est en Europe le principal aliment des classes pauvres et laborieuses; il est presque toujours préparé par un boulanger de profession. Durant mon séjour en France, je n'ai pas vu une seule fois le pain fait dans le ménage (1). Le manque de chauffage sur le Continent est une grave privation pour les pauvres; il n'y a pas de travailleurs en Europe qui connaissent la moitié de l'abondance au sein de laquelle vivent les classes laborieuses aux États-Unis.

Je ne dis rien de quelques autres produits de peu d'importance cultivés sur le Continent européen, ce sujet m'entraînerait trop loin, et du reste ces cultures accessoires n'ont rien de particulièrement digne d'attention. En traitant de l'Agriculture flamande, j'aurai occasion de mentionner quelques plantes utiles, également cultivées en France et en Belgique.

Sarrasin. — On cultive cette plante sur une très-grande échelle dans les terres pauvres de quelques parties de la France, mais c'est une véritable duperie que de se nourrir d'un tel aliment; le sarrasin fait regretter qu'on lui consacre des terres capables de donner de meilleurs produits (2).

Mil ou Millet. — On cultive le mil sur plusieurs points de la France où il occupe des champs d'une certaine étendue, exclusivement comme plante fourragère; il mérite, sous ce rapport, beaucoup plus d'attention qu'on ne lui en accorde généralement. Je voudrais que mes compatriotes fussent mieux pénétrés de la valeur

(1) Toutes les ménagères à la campagne font leur pain, même dans les villages assez populeux pour qu'il y ait un boulanger, dont la clientèle se compose surtout des familles de *gens de métier*, qui ne sont pas cultivateurs. Dans ce cas, les petits ménages dont les habitations n'ont pas de four, envoient cuire leur pain chez le boulanger, moyennant une modique rétribution.

(2) L'auteur semble oublier que le sarrasin peut s'obtenir et s'obtient en Belgique fort souvent comme récolte dérobée, et qu'il n'y a pas de meilleur grain pour nourrir et pour engraisser la volaille à bon marché, ce qui nous semble mériter pour cette plante une mention un peu moins dédaigneuse que celle que lui accorde M. Colman.

extraordinaire de cette graminée; j'en connais peu qui, moyennant des soins judicieux, donnent des produits plus abondants et qui soient, comme fourrages, plus profitables ou plus recherchés des bestiaux. Dans les terres de la vallée de la Loire, quand la récolte a été détruite par une inondation, on obtient encore une récolte de millet après que les eaux se sont retirées. Dans de pareilles circonstances, la production du mil ne saurait être fort abondante, mais enfin, elle s'obtient là où toute autre ne saurait exister.

TRÈFLE. — Le grand trèfle rouge ordinaire, connu en France sous le nom de trèfle d'Espagne, occupe de très-vastes terrains. Dans plusieurs départements de la France, cette plante cultivée depuis très-longtemps dans les Pays-Bas, n'a pris place dans les assolements que depuis trois quarts de siècle environ; elle est maintenant considérée comme le pivot de toute bonne Agriculture. Le feuillage en est abondant, et les racines, essentiellement fertilisantes, enrichissent le sol où elles meurent quand le trèfle est retourné; on le sème au printemps, la graine doit être fort peu enterrée. La méthode qui passe pour la meilleure, est de semer le trèfle dans le froment immédiatement après qu'il a reçu un hersage au printemps, et de passer ensuite un rouleau léger sur le blé.

Le trèfle prend place dans un assolement régulier; mais il ne doit pas occuper le sol plus d'un ou deux ans; on recommande de ne pas le cultiver à la même place si ce n'est après un intervalle de trois ans; quelques agronomes anglais ne trouvent même pas cet espace de temps assez long. L'effet du plâtre de Paris *(sulfate de chaux)* sur la végétation du trèfle est aussi remarquable en France qu'il l'est aux États-Unis, soit qu'on le répande quand le trèfle est chargé de rosée, soit qu'on choisisse un jour où l'atmosphère est chargée d'humidité; mais au-delà d'une dose déterminée, son action s'arrête. Le mode d'action de cet amendement sur la croissance du trèfle, est resté jusqu'à présent sans explication rationnelle. Les cultivateurs français comprennent parfaitement les avantages qui résultent d'un trèfle retourné et enfoui comme engrais, pour la céréale qui doit le suivre, quelle qu'elle soit; pour les terres qui n'ont pas une grande fertilité naturelle, le trèfle enfoui n'est pas considéré comme une fumure principale, mais comme un très-utile auxiliaire.

Le petit trèfle blanc, aussi nommé trèfle de Hollande, est une des meilleures plantes des riches prairies et des gras pâturages de ce pays. Lorsque le trèfle est cultivé pour sa graine, on fait une première coupe pour fourrage, mais on laisse la seconde pousse fleurir et porter graine. Un agronome distingué rapporte que ses voisins refusèrent une année de lui acheter la graine de ses trèfles, parce que sa récolte avait été médiocre et chétive. Mais d'après sa propre expérience, la semence d'une trèfle maigre vaut mieux que celle d'une plante d'une végétation luxuriante, parce qu'elle a probablement acquis un degré plus parfait de maturité (1).

Un autre trèfle dont la culture a pris une grande extension, est l'incarnat, dont j'ai dit quelques mots ailleurs. Il se reconnaît à sa fleur de forme conique, d'une rare beauté; il ne dure pas plus d'un an.

Luzerne. — Cette plante, cultivée en France sur de très-grands espaces, peut être considérée comme la base d'opération du nourrisseur de bestiaux tenus au régime du fourrage vert. On s'accorde généralement à reconnaître que nulle autre plante fourragère ne produit plus que la luzerne sous ce rapport. Le maïs fournit plus de fourrage vert, mais la luzerne peut être fauchée beaucoup plus tôt. Trois points principaux sont essentiels au succès de la culture de la luzerne : 1° On ne doit la semer que dans un sol naturellement fertile, 2° elle veut une terre profonde, dont le sous-sol soit aussi bon que la couche superficielle, 3° cette terre doit être parfaitement exempte de mauvaise herbe. En visitant une ferme admirablement cultivée à environ 30 kilomètres de Paris, où tout indiquait une direction attentive et soigneuse qui fait de cette métairie une véritable exploitation-modèle, j'appris du fermier que ses luzernes, dont il possède de vastes prairies artificielles, sont fauchées trois fois par an, et que le produit en donne 14,000 kilogrammes de fourrage sec par hectare. La sécheresse est particulièrement défa-

(1) Nous pensons que l'observation ici rapportée par l'auteur a grand besoin d'être confirmée par d'autres du même genre. On sait que, dans la famille des légumineuses, les graines sont d'autant plus fécondes que la plante qui les a produites est plus vigoureuse; il n'y a pas de motif pour supposer, *à priori*, que la graine de trèfle fasse exception, et qu'il y ait lieu de préférer comme meilleure sous un rapport quelconque, la graine de trèfle provenant de plantes plus ou moins médiocres et chétives.

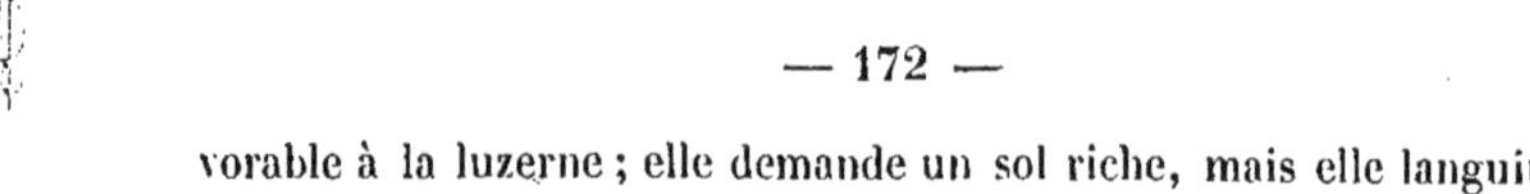

vorable à la luzerne ; elle demande un sol riche, mais elle languit dans un sol trop humide (1).

On sème quelquefois la luzerne avec un froment ou une orge. Mais le procédé le plus certain pour l'obtenir exempte de mauvaise herbe, c'est de la semer en lignes étroites et rapprochées, et de la sarcler à la houe, jusqu'à ce qu'elle se soit bien emparée du terrain. Il faut environ 8 kilogrammes de graine de luzerne pour ensemencer un hectare. On coupe cette plante trois fois par an ; elle se maintient pendant huit à dix ans. La première année, elle n'atteint pas tout son développement; la nécessité de lui laisser occuper le sol pendant plusieurs années est un obstacle à sa propagation, chez les fermiers qui soumettent leurs terres à un assolement régulier. Le plâtre répandu sur la luzerne y produit autant d'effet que sur le trèfle; les cultivateurs les plus expérimentés font herser leurs luzernes au printemps et répéter les hersages après chaque coupe, sauf la dernière en automne.

Sainfoin. — Après la luzerne, c'est la plante le plus cultivée en France. J'ai déjà parlé de cet excellent fourrage, qui ne peut être trop hautement apprécié. On le fauche d'ordinaire une fois par an, rarement deux fois ; il fournit un excellent aliment pour le bétail, spécialement pour les moutons ; ce fourrage sec est d'une qualité tout à fait supérieure ; cette plante dure plusieurs années. La culture de la luzerne non plus que celle du sainfoin n'a pas réussi dans les Flandres. Le préjugé dont j'ai parlé, qui ne croit pas la culture de la luzerne possible, si ce n'est dans un sol calcaire, n'est pas, sans doute, dépourvu de fondement.

(1) M. Colman n'a pas mentionné la propriété la plus précieuse de la luzerne, celle de résister mieux que toute autre plante fourragère aux sécheresses prolongées. Quant à la durée de cette plante lorsqu'on en forme des prairies artificielles, c'est un motif pour les cultivateurs de la préférer à toute autre; car, une fois établie, elle rapporte régulièrement et pendant nombre d'années, sans exiger aucune espèce de frais de culture. Les avantages de la luzerne sont fort peu appréciés en Belgique et surtout dans les Flandres.

Voici ce que disait le judicieux *Columelle*, ancien agronome romain, relativement à cette plante fourragère : « *Parmi les prairies, celles que je préfère sont les* » *luzernières. La luzerne se sème tous les dix ans et se coupe 3 ou 4 fois l'an. Elle* » *engraisse le terrain et refait rapidement les bêtes maigres ; c'est un remède à* » *bien des maladies d'animaux, et un arpent (un demi-hectare) suffit à la nour-* » *riture d'une tête de gros bétail.* »

J'ai maintenant à parler des grandes cultures spécialement propres au sol de la France ; s'il est vrai que l'Agriculture d'un pays doive être jugée d'après les récoltes particulièrement convenables à son sol, l'industrie agricole de ce royaume mérite une place au premier rang. Ceci doit s'entendre de la betterave à sucre, de la vigne, de l'olivier, et du mûrier pour l'élève du ver à soie.

Betterave a sucre. — On connaît l'histoire de l'introduction de la betterave en France pour la fabrication du sucre. La découverte de la présence du sucre dans la betterave, en quantité suffisante pour l'exploitation, est due aux travaux d'un savant chimiste; cette découverte est au nombre des grandes obligations que la France a contractées envers la Chimie, cette science étudiée par les hommes éminents de ce pays avec un si brillant succès. L'empereur Napoléon ne pouvant, à cause de la guerre maritime, recevoir des colonies l'approvisionnement de sucre nécessaire à la consommation de la France, conçut la pensée d'y suppléer par les ressources de son propre sol. Ce plan fut d'abord tourné en ridicule, mais Bonaparte n'était pas homme à se laisser détourner par de mesquines considérations d'un grand projet dont le succès était possible ; son but fut atteint en grande partie de son temps. Depuis cette époque, la culture de la betterave et la fabrication du sucre ont pris une immense extension, et il demeure surabondamment prouvé que c'est un des plus grands bienfaits qu'ait jamais reçus l'Agriculture.

On cultive plusieurs espèces de betteraves ; quelques-unes depuis fort longtemps. La betterave rouge, comme culture dans les jardins pour l'usage de la cuisine, est une plante que tout le monde connaît ; je pense, toutefois, qu'elle est moins appréciée aux États-Unis qu'elle ne l'est en Angleterre et sur le Continent, où l'on en mange beaucoup. J'ai vu cette variété récoltée avec grand succès pour les bestiaux ; j'ai remarqué qu'elle fournit beaucoup de lait aux vaches. Toutefois, elle n'est d'aucun usage pour la fabrication du sucre.

Une autre grande espèce, qui pousse presque entièrement hors de terre, de couleur brunâtre à l'extérieur, à chair blanche intérieurement, est connue sous le nom de betterave-disette; elle est excellente pour le bétail et devient souvent d'un volume énorme. Deux ou trois autres variétés dont une à chair jaune, croissant en grande partie hors du sol, sont considérées comme encore plus nourrissantes pour les bestiaux.

La betterave à sucre proprement dite, porte le nom de betterave de Silésie. La peau et la chair en sont également blanches; les variétés les plus estimées ont le collet vert et la partie supérieure jaunâtre. La betterave de Silésie, qui est bien décidément la meilleure quant à la production du sucre, ne le cède à aucune autre comme aliment pour le bétail. J'ai sous les yeux l'analyse chimique de la betterave, mais je ne saurais en déduire rien d'applicable dans la pratique. Il faut espérer que la Chimie saura bientôt nous dire quelle est la nature du sol qui convient le mieux à la betterave et quel genre d'engrais spécial il faut lui donner; elle n'a pas su, jusqu'à présent, nous rendre ce service. Cette plante réussit bien dans une terre riche, profonde et un peu forte ; elle ne se plaît ni dans un sol siliceux, ni dans une terre trop calcaire. Il est particulièrement à désirer que la terre où on la cultive ne soit pas sujette à souffrir de la sécheresse, par laquelle la végétation de cette plante s'arrête tout court. Il lui faut une fumure abondante, mais elle n'est point épuisante à un degré extraordinaire ; elle rend à la terre, par son abondant feuillage, une somme importante de principes fertilisants.

La terre, pour la culture de la betterave, doit être préparée par un labour profond et une fumure soigneusement enfouie; les betteraves peuvent être semées ou plantées en lignes espacées entre elles de 60 centimètres environ, ou en lignes à 35 centimètres les unes des autres. Il est fort avantageux d'élever le plant de betteraves en pépinières et de le transplanter. Cette pratique laisse plus de temps pour bien façonner le sol, et quant à l'accroissement de main-d'œuvre nécessaire pour la transplantation, il est compensé par la facilité plus grande qui en résulte pour le sarclage des champs de betteraves. La plus forte récolte dont j'aie entendu parler était d'environ 80,000 kilogrammes par hectare ; les betteraves avaient été transplantées. La moyenne des récoltes est de 58 à 60 mille kilogrammes par hectare ; ce chiffre n'est même pas atteint partout. Il faut très-peu de semence pour un hectare, parce que chaque graine produit quatre plantes. La racine de cette plante contient beaucoup d'eau ; on estime généralement que 100 kilogrammes de betteraves crues en représentent seulement 20 de fourrage sec. On recommande, pour la plantation des betteraves, de ne point replier la queue du jeune plant, mais de la retrancher et de se servir d'un bon plantoir.

Dans la culture de la betterave, quelques fermiers retranchent les feuilles inférieures pour les faire consommer à leur bétail, prétendant que la croissance des plantes n'a point à en souffrir. L'expérience démontre parfaitement le contraire. Dans une de ces expériences faites en Belgique, des betteraves dont on n'avait point enlevé les feuilles, ont donné 926 paniers de racines ; un champ de même étendue et dans les mêmes conditions, dont on avait cueilli les feuilles une seule fois, a produit 839 paniers ; enfin, une troisième portion toute semblable du même champ, qui avait été deux fois dépouillée de ses feuilles, n'a donné que 539 paniers. La manière dont le résultat de cette expérience a été formulée manque d'exactitude ; un panier est une mesure tout à fait arbitraire ; on ne dit pas non plus jusqu'à quel point les betteraves avaient été dépouillées de leurs feuilles ; mais malgré ces inexactitudes, cette expérience ne nous en semble pas moins concluante. A l'époque de la récolte les feuilles de la betterave fournissent un fourrage abondant ; lorsqu'on les laisse sur le sol elles sont considérées comme un excellent engrais, au moins aussi efficace que celui qu'aurait produit leur consommation par les bestiaux. Il y a des exemples de feuilles soigneusement entassées à l'abri du contact de l'air, qui ont formé un excellent aliment pour l'hivernage des bestiaux.

A part ses propriétés pour la production du sucre, la betterave se recommande aux cultivateurs comme une excellente racine fourragère, également utile aux vaches à lait et aux bestiaux à l'engrais. Elle a sur les navets le grand avantage de ne pas communiquer au lait une saveur désagréable ; elle reste fraîche et de bonne qualité jusqu'au mois de juin, tandis que, dès le printemps, les navets deviennent coriaces, et que la pomme de terre, en poussant des jets nombreux, semble perdre en grande partie ses propriétés alimentaires.

Il n'entre pas dans le plan de cet ouvrage de traiter de la fabrication du sucre de betterave, si ce n'est en ce qui touche à l'Agriculture. Cette industrie donne surtout de grands bénéfices à celui qui est à la fois fermier et fabricant. La pulpe des betteraves, dont le sucre a été exprimé, sert à l'engraissement du gros bétail et des moutons. Je tiens d'un propriétaire d'une grande exploitation agricole et d'une immense fabrique de sucre admirablement dirigées, que l'on peut estimer la valeur des résidus de betteraves aux 7/20mes de la récolte entière, comme aliment pour les bestiaux. L'accueil bienveillant avec lequel il me reçut à son château, me permit de visiter, dans toutes ses parties, ce bel et vaste établissement, situé dans le département du Nord, riche région agricole. C'était au mois de juin; il faisait donner, à cette époque, aux bestiaux la pulpe provenant de la fabrication du sucre pendant l'automne de l'année précédente; elle avait été conservée dans de vastes réservoirs, consistant en de grandes cuves recouvertes de terre et de gazon, pour empêcher complétement l'accès de l'air et les tenir constamment, autant que possible, à une même température. Les betteraves dont la pulpe était ainsi tenue en réserve, avaient été non point râpées, mais coupées en tranches très-minces au moyen d'une machine, et soumises à l'action d'une presse hydraulique. Rien de plus beau que les échantillons de sucre qui me furent montrés dans cette fabrique. J'eus le plus grand plaisir à admirer le bon état des bestiaux tenus au régime de la pulpe de betteraves. On me dit que le rendement en sucre était de 6 pour cent. D'après les chimistes, la betterave contient 12 pour cent de sucre; mais on n'en obtient ordinairement pas plus de 5 pour cent. Ce faible rendement est-il dû à l'imperfection des procédés de fabrication? C'est sans doute ce que démontreront des recherches ultérieures à ce sujet. Le plus souvent, ceux qui cultivent les betteraves ne sont point fabricants; ils les vendent aux grandes usines dans leur voisinage. En pareil cas, ils conviennent toujours de prendre une certaine quantité de pulpe qu'ils font donner pour nourriture à leur bétail. La pulpe constitue, dit-on, un tiers en poids de la récolte totale des betteraves. Cent kilogrammes de sucre brut donnent 75 kilogrammes de sucre raffiné; mais par un procédé récemment découvert, le sucre peut être blanchi sans être raffiné.

L'habile fabricant auquel je dois ces intéressants renseignements, regarde la fabrication du sucre de betterave, dans son état actuel, comme une industrie des plus lucratives. Dans l'origine, quand les ports étaient fermés aux sucres étrangers, les prix étaient tellement élevés, que même avec des procédés de fabrication fort imparfaits, la sucrerie de betterave donnait des bénéfices énormes. Plus tard, lorsque le sucre des colonies françaises des Antilles *(la Guadeloupe et la Martinique)* n'a pu faire concurrence au sucre indigène, les colons se regardant comme ruinés, réclamaient à grands cris aide et protection du gouvernement. L'existence de ces colonies est regardée comme tellement importante pour la marine et le commerce maritime, qu'on frappa en France le sucre indigène d'un lourd impôt. Je crois que les gouvernements n'interviennent jamais directement dans le contrôle de l'industrie humaine, sans faire des victimes ; et quant au monopole, quel qu'en soit l'objet, sauf quelques cas exceptionnels où il s'agit de récompenser un génie inventif ou d'assurer l'emploi utile d'un capital qui, sans cela, resterait improductif, on peut dire qu'il réunit en lui tous les éléments de l'injustice. L'impôt dont fut frappé le sucre indigène en France causa, d'un seul coup, la ruine d'un grand nombre de fabriques et le ralentissement des progrès d'une culture destinée à exercer la plus salutaire influence sur toute l'industrie agricole. Les constructions et le matériel d'exploitation des fabriques ruinées passèrent en d'autres mains, à des conditions désastreuses pour leurs premiers propriétaires. Les colons des Antilles françaises devinrent de plus en plus exigeants, car la cupidité n'est jamais satisfaite par aucune concession, et l'impôt fut encore augmenté. Mais l'élasticité du génie et de l'activité industrielle a défié la compression du fisc. Des procédés perfectionnés de fabrication ont été découverts, par lesquels une même quantité de matière première donne en sucre un rendement plus élevé, à un prix de revient plus bas; enfin, en dépit de l'impôt, la fabrication du sucre de betterave est restée très-profitable en France, surtout à ceux qui sont devenus acquéreurs des anciens établissements.

En 1842, la production du sucre s'éleva à plus de 30 millions de kilogrammes. Ce chiffre énorme a été dépassé dans d'autres années; le rendement en sucre de la betterave étant sujet à varier selon la température de l'été, il n'y a aucun motif pour supposer qu'il y ait eu diminution depuis cette époque. J'ai vu sur plusieurs points du pays des fabriques tout nouvellement construites. Si l'on ajoute à cette création directe de richesse tirée du sein de la terre, la valeur des feuilles et de la pulpe de la betterave, comme aliments pour le bétail ; les salaires des nombreux ouvriers employés, soit à sa culture, soit à l'extraction et au raffinage du sucre; l'admirable préparation que la betterave donne à la terre pour les récoltes qui la suivent; l'influence de cette industrie sur le commerce de la France; si l'on considère que cet ensemble de richesse est le fruit du travail libre, bien rétribué, où jamais ni la vie, ni le bien-être des travailleurs ne courent la plus petite apparence de danger, on demeure convaincu qu'il n'y a pas d'exagération possible dans l'appréciation d'une telle production croissant d'année en année.

L'un des agronomes les plus distingués de France, probablement aussi compétent que qui que ce soit pour traiter un pareil sujet, a publié récemment un écrit sur la sucrerie indigène, digne d'une attention toute particulière. J'en reproduis les principales données, sans changer, pour ainsi dire, les propres termes dont l'auteur s'est servi.

A l'île Bourbon, un hectare produit environ 76,000 kilogrammes de cannes qui donnent 9,200 kilogrammes de sucre, et qui coûtent, rien qu'en main-d'œuvre, 2,500 francs. Un hectare de terre cultivé en betteraves donne 40,000 kilogrammes de racines pouvant rendre 2,400 kilogrammes de sucre; les frais de culture s'élèvent à 354 francs. Dans ces conditions, le prix de revient du sucre de canne est de 27 centimes le kilogramme et celui du sucre de betteraves de 14 seulement (1).

Ces faits semblent étranges; ils offrent un vif intérêt pour l'économiste comme pour le philanthrope. Il y a peu de pays dans le nord de l'Europe de même que dans le nord des États-Unis, qui ne puissent produire le sucre nécessaire à leur consommation. En tenant compte de la valeur des résidus après l'extraction du sucre, des ressources qu'ils offrent pour l'engraissement du gros bétail et

(1) D'après *M. Péligot*, la proportion du sucre dans la betterave est de 12 pour cent; mais on en retire seulement 5 pour cent. La canne à sucre contient 18 pour cent de matière sucrée, mais elle n'en donne que 7 1/2 pour cent. Les frais de culture d'un hectare de betteraves montent, d'après *Mathieu de Dombasle*, à 354 francs. Selon *Labran*, un hectare de canne qui produit à l'île Bourbon 2,200 kilog. de sucre et seulement 2,000 kilog. à la Guyane française, exige le travail de 12 nègres dont la dépense annuelle est de 250 francs par tête (*Rapport de la Commission d'enquête, en* 1840).

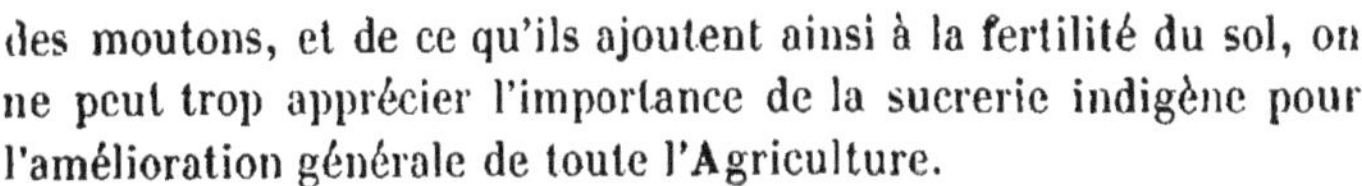

des moutons, et de ce qu'ils ajoutent ainsi à la fertilité du sol, on ne peut trop apprécier l'importance de la sucrerie indigène pour l'amélioration générale de toute l'Agriculture.

La fabrication du sucre de betterave n'est nullement bornée au sol de la France; il y en a de grandes fabriques en Belgique et en Allemagne; mais dans aucun de ces deux pays elle n'est exercée librement et sans restriction. L'industriel qui réussit dans une telle entreprise, ose à peine se vanter de son succès ou laisser seulement entrevoir l'espoir d'un succès prochain, de peur que le gouvernement ne cherche aussitôt, par l'établissement de quelque taxe, à s'approprier les fruits de son industrie. C'est par là que tout effort industriel se trouve entravé et comprimé, et que tant d'entreprises, à peine nées, semblent ne battre que d'une aile.

Soie. — Voici un autre produit du sol de la France, qui procure une existence modeste mais honnête à des milliers et à des centaines de milliers de travailleurs. La production de la soie en France est en grand progrès; on rapporte qu'en 1847 elle s'éleva au double de l'année précédente.

Je ne connais rien de plus remarquable que le travail de l'humble insecte qu'on nomme ver à soie *(bombyx)*, considéré dans toutes ses particularités et dans l'utilité de ses résultats, travail qui s'accomplit en cinq semaines. Rien n'est comparable en perfection et en beauté aux étoffes fabriquées avec la matière première que fournit le ver à soie.

Quel est chez les nations civilisées l'homme, la femme ou l'enfant qui n'est pas, pour ses vêtements, tributaire du ver à soie? C'est, au point de vue commercial, un produit de la plus haute importance; quant à sa valeur en argent, à l'exception du pain, aucun produit du sol ne peut lui être comparé.

Pour s'en former une juste idée, il ne faut pas voir seulement la valeur de la soie telle que l'insecte la donne, il faut aussi tenir compte de l'immense mouvement industriel et commercial auquel donne lieu le travail de cet insecte. En France comme chez les vieilles et populeuses nations, chaque branche de travail est soigneusement divisée et subdivisée. Il y a d'abord le cultivateur de mûriers, qui ne joint pas toujours à son occupation l'industrie de la soie, mais qui vend quelquefois au marché les feuilles de ses mûriers, comme il vendrait toute autre espèce de fourrage. Vient ensuite le filateur qui dévide les cocons et prépare la soie brute pour les manufactures. La soie occupe une classe nombreuse d'autres ouvriers, fileurs, tisserands, teinturiers, dessinateurs de modèles, mécaniciens, chefs de fabrique, des mains desquels les étoffes de soie passent dans celles du négociant en gros, puis dans celles du marchand en détail, sans parler des formes diverses que prend ensuite la soie, par l'entremise des modistes, des couturières, des marchands de rubans, des chapeliers, et des innombrables transformations qu'elle subit en participant à la foule d'objets fabriqués dans lesquels elle entre. Enfin, il serait difficile de nommer un autre article dont l'importance industrielle, économique et commerciale lui soit égale.

La première origine de la production de la soie est attribuée aux Chinois, mais la date de cette industrie se perd dans la nuit des temps. Beaucoup de vers, dans les curieuses métamorphoses qu'ils subissent, s'enferment dans des cocons du tissu le plus fin, avant de prendre leur forme définitive; mais il n'y a que le ver à soie, ou comme on le nomme également la chenille du mûrier, qui donne un fil assez solide pour être converti en tissu.

La production de la soie en France a pris au moment où j'écris (juillet 1848) une immense extension. La production moyenne des quatre dernières années est évaluée à un million 200 mille kilogrammes de soie brute. Cette production a, dit-on, doublé en 1847, mais je suis porté à croire qu'il y a exagération, bien que l'augmentation ait toujours dû être considérable; dans la situation paisible de ce pays, la production de la soie ne peut que s'étendre. Elle procure des moyens d'existence à une foule de travailleurs qui sans cela n'auraient pas de ressources. Plusieurs divisions de l'industrie séricole utilisent le travail des enfants aussi bien que ceux des hommes et des femmes; en un mot, elle met en activité toute la famille.

On considère généralement la production de la soie comme propre aux pays chauds; quelques agronomes ont même soutenu qu'elle appartenait exclusivement aux pays où la vigne peut être cultivée avec succès. Néanmoins, la soie produite sous les climats tempérés et même celle qu'on obtient dans les parties montagneuses des pays chauds, où règne une température modérée, passe pour être de meilleure qualité que celle des contrées les plus chaudes. Il serait difficile d'assigner exactement les limites climatériques de la production de la soie.

Le mûrier peut croître à des latitudes fort avancées vers le Nord; mais, dans ce cas, il est sujet à périr pendant les hivers rigoureux. Il faut aussi que la saison chaude dure assez longtemps pour que le mûrier, après avoir été dépouillé de ses premières feuilles, puisse se former un second feuillage. Le ver à soie veut un climat doux et tempéré. Bien qu'il soit né et élevé dans des chambres où la température est, à proprement parler, artificielle, il ne faut pas que la dépense et la main-d'œuvre nécessaires pour atteindre ce but, ajoutées à la difficulté de maintenir la température convenable et aux dangers auxquels sont exposées la vie et la santé des vers à soie, abaissent trop le chiffre des bénéfices de l'industrie de la soie. Tous les efforts de cette industrie doivent tendre à en réduire les frais.

Le mûrier doit être considéré comme le seul végétal dont la feuille fournisse aux vers une bonne nourriture. On a proposé en Chine et ailleurs, mais sans aucun succès, divers moyens de remplacer la feuille du mûrier. On peut faire manger par les vers d'autres aliments et même les faire vivre pendant un certain temps; mais sans la feuille du mûrier, ils ne font pas de soie. Les Chinois ont essayé d'humecter des feuilles quelconques et de répandre dessus du riz, de la chicorée, des pois en poudre, ou même des feuilles de mûrier sèches et pulvérisées, dans le but d'obliger les vers à consommer ces substances; mais il n'en est résulté aucun avantage (1).

Le mûrier n'est pas difficile à cultiver ; d'ailleurs, quand on en prend des soins particuliers, il les récompense par l'abondance de

(1) Cette remarque a besoin d'explication. Il est certain qu'on ferait beaucoup plus de soie si l'on pouvait faire vivre les vers avec toute autre chose que la feuille de mûrier jusqu'à leur dernière *mue* et ne leur donner cette feuille qu'au moment qui précède la formation des cocons. En Lombardie, où souvent des vents froids détruisent la première pousse du mûrier, alors que les œufs des vers sont déjà en éclosion, on leur donne des feuilles de *Maclaura Aurantiaca*, pour attendre la repousse des feuilles de mûrier, et ils n'en souffrent pas. En France, on a essayé la feuille de salsifis commune *(tragopogon)*; les vers peuvent la manger pendant une partie de leur existence, et ils n'en font pas moins de soie, pourvu qu'on leur donne de la feuille de mûrier avant la monte. Ces essais méritent d'être continués,

ses produits de même que tout autre végétal cultivé. Il peut vivre dans une mauvaise terre, mais il ne prospère que dans une bonne, plutôt sablonneuse qu'argileuse et pas trop humide. On regarde comme nécessaire de donner aux mûriers par la taille une tête ouverte, afin de permettre un libre accès à l'air et à la lumière vers son feuillage, et de ne pas commencer à le faire consommer par les vers avant que l'arbre ait trois ans de plantation. On ne doit pas cueillir la feuille du mûrier plus d'une fois par an, et la récolte du premier feuillage doit se faire d'assez bonne heure pour que le second qui lui succède ait encore le temps d'acquérir son développement complet. On plante des mûriers comme arbres d'alignement, le long des chemins et dans le voisinage des habitations; dans les pays où s'exerce en grand l'industrie de la soie, on forme de nombreuses plantations de ces arbres, qu'on place à quelques mètres de distance les uns des autres, à peu près comme les pommiers d'un verger. Dans quelques parties de l'Italie, en Lombardie et en Toscane, les vignes sont attachées aux mûriers, suspendues en gracieuses guirlandes qui vont d'un arbre à l'autre.

Lorsque les grappes du raisin mûr se détachent sur le vert du feuillage des mûriers, on ne saurait rien imaginer qui présente un plus agréable aspect. Un hectare de terre arable ou de prairie en France vaut de 2,000 à 5,000 francs. Un hectare de la même terre, planté en mûriers, vaut de 5,000 à 12,000 francs. On calcule qu'un hectare de mûriers, en plein rapport, doit fournir assez de feuilles pour nourrir les vers produits par 200 grammes d'œufs. C'est une production d'environ 10,000 kilogrammes de feuilles.

On multiplie le mûrier par le semis de ses graines, par la greffe et par les boutures; ces deux derniers moyens sont les seuls par lesquels on soit certain de multiplier, sans altération, les bonnes espèces. On élève en France quatre variétés principales de mûriers. Des expériences faites par un des plus habiles producteurs de soie, avec qui je me suis trouvé en rapport dans mon voyage en France, montrent que ces quatre espèces diffèrent essentiellement entre elles, quant à la somme de leurs produits. Les qualités qu'on recherche dans la feuille du mûrier, sauf celle qu'on destine aux vers dans leur premier âge, sont l'épaisseur et la pesanteur.

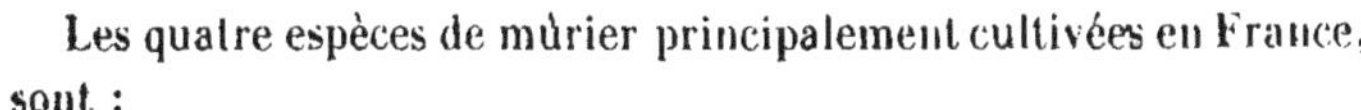

Les quatre espèces de mûrier principalement cultivées en France, sont :

Le *Rose*, ou mûrier à feuille rose;

Le *Multicaule*, bien connu aux États-Unis;

Le *Moretti*, qui tire son nom de celui d'un médecin qui l'a cultivé le premier;

Le *mûrier Sauvageau* ou sauvage, qui n'est autre que notre mûrier blanc commun.

Le *Multicaule* est condamné en France de la manière la plus absolue. La culture en est des plus faciles; il donne une grande quantité de feuilles et produit une quantité considérable de soie; mais on le regarde comme trop aqueux et propre à donner aux vers diverses maladies. L'un des plus habiles éleveurs de vers à soie de France exprimait devant moi, en termes peu mesurés, son opinion défavorable au *Multicaule*. La supériorité du *Rose* sur toutes les autres espèces est généralement reconnue. Les feuilles en sont trop fortes et trop épaisses pour les vers, pendant leur premier âge, pour les leur faire consommer; dans ce cas, il faut choisir les plus jeunes et les plus tendres et les humecter d'eau (1). On reproche à la feuille du mûrier sauvage commun le défaut de se faner très-vite quand elle est cueillie, et de devenir, en peu de temps, impropre à la nourriture de l'insecte. L'époque de l'éclosion des vers doit autant, que possible, coïncider avec le développement des feuilles, en observant que celles-ci soient toujours en avance, par rapport à la croissance des vers, parce qu'en récoltant les feuilles trop jeunes, il y a nécessairement une perte considérable. Des expériences ont été faites pour vérifier la valeur comparative des feuilles des différentes variétés, quant à la production de la soie, sous le double point de vue de la quantité et de la qualité; mais, bien qu'elles aient été conduites avec beaucoup de soin, il ne paraît pas qu'elles aient donné de résultat concluant.

Les différentes variétés de vers sont très-dignes d'attention :

(1) Un des préceptes les plus essentiels de l'art de la magnanerie, est de ne jamais donner aux vers de la feuille mouillée, ce qui leur fait contracter la diarrhée et les emporte par milliers. Quiconque entreprend d'élever ces insectes doit posséder d'avance des mûriers d'espèces diverses dont la feuille soit appropriée à leurs besoins, à toutes les périodes de leur existence.

les unes donnent de gros cocons, les autres de plus petits; le rendement en soie des unes diffère donc essentiellement de celui des autres. Cette différence peut être considérable, car il y a des cocons qui rendent 10 à 12 pour cent, et d'autres jusqu'à 18. Les espèces de vers se divisent en vers à cocons blancs et vers à cocons jaunes. On dit que ces races distinctes sont appropriées aux divers climats, les uns chauds, les autres tempérés; les résultats sont toujours plus ou moins influencés par le mode d'éducation et les soins donnés à ces industrieux insectes.

La meilleure sorte de vers à cocons blancs porte le nom de *Sina;* elle donne une soie très-fine et très-belle. Elle a été importée de la Chine, il y a environ un siècle; depuis ce temps elle a maintenu sa supériorité, on dit même qu'elle s'est singulièrement améliorée par les soins qu'elle a reçus et le choix des plus beaux cocons pour la reproduction. C'est avec la soie des vers de cette race qu'on fabrique les plus fines étoffes de soie blanche. Il faut, dit-on, 12 kilogrammes de cocons pour en faire 1 de soie. Les cocons de la race sina sont de forme cylindrique, arrondis par les deux bouts, avec une dépression vers le milieu.

La plus estimée des races de vers à cocons jaunes, est celle de Turin. Elle est connue en Italie sous différents noms; la forme du cocon est cylindrique avec une profonde dépression ou *ceinture* à égale distance des deux bouts qui sont arrondis; il est d'une très-belle couleur jaune. Les cocons de cette espèce sont comptés parmi les meilleurs; la soie qu'ils fournissent a beaucoup de force.

La race *Cora* est une autre espèce fort renommée; on pense qu'elle est le résultat d'un croisement entre les deux plus belles sortes de vers à soie à cocons jaunes, celle de *Turin* et celle de *Loudun.* Elle rend beaucoup de soie en proportion du poids des cocons, qui sont fort recherchés et obtiennent toujours un prix plus élevé que ceux des espèces communes. Les bornes de cet ouvrage m'obligent à ne parler que des meilleures espèces; je ne citerai point les autres, dont un assez grand nombre est plus ou moins estimé dans différentes localités.

La vie ordinaire d'un ver à soie comprend cinq âges ou quatre changements importants. Il en est une sorte nommée *vers à trois mues ;* on considère cette particularité comme le résultat d'une disposition maladive, et le produit de ces vers est comparativement faible. En forçant extraordinairement la consommation des feuilles, on peut, dans certains cas, contraindre les vers à parcourir toutes les phases de leur éducation en dix-huit jours ; mais on n'obtient ce résultat qu'avec beaucoup de peine et de frais et en risquant de perdre beaucoup de ces insectes par la maladie. L'éducation dure quelquefois jusqu'à cinquante jours ; mais quand cela arrive, c'est toujours parce qu'on a distribué la feuille avec trop de parcimonie, et l'on peut être assuré de n'obtenir ainsi qu'un produit très-inférieur. Une durée de vingt-huit à trente jours, depuis l'éclosion jusqu'à la monte, est la plus désirable. On suppose que cela dépend un peu du tempérament particulier de la race qu'on élève, et beaucoup plus de la manière dont ils sont soignés et nourris. Il est expressément recommandé aux éleveurs de commencer l'éclosion des œufs aussitôt que l'état de la feuille de mûrier peut le permettre, sans avoir à craindre que les vers ne viennent à manquer de nourriture. On les fait éclore par la chaleur artificielle, dans le but de les faire naître autant que possible tous en même temps ; autrement on en aurait dont la naissance différerait de plusieurs jours, inconvénient grave qu'il faut avoir grand soin d'éviter. Pendant les trois premiers âges des vers à soie, on recommande de diviser finement la feuille, et même de la hacher pour les plus jeunes dans leur premier âge. Pour que l'éducation réussisse, les vers doivent être surveillés jour et nuit.

Dans le premier âge, les vers ne doivent pas recevoir moins de douze repas en vingt-quatre heures; il leur en faut, dans le même intervalle, huit ou dix durant le quatrième âge et sept ou huit durant le cinquième. Pour mieux dire, il faut multiplier les repas autant que possible. Si, pour s'épargner un peu de peine et gagner un peu de temps, on donne à la fois la feuille de trois ou quatre repas, le dégoût les prend ; ils perdent l'appétit ; une grande partie de la feuille est perdue, et l'on ne peut obtenir qu'un triste résultat. S'il est blâmable de donner aux vers trop de feuilles à la fois, il l'est également de les laisser jeûner. Si l'on veut réussir, il faut se préserver de toute négligence. La propreté est le point le plus important. Les vers ne doivent point être trop pressés les uns contre les autres. Il faut avoir soin aussi de les assortir, c'est-à-dire de mettre à part ensemble ceux dont le développement en est au même point, et surtout de séparer du reste de la compagnie les faibles et les malades. La meilleure disposition pour la monte des vers à soie, à l'époque où ils vont former leurs cocons, est ce qu'on peut nommer une petite galerie formée de deux rangées de branches de genêt, disposées de telle sorte que leurs sommets se croisent au-dessus des claies où les vers sont élevés (1). Quand les cocons sont faits, on met à part les plus beaux, réservés pour la reproduction ; les autres sont exposés à l'action de la vapeur, pour étouffer les chrysalides ; c'est le meilleur procédé. Après que les pauvres insectes ont été ainsi asphyxiés dans leur propre domicile, les cocons passent dans d'autres mains pour le dévidage de la soie.

Dans plusieurs pays d'Europe, chez les cultivateurs qui élèvent des vers à soie sur une petite échelle, il y a une chambre destinée pour cette industrie, à laquelle on consacre aussi assez souvent une grange ou tout autre bâtiment qui se trouve disponible au temps de l'éducation. Quand la production de la soie est traitée plus en grand, il y a une construction spéciale destinée à cet usage ; on la nomme *magnanerie* (2). Les dimensions de la magnanerie se règlent d'après la quantité de vers qu'on se propose d'élever; celle-ci est calculée sur le nombre de feuilles dont on dispose. Une erreur de calcul, sur l'une ou l'autre de ces deux bases d'opérations, peut causer des pertes considérables. Il importe au plus haut degré de ne pas se tromper *en moins* dans l'évaluation de la nourriture nécessaire aux vers qui, dans leur dernier âge, mangent avec une incroyable voracité. Rien ne leur fait plus de tort qu'un jeûne forcé, faute de feuilles à leur distribuer.

(1) Le bon arrangement de branches de genêt, de bouleau ou de bruyère en forme d'arcades pour la monte des vers, est fort important; dans le midi de la France, cette opération se nomme *cabaner;* des vers bien cabanés montent mieux et font plus vite leurs cocons que ceux qui sont gênés dans la monte par une mauvaise disposition des cabanes.

(2) Le mot *magnanerie* vient du vieux mot gallo-romain *magni*, qui signifie encore, en patois wallon-liégeois, *manger*. Les vers à soie sont nommés dans tout le midi de la France *magnans*, c'est-à-dire grands mangeurs; et en effet, quand on pèse les cocons, il semble incroyable et impossible que ces petites chrysalides, durant leur vie comme chenilles, aient pu dévorer l'énorme quantité de feuilles de mûrier qu'elles ont su convertir en un peu de soie.

La première condition d'une magnanerie est d'être suffisamment spacieuse, afin qu'il n'y ait pas d'encombrement. Une chambre séparée doit être réservée pour l'éclosion des vers et leur alimentation pendant le premier âge. La magnanerie doit pouvoir, au besoin, être chauffée artificiellement et ventilée sans qu'il soit nécessaire d'y introduire directement une masse d'air froid du dehors ; il faut qu'on puisse à volonté ouvrir ou fermer les fenêtres pour régler la température, ce qui constitue un des points les plus importants dans l'éducation des vers à soie ; il faut en outre que la magnanerie soit bien éclairée pendant le jour par la lumière naturelle, et la nuit par un éclairage artificiel, car le ver aime la clarté, et, si l'on veut réussir, il ne faut rien négliger à cet égard, ni jour, ni nuit.

On a prétendu que le bruit pouvait faire tort au ver à soie ; il est reconnu de nos jours que c'est une erreur, car aucun organe de l'ouïe n'a été découvert chez cet insecte. Les mauvaises odeurs lui font beaucoup de mal ; il faut l'en préserver avec soin. Les vers souffrent aussi beaucoup des changements de température ; une atmosphère lourde et concentrée leur est particulièrement nuisible. On obvie au premier de ces inconvénients, dans des limites assez larges, par la chaleur artificielle, et au second par la ventilation. Les tablettes sur lesquelles sont placés les vers, doivent être faites de canevas tendu sur un rouleau sans fin ; pour *déliter* les vers, c'est-à-dire, pour les changer de litière, on leur offre de la feuille fraîche placée dans un filet, maintenu sur un cadre de bois ; les vers, attirés par la feuille, se rendent tous sur le filet ; on enlève alors les canevas qu'on retourne pour faire tomber la litière, et on les y replace avec leur nouvel approvisionnement (1). Les pieds des tables sur lesquelles ils sont nourris doivent plonger dans l'eau pour exclure les fourmis, dangereuses ennemies des vers ; il ne faut omettre aucune précaution pour écarter les oiseaux, les rats, les souris, qui, dans l'occasion, ne se font pas scrupule de détruire ces industrieuses créatures (2).

(1) Dans le Bas-Languedoc et la Basse-Provence, pays de grande production de soie, on se sert de grandes étagères supportant des claies de roseaux fendus et tressés, qui remplissent leur destination aussi bien que les canevas ; le service des filets et le *délitage* des vers s'y font avec une égale facilité.

(2) En Chine, pays natal du ver à soie, on cultive des mûriers à basse tige sur

Le ver à soie est sujet à diverses maladies, dont quelques-unes souvent fatales. On leur assigne généralement pour cause la négligence, l'insuffisance de la nourriture, l'irrégularité des repas, le défaut de propreté et de ventilation et l'encombrement sur les tablettes. On redoute surtout la maladie nommée *muscardine;* elle est contagieuse et presque toujours mortelle. On n'en connaît pas bien la cause, et le remède pour la combattre n'est point encore découvert. Quand même elle ne serait pas le résultat de la négligence, on ne peut espérer d'en préserver les vers que par les soins les plus minutieux et les plus assidus. Quand la muscardine s'est une fois déclarée dans une magnanerie, elle y reparaît toujours; souvent on n'a pas trouvé d'autre moyen dans ce cas que d'y interrompre pendant quelques années l'élève des vers. Cette maladie fait invasion chez eux, à tous les âges. La société centrale d'Agriculture de France a mis au concours un prix considérable pour qui découvrirait un remède pour guérir la muscardine, ou un moyen de la prévenir, mais ce concours n'a rien produit. Les grands orages accompagnés de tonnerre et une atmosphère très-chargée d'électricité sont funestes aux vers, mais il n'est pas au pouvoir de l'industrie humaine de les en préserver.

Beaucoup de tentatives ont été faites pour obtenir dans une seule année deux éducations de vers et deux récoltes de soie; mais les éleveurs les plus expérimentés blâment ces essais (1). Je n'entreprendrai pas de calculer ici les frais et les profits de l'éducation des vers à soie, choses très-variables d'une localité à une autre, selon le prix des terres et celui de la main-d'œuvre. Je ferai remarquer en premier lieu que le travail de l'industrie de la soie s'exécute dans une saison où les autres travaux de l'Agriculture n'ont

lesquels on porte au printemps des boîtes pleines d'œufs de cet insecte; les vers, une fois éclos, se répandent sur les arbres et y vivent comme des chenilles; c'est un procédé primitif qui emploie beaucoup de monde, rien que pour écarter les rats et les oiseaux; la soie ainsi obtenue n'est pas la meilleure.

(1) Quand même ils auraient réussi, les auteurs des tentatives pour faire deux éducations de vers par an, n'auraient résolu que la partie la moins importante du problème; pour faire le double de soie, il faudra toujours le double de feuilles; dépouiller deux fois, en une saison, les mûriers, c'est les tuer. Ainsi, pour parvenir à faire deux éducations en une saison, il y aurait d'abord à doubler la production actuelle de la feuille de mûrier : c'est là le grand obstacle.

rien de bien urgent et où les cultivateurs ont comparativement peu d'autre besogne. Ensuite, comme à cette époque aucune récolte n'est rentrée, il y a toujours des bâtiments disponibles dans les fermes des pays dont le climat permet d'établir des magnaneries; remarquons ensuite qu'une fois les mûriers plantés et parvenus à leur développement complet, une fois la magnanerie établie, le plus fort de la dépense est fait, et il n'en coûte pas beaucoup pour maintenir le tout en bon état. Enfin, le travail de l'éducation des vers à soie donne, par sa nature, une occupation salubre, profitable et agréable à la femme et aux enfants du ménage champêtre, qui gagnent ainsi de quoi pourvoir à toutes leurs dépenses, et dont, sans ce travail, la main-d'œuvre serait perdue. Le produit de ce labeur est, pour ainsi dire, impérissable, et la vente en est assurée.

Je n'ai fait qu'esquisser ce sujet; je ne dois point entrer dans d'autres détails; je me borne à faire observer combien les procédés de la production de la soie sont simples, et combien il est facile d'en apprendre tous les détails d'exécution. Ni l'élève des vers à soie, ni le dévidage des cocons n'exigent des appareils ou des machines ingénieusement combinés. M. *Robinet* (de Paris), qui s'est appliqué avec distinction à l'industrie de la soie, a trouvé un petit instrument (périmètre) fort bien imaginé pour éprouver la force du fil de soie. Un indicateur est adapté au bas de l'appareil; deux fils de soie brute sont suspendus à son sommet et soumis à une forte tension; le degré de tension nécessaire pour rompre les fils donne la mesure de leur force.

Je ne puis quitter ce sujet sans faire admirer au lecteur le merveilleux produit du travail d'un humble insecte. La valeur de ce produit est énorme; l'utilité en est universelle et incontestable; la somme d'industrie dont il est la base est incalculable, et rien ne surpasse la beauté des étoffes dont la soie est la matière première.

VIGNE. — Le produit spécial le plus important du sol de la France, est celui de la vigne. L'étendue totale des vignobles de ce pays était, à l'époque du dernier recensement (1841), de près de deux millions d'hectares; il y a lieu de croire que, depuis ces relevés, l'étendue des vignobles s'est considérablement accrue. La valeur totale des vins récoltés en France, en admettant que 7 litres de vin donnent un litre d'eau-de-vie, est estimée à la somme de 59,059,150 fr.

On suppose que les 6/10mes de la récolte se boivent en France ; le reste est l'objet d'un commerce d'exportation des plus avantageux.

Au point de vue moral, on est d'abord porté à craindre les effets d'une telle production sur les habitudes du peuple. Je manquerais à la vérité si je disais qu'il n'y a pas d'ivrognes en France. Mais, en tenant compte de la réalité des faits, la tempérance est au plus haut degré l'un des traits caractéristiques du Français, et je ne crois pas qu'on puisse refuser de le reconnaître pour le plus sobre des peuples civilisés. Dans les campagnes, on boit habituellement du vin non capiteux et presque invariablement étendu d'eau. Beaucoup de plaintes ont été élevées au sujet de ces immenses terrains qui ne produisent que du vin au lieu de produire du pain. Mais, dans les pays où on obtient exclusivement des céréales, n'oublions pas qu'une portion considérable de la récolte est employée à fabriquer une boisson bien autrement empoisonneuse que le vin, bien autrement funeste à la paix, à l'ordre public, au bonheur des familles, bien autrement destructive de tout bien moral, que l'agréable petit vin ordinaire de France, qui, lorsqu'il n'est point frelaté, est le simple jus de la grappe, et à peine aussi fort que le bon cidre. J'ai visité les pays vignobles au temps des vendages, où le vin est si abondant qu'il y en a pour tout le monde à discrétion ; on n'en faisait pas plus d'excès qu'en tout autre temps. On ne peut pas s'attendre à ce que ce peuple laborieux, dont le principal aliment solide est le pain, se mettra à ne boire que de l'eau ; il faut au contraire remercier la Providence qui lui a fait don d'un breuvage inoffensif et délicieux pour le réjouir et le fortifier dans ses peines et ses travaux. Ce n'est pas l'usage, c'est l'abus qui peut devenir coupable et changer un don du Ciel en un poison fatal.

On a cherché à différentes époques à limiter la culture de la vigne. A la suite d'une cruelle disette, un empereur romain fit arracher toutes les vignes dans plusieurs provinces, et plus de la moitié dans les autres. Quelques rois de France, dans le but de faire prévaloir la culture des céréales, ont restreint dans des proportions déterminées celle de la vigne. Rarement de telles mesures arbitraires et une telle intervention du gouvernement dans des intérêts privés, obtiennent le résultat qu'on en attend. Sans doute la culture des céréales est toujours la plus importante, mais en général, il vaut mieux, quant à des dispositions de cette nature, s'en rapporter à l'intérêt privé, que de faire intervenir le contrôle de l'autorité publique (1). La principale objection contre la vigne, est qu'elle ne vient en aide à aucune autre culture; qu'elle occupe le sol d'une manière permanente sans admettre d'autre culture conjointement avec la sienne; enfin qu'elle exige du fumier, qu'à la vérité on ne lui accorde pas toujours, et qu'elle ne fournit rien qui puisse servir à faire du fumier. Quelques cultivateurs ont essayé d'enterrer comme engrais les sarments provenant de la taille de la vigne; ils en ont obtenu les meilleurs effets; mais cette pratique n'est pas généralement en usage.

La vigne se multiplie ordinairement par la bouture en pépinière pour être, à l'âge d'un an, mise en place, en lignes espacées entre elles d'un mètre 30 centimètres; on les écarte un peu plus quand le terrain doit être labouré à la charrue. Les vignes sont d'ordinaire cultivées à la bêche. Le vieux bois est retranché au printemps et le jeune bois est taillé sur *trois yeux*. On attache la vigne à des *échalas* d'un mètre 3 centimètres à 1 mètre 50 centimètres de haut. La vendange se fait avec beaucoup de soin et d'adresse, en coupant les grappes au couteau ou aux ciseaux; la vendange est portée au pressoir dans des tonneaux placés sur des charrettes. Le reste de l'opération ressemble exactement au procédé pour faire le cidre, sauf la paille dont on ne se sert pas pour étendre dessus ce qu'on nomme *le fromage*, les raspes du raisin donnant à la masse un degré suffisant de consistance. On n'a pas non plus besoin de broyer ou d'écraser les grappes comme on le fait des pommes avant de les soumettre à l'action de la presse. Le jus, lorsqu'il sort de la grappe, est toujours incolore, mais il prend de la couleur en restant pendant vingt-quatre heures après qu'il est exprimé en contact avec les peaux des raisins dans la cuve. La manière de traiter le vin ultérieurement

(1) Il est certain que le prix élevé du vin à certaines époques a fait abusivement multiplier les plantations de vignes là où, selon l'expression de *Ridolfi*, la vigne est à sa place comme le serait l'ananas en Sibérie. Si l'intervention de l'autorité ne peut agir par contrainte, il y a celle des sociétés d'Agriculture qui, par la voie des conseils et de la persuasion, peuvent engager les propriétaires à restreindre les plantations de vignes dans les terrains assez bons pour produire des céréales, et à les étendre au contraire sur les terres peu fertiles et bien exposées, qui ne peuvent produire autre chose avec plus d'avantage.

consiste à le clarifier, à le soutirer et à le mettre en bouteilles, absolument comme on le fait pour le bon cidre; il importe, par dessus toute chose, de veiller à la propreté des tonneaux pour les empêcher de contracter la moisissure ou tout ce qui pourrait donner au vin un goût désagréable.

Les différentes espèces de vin tirent leur nom du pays ou du vignoble dont elles proviennent. Je ne puis me persuader que la nature du raisin ne soit pour beaucoup dans la qualité du vin. Mais chaque fois que j'ai interrogé les vignerons à ce sujet, on m'a toujours répondu que le caractère propre de chaque vin dépend principalement de la localité, de l'exposition, et de quelque propriété inconnue du sol. Pour moi, je ne doute pas que la qualité particulière du raisin n'ait dans celle du vin sa grande part, ainsi que d'autres circonstances, outre celles que je viens d'énumérer. L'art de travailler les vins, de les mélanger, de les fabriquer avec des éléments totalement étrangers au fruit de la vigne, est porté à une rare perfection, sans aucun doute, surtout dans les villes; mais dans quel pays de telles falsifications ne sont-elles pas plus ou moins pratiquées, selon que l'état du marché les rend plus ou moins lucratives ?

En France, l'aspect d'un vignoble n'offre rien de bien pittoresque, quoiqu'il donne au temps des vendanges l'idée d'une grande richesse; j'ai voyagé pendant bien des heures sans voir autre chose que des vignes chargées de leurs fruits délicieux. Les champs, dans ce royaume, sont rarement séparés par des fossés ou par des clôtures; néanmoins, d'après plusieurs faits qui m'ont été rapportés et d'autres que j'ai observés personnellement, je demeure convaincu qu'il n'y a pas de pays où les droits de la propriété soient plus scrupuleusement respectés. Il n'en est pas de même en Italie, spécialement dans les plaines fertiles de la Lombardie, où les vignes, allant d'un arbre à l'autre, couvrent souvent un arbre entier de leur épais et ombreux feuillage, et où les grappes richement colorées brillent avec profusion, rappelant en quelque sorte les tentations primitives auxquelles on dit que la faiblesse de notre race a été exposée.

En naviguant sur le Rhin, lorsqu'on entre dans le pays des montagnes dont ce fleuve magnifique baigne la base depuis tant de siècles, on est frappé d'étonnement à l'aspect des exemples de

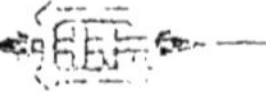

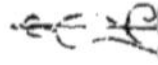

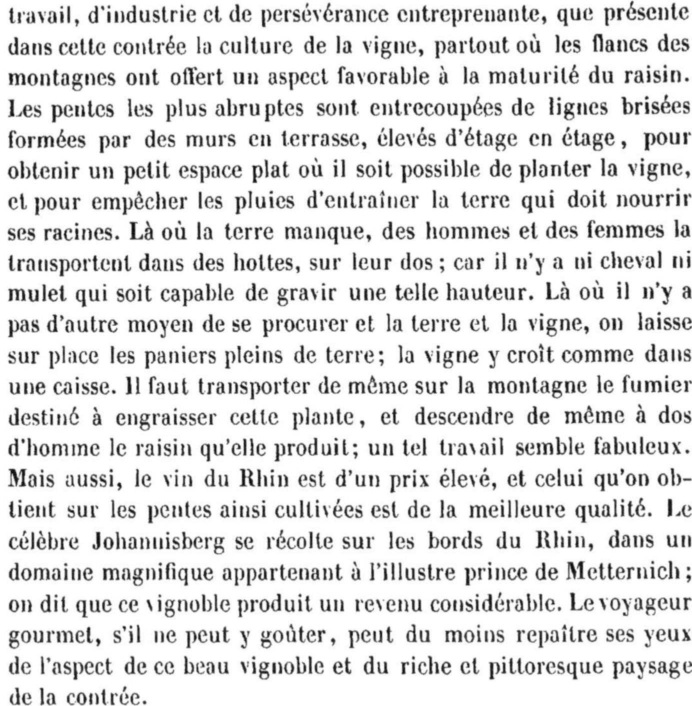

travail, d'industrie et de persévérance entreprenante, que présente dans cette contrée la culture de la vigne, partout où les flancs des montagnes ont offert un aspect favorable à la maturité du raisin. Les pentes les plus abruptes sont entrecoupées de lignes brisées formées par des murs en terrasse, élevés d'étage en étage, pour obtenir un petit espace plat où il soit possible de planter la vigne, et pour empêcher les pluies d'entraîner la terre qui doit nourrir ses racines. Là où la terre manque, des hommes et des femmes la transportent dans des hottes, sur leur dos ; car il n'y a ni cheval ni mulet qui soit capable de gravir une telle hauteur. Là où il n'y a pas d'autre moyen de se procurer et la terre et la vigne, on laisse sur place les paniers pleins de terre; la vigne y croît comme dans une caisse. Il faut transporter de même sur la montagne le fumier destiné à engraisser cette plante, et descendre de même à dos d'homme le raisin qu'elle produit; un tel travail semble fabuleux. Mais aussi, le vin du Rhin est d'un prix élevé, et celui qu'on obtient sur les pentes ainsi cultivées est de la meilleure qualité. Le célèbre Johannisberg se récolte sur les bords du Rhin, dans un domaine magnifique appartenant à l'illustre prince de Metternich; on dit que ce vignoble produit un revenu considérable. Le voyageur gourmet, s'il ne peut y goûter, peut du moins repaître ses yeux de l'aspect de ce beau vignoble et du riche et pittoresque paysage de la contrée.

Une vigne bien soignée peut durer un nombre d'années indéterminé. On assure que les vins les plus médiocres de France sont ceux qui donnent le plus de bénéfices, parce qu'ils ne paient que peu ou point de droits et que, se vendant à bon compte, ils ne manquent jamais de consommateurs.

Olivier. — La culture de cet arbre est fort importante en France ; non-seulement l'olive produit une huile excellente, mais ce fruit confit forme un hors-d'œuvre d'un goût agréable. L'Italie méridionale possède beaucoup d'oliviers. On évalue à 121,200 hectares l'étendue des terres propres en France à la production de cet arbre. La culture en est limitée aux départements les plus méridionaux, parce que l'olivier ne résiste point au froid. On estime la valeur en argent des produits de l'olivier dans ce royaume à 45,879,239 francs, dont 22,776,398 fr. sont livrés au commerce et 23,102,841 fr. passent dans la consommation intérieure. C'est un produit très-élevé pour une culture permanente. Les tourteaux d'olives, après qu'on en a exprimé l'huile, sont un excellent aliment pour les bestiaux ; leur valeur en cette qualité couvre une partie de la dépense de l'extraction de l'huile (1).

Il y a dans le sud de l'Italie des plantations ou vergers d'oliviers d'une grande étendue. Lorsque, des hauteurs qui environnent Florence, l'œil embrasse la vallée enchantée de l'*Arno*, aussi loin que la vue peut s'étendre, on découvre une plantation non interrompue d'oliviers. Il est difficile d'imaginer un paysage plus riche et d'un effet pittoresque plus admirable que celui de cette vallée avec les villas qui couronnent ses coteaux, les palais aux blanches murailles qui se détachent sur des massifs du plus beau feuillage, et sa majestueuse rivière serpentant comme un ruban d'argent à travers d'épaisses forêts et des champs couverts du luxe de la plus splendide végétation.

L'olivier vit fort longtemps. On m'a montré des vergers dont les arbres, selon la tradition, ne doivent pas avoir moins de huit siècles. A la vérité, ces arbres, soit par leur grand âge, soit par suite d'une culture négligée, n'étaient rien moins que florissants. On distingue en France plus de cent variétés d'oliviers, qui diffèrent soit par la qualité de leurs fruits, soit par leur tempérament qui les rend plus ou moins bien appropriés à diverses natures de sol et de climats. On en obtient parfois des variétés nouvelles dans les pépinières où l'on multiplie l'olivier en semant les noyaux de l'olive.

L'olivier se plante en carré dans les champs, à la distance de six à sept mètres, un peu plus près quand le sol est très-sec, un peu plus écarté s'il est humide. On donne à cet arbre une bonne fumure d'engrais d'étable ou de compost ; on recommande de bêcher la terre autour des arbres deux fois par an, au printemps et à l'automne. Si l'on cultive les intervalles entre les oliviers, il faut bien prendre garde que la charrue ne blesse leurs racines ; lorsqu'on y sème des céréales, la partie du terrain qui avoisine les

(1) M. Colman a mal vu, ou bien il a été induit en erreur. Le tourteau d'olives, qu'on nomme *grignon* dans le midi de la France, ne contient presque que la partie ligneuse du noyau de l'olive. Les savonniers achètent les grignons pour les broyer de nouveau et en extraire une huile grossière pour le savon commun ; ces résidus ne sont pas mangeables pour les bestiaux.

oliviers doit être cultivée à la bêche pour enfouir la céréale avant que l'épi s'y soit formé.

L'olivier a pour ennemis le froid d'abord et ensuite certaines tribus d'insectes. Les froids rigoureux de 1820 et de 1836 ont fait périr, en France, un grand nombre de ces arbres. Quant aux insectes qui attaquent l'olivier quelquefois au point de le détruire, les remèdes prescrits contre eux sont les mêmes que ceux qu'on emploie contre les insectes qui attaquent les pommiers. Après l'exposé des faits qui précèdent, je laisse aux personnes, que la chose peut intéresser, à juger jusqu'à quel point on peut tenter avec succès d'introduire l'olivier dans les États du Sud de l'Union Américaine.

J'ai vu en Italie le figuier croître en plein air le long des routes.

ASPECT GÉNÉRAL DE L'AGRICULTURE FRANÇAISE.

J'ai passé en revue les principaux produits du sol de la France, à l'exception de quelques-uns que je retrouverai en décrivant l'Agriculture des Flandres, où ils se trouvent cultivés le plus habilement et avec le plus de succès.

Je pense que le lecteur aura tiré de ce qui précède la même conclusion que moi, savoir qu'en France on comprend dans toute son étendue la haute importance de l'Agriculture, et que cette industrie est conduite dans ce pays avec beaucoup plus d'habileté qu'on ne le croit généralement. J'aurai à revenir plus tard sur quelques objets liés à la même question. Sans doute, dans plusieurs régions agricoles de la France, j'ajouterai même sur une grande partie de son territoire, l'Agriculture est arriérée, négligée, et fort peu digne d'être prise pour modèle. Mais, d'une part, ce n'est pas le seul pays auquel s'applique une semblable observation ; de l'autre, on peut dire des cultivateurs français que, quant à quelques-uns de leurs principaux produits, quant à ceux auxquels le climat de leur pays convient particulièrement, qu'ils ont l'habitude de cultiver, et dont ils obtiennent le plus de bénéfices, personne ne saurait les surpasser. Prenons pour exemple la production du sucre de betteraves, sans oublier que les résidus de sa fabrication fournissent une excellente nourriture pour le gros bétail et les bêtes à laine ; cette production est énorme, et elle s'accroît d'année en année. Puis la production de la soie fournit au pauvre la plus précieuse des ressources, pour aller ensuite mettre en activité des milliers et des centaines de milliers de mains industrieuses ; enfin, la production du vin livre à la consommation intérieure une denrée de première importance, et alimente un commerce immense d'exportation. Je ne prétends pas que dans aucune de ces cultures, l'art agricole français ait atteint la perfection; quelle est la branche du travail humain à laquelle le mot perfection, pris dans son vrai sens, peut être applicable? Mais, assurément en France, la production du sucre de betteraves, de la soie et du vin, est conduite avec un soin et une activité exemplaires, et j'ajouterai, avec plus de soin, plus d'activité et plus de succès, qu'une culture quelconque puisse l'être dans aucun pays du monde.

Je sais bien qu'on m'objectera que tous ces produits ne sont pas du pain, que ce ne sont pas des denrées de première nécessité, mais des objets de luxe, dont l'homme peut se passer. Mais, si ce n'est pas du pain, ce sont des moyens de s'en procurer. Un hectare consacré à la production de la soie, du sucre ou du vin, donne ordinairement de quoi acheter plus de pain que n'en peut produire un hectare de froment. Je suis *utilitaire* dans le sens le plus large de cette expression ; mais je professe un profond mépris pour les idées mesquines et étroites que la plupart des hommes rattachent au mot *utilité*. Nous le savons d'après la plus irrécusable des autorités : « *l'homme ne vit pas seulement de pain.* » Si nous voulons savoir de combien de choses il peut se passer, combien peu de choses lui sont absolument nécessaires pour exister et continuer sa race au meilleur marché possible, allons seulement visiter l'Irlande affamée ; là nous verrons des familles vivre, grandir et se multiplier, sans autre nourriture que des pommes de terre et de l'eau, sans autre mobilier qu'une botte de paille étendue sur la terre nue, sans autres vêtements que d'affreux haillons qui les couvrent à peine. Jamais je n'ai vu d'êtres humains parvenus à un tel point de dégradation. J'ai visité la tente du bohémien nomade et le *wigwam* du sauvage de l'Amérique; cette tente et ce wigwam sont des palais, en comparaison de la chaumière fangeuse de l'Irlandais.

Toute chose est *utile*, quand elle contribue à la subsistance de l'homme, à sa santé, à son bien-être, à ses plaisirs, à ses jouissances. Un homme abandonné sur l'île de Robinson Crusoë serait insensé de produire du sucre, de la soie, du vin même, si ces cultures le détournaient de la production du pain. Mais si ces denrées d'un échange facile peuvent lui procurer du pain ou tout autre objet utile ou nécessaire à sa subsistance et à son bien-être; si son travail appliqué à produire ces denrées lui est plus profitable et lui permet d'acheter plus de pain que s'il se livrait directement à la culture du froment, son choix peut-il être douteux?

Il est ridicule de ne vouloir tenir pour utile que ce qui est nécessaire à l'existence de l'homme ou aux besoins ordinaires de la vie. Les plaisirs de bon goût ont bien aussi leur valeur. A moins d'être tout à fait sauvage, l'homme du rang le plus humble aime mieux manger la viande cuite que crue; si nous pouvons rendre nos aliments plus nourrissants et plus agréables au goût sans nuire à notre santé, nous faisons fort bien d'user de ce pouvoir. Sous d'autres rapports, les plaisirs que donnent aux yeux la vue des choses agréables et les sensations qui s'y rattachent, sont au nombre des plus vifs que l'homme puisse goûter. Les objets servant au luxe élégant, sont des objets d'utilité lorsque, comme tels, ils contribuent à l'aisance, aux plaisirs de bon goût, aux jouissances inoffensives qui peuvent embellir l'existence. Plus les désirs et les besoins de l'homme s'étendent, plus le travail est encouragé, plus le génie humain est stimulé. Il ne faut point espérer de relever un peuple au-dessus de la condition des sauvages ou même de celle des animaux les plus grossiers dont il partage le sort, quand l'ambition de ce peuple est satisfaite avec de l'eau et des pommes de terre.

Le philanthrope qui suit la marche progressive de l'industrie humaine, aime à voir s'étendre l'usage de tout ce qu'on nomme *objets de luxe*. Nous serions heureux de voir ce qui a été jusqu'à présent le partage exclusif du riche, rendu également accessible au pauvre et mis à la portée de tout le monde. Il n'y a pas un si grand nombre d'années qu'une paire de bas de soie était considérée comme un présent digne d'être offert à une reine, et qu'une robe de soie était un trésor auquel une princesse seule pouvait prétendre. J'ai déjà vu s'accomplir d'immenses améliorations dans le costume des classes les moins heureuses de la société, de celles dont le travail entretient le luxe des riches. Je suis heureux de voir la pauvre jeune fille de la campagne Irlandaise ou Écossaise, que j'ai vue si souvent ayant pour tous bas sa peau hâlée et terreuse, porter des bas de soie qu'eût enviés la reine Élisabeth, aller à l'église vêtue de soie ou de satin d'un lustre éblouissant, charmant les regards par le bon goût et la perfection de ses dessins et de ses couleurs. La mécanique étend de toutes parts son merveilleux pouvoir pour multiplier et simplifier la fabrication des tissus à la fois les plus beaux et les plus utiles, et c'est un plaisir que de voir les classes les moins heureuses de mieux en mieux habillées, et leurs maisons mieux meublées qu'on ne les a vues de mémoire d'homme. Tout progrès dans cette voie, toute amélioration de ce genre, augmente chez le peuple l'amour de l'ordre et de la propreté; celle-ci mène directement au développement du goût et à l'élévation des sentiments et de l'intelligence, qui conduisent au respect de soi-même; *c'est par le respect de soi-même que doit commencer la pratique de la vertu.*

—

UNE FERME AUX ENVIRONS DE VERSAILLES.

Je reviendrai sur l'Agriculture de France, mais je dois dire dès à présent que j'ai rencontré dans ce pays des fermes cultivées et dirigées avec tant de soin et de succès qu'il n'en existe point qui les surpassent à ma connaissance. J'ai eu particulièrement le plaisir de me lier intimement avec un propriétaire des environs de Versailles dont le domaine, par la perfection de sa culture, peut passer pour une véritable *ferme-modèle.* Cette exploitation est d'une étendue d'environ 300 hectares; le système de culture auquel elle est soumise, est mixte. On y entretient un troupeau nombreux de vaches laitières qui, lorsqu'elles ne sont pas élevées à la ferme,

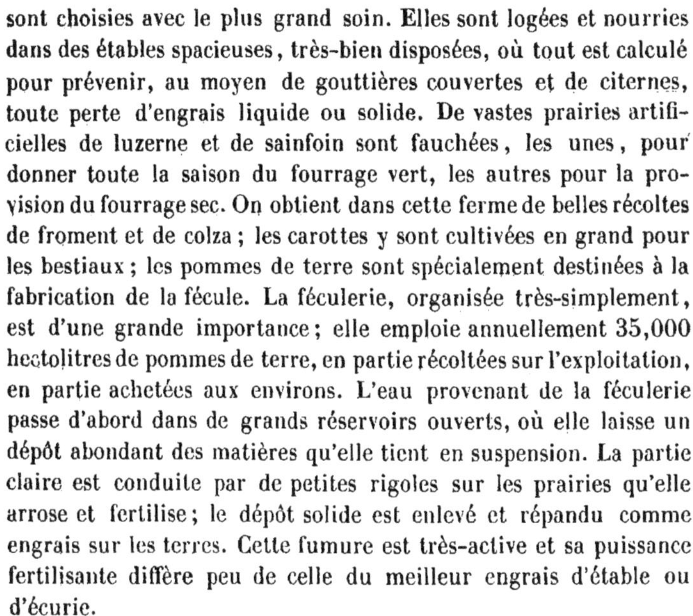

sont choisies avec le plus grand soin. Elles sont logées et nourries dans des étables spacieuses, très-bien disposées, où tout est calculé pour prévenir, au moyen de gouttières couvertes et de citernes, toute perte d'engrais liquide ou solide. De vastes prairies artificielles de luzerne et de sainfoin sont fauchées, les unes, pour donner toute la saison du fourrage vert, les autres pour la provision du fourrage sec. On obtient dans cette ferme de belles récoltes de froment et de colza ; les carottes y sont cultivées en grand pour les bestiaux ; les pommes de terre sont spécialement destinées à la fabrication de la fécule. La féculerie, organisée très-simplement, est d'une grande importance ; elle emploie annuellement 35,000 hectolitres de pommes de terre, en partie récoltées sur l'exploitation, en partie achetées aux environs. L'eau provenant de la féculerie passe d'abord dans de grands réservoirs ouverts, où elle laisse un dépôt abondant des matières qu'elle tient en suspension. La partie claire est conduite par de petites rigoles sur les prairies qu'elle arrose et fertilise ; le dépôt solide est enlevé et répandu comme engrais sur les terres. Cette fumure est très-active et sa puissance fertilisante diffère peu de celle du meilleur engrais d'étable ou d'écurie.

COMPTABILITÉ AGRICOLE.

Je n'ai rencontré nulle part un système de comptabilité agricole aussi complet que celui de cette ferme. Les livres sont tenus avec la plus grande régularité, de telle sorte que le résultat se voit d'un coup d'œil et qu'on peut suivre jusqu'à sa source tout profit comme toute perte. Grâce à l'obligeance du propriétaire, je puis donner au lecteur un aperçu de la forme de cette comptabilité, persuadé que je ne saurais rien offrir de plus utile en ce genre à l'attention du lecteur. Les fermiers ont le tort universel et des plus graves de ne tenir, pour ainsi dire, aucune comptabilité, les uns par négligence, les autres par ignorance.

Quelquefois tous leurs comptes se réduisent à quelques notes sur les feuilles blanches intercalées dans un almanach, ou même à de simples marques à la craie derrière une porte (1). S'ils tiennent des livres, il y règne la plus grande confusion; les comptes en sont rarement balancés, et jamais il n'en peut ressortir un résultat certain et positif. Souvent, dans ces circonstances, le fermier se voit entraîné graduellement vers la ruine et la banqueroute, sans même pouvoir en démêler la cause avec certitude. Le navire fait eau, mais où est l'ouverture? Il n'en sait rien, et ne peut par conséquent y remédier. Il ne peut qu'appeler tout le monde à la pompe nuit et jour, avec peu d'espoir de sauver le vaisseau avant d'avoir découvert la fatale voie d'eau, et quand il l'aura trouvée, il sera trop tard.

Dans l'excellent système de comptabilité de la ferme-modèle dont il est question ici, un compte est ouvert à chaque récolte, à l'écurie, à l'étable, à la basse-cour, à la ferme et à chacun de ceux qui y sont employés. Chacun de ces comptes est régulièrement débité de tout ce qu'il reçoit, et crédité de tout ce qu'il produit. Le tout est porté sur un résumé général; les approvisionnements en magasin ont leur compte ouvert; les comptes sont balancés une fois par an avec le plus grand soin, par un comptable. Par exemple :

On porte au compte du froment d'hiver, les articles ci-dessous :	*On inscrit dans la colonne en regard :*
Labours, hersages, roulages.	Étendue de la terre cultivée en froment.
Engrais.	Produit en grain et en paille.
Semence.	Produit par hectare.
Moisson et rentrée de la récolte.	Valeur du grain et de la paille.
Battage et mesurage.	Valeur totale des produits.
Transport au marché et vente.	Profit de la culture du froment
Loyer de la terre.	Ou perte.
Total des dépenses.	
Dépense par hectare.	

(1) Ce mode tout primitif de comptabilité est aussi le seul en usage chez un grand nombre de cultivateurs belges, non pas seulement parmi ceux pour qui l'ignorance est une excuse, mais aussi chez des fermiers riches et suffisamment instruits. L'adoption générale d'un bon système de comptabilité agricole, sera l'un des plus grands bienfaits de la vulgarisation de l'enseignement agricole en Belgique.

Le compte de chaque culture est tenu sous cette forme dans un livre réglé en colonnes pour cette destination. Au bas de chaque page, on inscrit *l'historique* de la culture, comprenant l'époque des semailles, celle de la récolte et d'autres détails semblables, avec la moyenne du produit des dix années précédentes.

Le compte de l'écurie est tenu sous la forme suivante :

Débit.	*Crédit.*
Nourriture des chevaux.	Travail sur les terres de la ferme.
Ustensiles pour le service de l'écurie.	Labours et transports.
Harnais et sellerie.	Travail en route.
Charrettes et chariots.	Engrais.
Ferrure.	Profit ou
Gages des charretiers et palefreniers.	Perte.
Dépenses en route.	
Nourriture des charretiers et palefreniers.	
Dépenses extraordinaires.	

Les dépenses de la bergerie sont écrites dans la forme suivante ; le compte est ouvert le 1er juillet, et clos le 30 juin :

On inscrit le nombre des
Brebis.
Moutons.
Agneaux.
Béliers.

Une seconde colonne porte les achats durant l'année; une troisième porte les ventes; une quatrième donne le chiffre des brebis, moutons et béliers à la fin de chaque année.

Le chapitre suivant embrasse divers articles de dépense, tels que :

Frais de nourriture.
Médicaments.
Parcs pour les moutons.
Claies et auges.
Transports et frais de vente.
Gages des bergers.
Nourriture des bergers.
Paille pour litière.
Total des dépenses.

Une autre colonne donne l'estimation de la valeur du troupeau au commencement et à la fin de l'année.
Produit de la vente des moutons.
Produit de la vente des laines et peaux.
Valeur du fumier.
Valeur du parcage comme engrais.
Profit ou
Perte.

Le compte des vaches ou de la laiterie est tenu sous la forme suivante :

Nourriture des vaches.	Nombre des vaches et leur valeur au commencement de l'année.
Prix d'achat.	Nombre des veaux.
Entretien.	Produit du lait et du beurre vendus.
Ustensiles.	Produit des veaux vendus.
Frais de vente du lait.	Valeur des engrais.
Litière pour les vaches.	

Le compte de la basse-cour, comprenant la porcherie, est tenu de la même manière; les dépenses et recettes sont soigneusement notées et passées aux écritures.

Le compte des engrais est tenu comme il suit :

Engrais achetés.	Epandage des fumiers.
Transport des engrais.	Achat de tourteaux.
Paille pour litière.	Tas de composts.
Frais de chargement et de déchargement.	Parcage.

Les frais généraux de l'exploitation sont portés en compte de la manière suivante :

Inspecteurs et leurs frais de déplacement.
Teneur de livre et frais de poste.
Gages et vêtements des domestiques.
Voyages, chasse, entretien des chiens.
Travail des chevaux pour le service de la famille.
Assurance contre l'incendie et la grêle.
Impositions.
Ustensiles et mobilier.
Bois et fagots pour brûler.
Arpentage du terrain.
Destruction des rats et des taupes.
Ouvriers à la journée et à la tâche.
Entretien des charrettes et ferrure.
Sellerie et harnais.
Literie et linge.
Peintre, vitrier, charpentier, forgeron, etc.

Les dépenses particulières du ménage sont portées en compte de la manière suivante :

Office.
Cellier.
Comestibles.
Epiceries.
Boucher.
Boulanger.
Bois et charbon.
Entretien du ménage.
Bière.
Produits de la ferme consommés par le ménage, tels que : lait et crême, œufs, volailles, mouton, porc, pommes de terre, fruits et légumes, beurre et fromage.
Gratifications aux domestiques.
Etrennes du nouvel an.
Soins et médicaments pour maladies.

Les frais divers comprennent les articles suivants :

Dons aux pauvres.
Éducation des enfants indigents.
Distributions de viande, pain, bois, médicaments, vêtements, fruits et légumes.

Dépenses :

Charges civiques de la commune.
Aux officiers de police pour la sûreté publique.
Entretien d'une pompe et d'ustensiles pour secours publics contre l'incendie.

En esquissant la comptabilité d'une ferme-modèle si parfaitement exploitée, j'ai moins en vue de recommander précisément l'adoption d'une comptabilité tenue sous la même forme que d'en faire comprendre l'appropriation et l'exactitude. Le grand avantage de cette précision dans les comptes d'une ferme, est que le chef d'exploitation peut toujours voir la source particulière de chaque dépense et savoir s'il est nécessaire d'y couper court ou de la continuer. Sans doute, la tenue d'une comptabilité semblable mange du temps et exige du travail, et il est possible qu'elle soit un peu trop compliquée; mais, avec du soin et de l'ordre, en se faisant une loi de la ponctualité et de l'exactitude; en ne laissant jamais ni confusion ni arriéré dans les comptes, on doit surmonter toutes les difficultés. La satisfaction et les avantages qui en résultent sont, pour la peine et les frais qu'elle occasionne, une ample compensation. Je ne vois pas pourquoi un teneur de livres serait moins à sa place dans une exploitation rurale que dans le bureau d'un négociant. Un fermier ou propriétaire français peut être à cet égard fort bien secondé par sa femme; car, je dois le dire, à la louange des femmes en France, elles s'entendent fort bien en tenue des livres; elles sont généralement fort adroites en affaires, et il n'y a pas, pour ainsi dire, dans Paris, une seule boutique, un seul magasin, où une femme ne se mêle de la comptabilité. J'ai connu, dans la maison d'un de mes amis, une jeune dame (et je sais qu'il y en a beaucoup dans le même cas) qui était le principal *directeur*, le *négociant en chef*, dans une grande maison de commerce de dentelles, dont les ventes montaient à plusieurs centaines de mille francs par an; elle recevait des appointements de 5,000 fr. par an. On avait la confiance la plus entière, non-seulement dans sa probité, mais encore dans sa capacité et dans son exactitude; et néanmoins, je puis affirmer qu'elle apportait dans les relations de société les charmes d'un esprit fort cultivé et des manières pleines de grâce et d'élégance. J'espère qu'on me pardonnera d'avouer combien je fus enchanté de trouver en une jeune femme élégante et jolie, tant d'attraits et de qualités réunis à la foi.

J'ai vu les comptes de la ferme de Versailles pendant une période *de trente ans* (de 1816 à 1846); les recettes ont varié, selon la fluctuation très-considérable du prix des denrées; mais la balance des comptes ne s'est soldée en perte que *trois* années sur *trente*, et pour toutes les autres l'exploitation a réalisé des bénéfices très-raisonnables (1).

(1) Si toutes nos grandes exploitations tenaient une comptabilité semblable et en publiaient les résultats, il en ressortirait un fait que bien des gens refusent d'admettre, savoir : que le capital consacré à l'industrie agricole rapporte autant que s'il était appliqué à toute autre et avec beaucoup plus de sûreté, beaucoup moins de chances de ruine et de désastres. La publication d'un tableau général montrant le total du capital employé à l'Agriculture en Belgique et le produit de ce capital, ferait changer les idées reçues quant aux bénéfices de l'industrie agricole et quant au crédit agricole par conséquent.

BELGIQUE ET HOLLANDE.

Occupons-nous maintenant de l'Agriculture de Belgique ou des Flandres; mes observations embrassent l'ensemble des *Pays-Bas*, dans le vrai sens du mot, c'est-à-dire la Hollande et les Flandres. Quoique ces contrées diffèrent sous plusieurs rapports, on peut les considérer conjointement. Ce fut au mois de juin que j'entrai dans ces belles campagnes, belles du moins aux yeux d'un agriculteur, par la richesse de leurs récoltes et par la perfection de leur culture. J'avoue que mon attente fut dépassée, bien que je me fusse attendu à voir des merveilles!

—

NATURE DU SOL.

Une grande partie de ces provinces peut être considérée comme terre d'alluvion; une autre portion considérable a pour origine le retrait de la mer et l'élévation du sol. La terre a empiété graduellement sur la mer; partout où la marée a rencontré le courant des grandes rivières, il s'est formé un banc de sable; puis, par les dépôts successifs de limon que les fleuves y ont laissé, il s'est produit une île ou un point plus élevé que le niveau de la mer, lequel s'est exhaussé par degrés jusqu'au-dessus des plus hautes marées.

En dernier lieu, ces mêmes terres enfermées dans des digues d'une immense étendue, dépassant seulement de quelques décimètres le niveau de la haute mer, constituent de très-vastes bassins ou enclos d'une incomparable fertilité.

24.

LES DIGUES ET LES POLDERS.

On ne peut exprimer la surprise qu'on éprouve à l'aspect de la grandeur et de l'étendue de ces terrains endigués; on est porté à se demander quels ont dû être les hommes qui ont eu l'audace vraiment étrange d'entreprendre des ouvrages si difficiles et si gigantesques, d'oser ainsi défier l'Océan et effectuer sur lui des conquêtes plus hardies, plus illustres, plus bienfaisantes surtout que toutes celles qui figurent dans l'histoire, et près desquelles les conquêtes militaires semblent dignes seulement de l'exécration du genre humain.

La digue extérieure a de 45 à 50 mètres de largeur à sa base; des routes spacieuses en occupent le sommet; dans certains cas, l'eau doit être épuisée deux fois avant d'être déversée dans la mer. Les immenses pièces de terre reprises ainsi sur l'Océan sont nommées *polders*. On dit que ceux-ci ont une étendue moyenne de 600 hectares chacun, et que 815 moulins fonctionnent constamment pour épuiser l'eau de 436 polders d'une étendue totale d'environ 225,000 hectares. Cette eau qu'il faut déplacer ainsi provient des pluies ou des sources, et aussi, sans aucun doute, des infiltrations de la mer. Un moulin suffit ordinairement pour épuiser les eaux d'une surface de 300 hectares. L'étendue totale des terres endiguées ou polders de la Hollande seule, dépasse, dit-on, 2,400,000 hectares, ce qui semble à peine croyable. Mais la construction primitive des digues n'est pas le seul travail qu'exigent les polders; ils demandent en outre un travail incessant qui ne souffre pas d'interruption.

Des hommes compétents pour en juger, disent que si la grande digue de l'île de *Walcheren* avait été dans l'origine construite de cuivre massif, la dépense eût été moins forte que n'a été celle de sa construction et de son entretien depuis qu'elle existe.

Je reproduis ici une esquisse du polder de *Snaerskerke*, donnée par *Radcliffe*. D'après des documents officiels, ce polder contient environ 500 hectares; il a été desséché par ordre de Napoléon.

La crique avec ses moindres embranchements, par lesquels la marée entrait pour se répandre sur toute la surface assainie plus tard, est indiquée sur le tracé pour montrer son état primitif; tout cela a disparu pour faire place aux divisions régulières et à la disposition marquée par les lignes parallèles. Les facilités d'exécution d'un tel plan sont si évidentes qu'on a lieu seulement de s'étonner qu'il n'ait pas été réalisé plus tôt. Les endiguements des plus anciens polders dont celui de Snaerskerke est entouré, n'ont laissé à construire qu'une seule digue d'environ 430 mètres de long, pour contenir la mer au point qui lui donnait accès à marée haute. Donnons un coup d'œil au résultat pécuniaire de l'opération. La terre, avant d'être convertie en polder, servait de pâturage aux moutons, et rapportait 600 francs; les fermiers du voisinage n'en voulaient à aucun prix. Après le dessèchement, les lots, au nombre d'une centaine, d'une étendue d'environ 5 hectares, ont été vendus 740 fr., ce qui a produit une somme de 74,000 fr.; ils rapportent aujourd'hui plus du double.

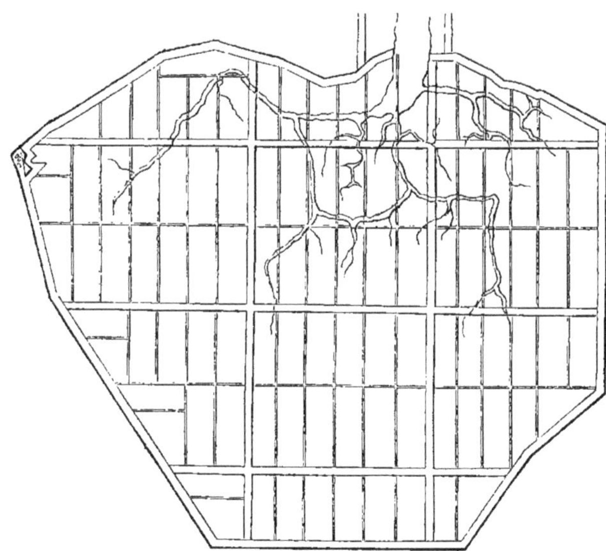

Tracé du polder de Snaerskerke.

Une grande entreprise du même genre est en ce moment en voie d'exécution; on dessèche le lac de Harlem, pour en livrer l'emplacement à la culture. Ce travail immense a déjà marché pendant quelque temps à l'aide de puissantes machines à vapeur; 20,000 hectares sont complétement débarrassés de l'inondation. L'étendue qu'on se propose de dessécher est de 1,700 kilomètres carrés environ; un autre espace a été mis à découvert sur une surface de 7,200 hectares. Il est impossible de considérer sans un sentiment profond d'admiration ces résultats empreints d'un tel caractère d'utilité et de puissance. Mais s'il a fallu d'énormes dépenses et des travaux effrayants pour créer ces terrains, il faut pour les maintenir à sec une vigilance incessante et infatigable. Les habitants de cette grande étendue de pays endigué dorment pour ainsi dire à côté d'un camp ennemi, toujours exposés aux irruptions de cet ennemi, contre lequel nulle puissance humaine ne saurait prévaloir. C'est une histoire épouvantable que celle des inondations qui ont, à certaines époques, brisé les digues et débordé sur toute la contrée. La Hollande, dans le cours de treize siècles, de 516 à 1825, n'a pas éprouvé moins de 190 grandes inondations; c'est une inondation tous les cent quatre-vingt-dix-sept ans, et il en a eu de terribles à des époques aussi rapprochées de nous que 1808 et 1825. On rapporte que celle de 1230 a fait périr 100,000 personnes et un bétail innombrable; 20,000 personnes furent noyées en 1410, autant en 1517. L'inondation de 1717 emporta 12,000 personnes, 6,000 maisons et 80,000 têtes de gros bétail. On a vu plusieurs fois la mer s'élever à 2 mètres 40 centimètres au-dessus des digues. Ces événements sont sans doute au nombre des plus effroyables catastrophes que mentionne l'histoire; c'est une preuve du courage peu ordinaire et de la persévérance de ce peuple qui repousse sans cesse un impitoyable envahisseur, et plante bravement sa tente sur le terrain qu'il vient de lui arracher.

Cette témérité est la contrepartie de celle des villes que j'ai visitées dans d'autres pays dont la population joyeuse et sans souci a construit les maisons au pied des montagnes qui, par intervalles, vomissent de leur sommet d'immenses colonnes de flamme et font couler sur leurs flancs des torrents de lave auxquels rien ne peut résister, sur la croûte, à peine refroidie, qui recouvre des villes enterrées vivantes au milieu de l'activité des affaires ou des plaisirs, à l'heure marquée pour leur destruction.

LES MOULINS OU MACHINES A ÉLEVER L'EAU.

Ce pays doit se garder contre un double fléau : d'abord contre les irruptions de l'Océan, ensuite contre les débordements des grands fleuves, lesquels grossis par les torrents descendant des montagnes couvertes de neiges éternelles, se divisent en Hollande en plusieurs branches dans leur voyage vers l'Océan. Quelquefois aussi, il faut se débarrasser des eaux des pluies, qui n'ont pas d'écoulement à moins qu'elles ne soient pompées et rejetées dans la mer ou dans les fleuves. On a quelquefois à déplacer des eaux profondes de deux ou trois mètres. On a constaté dans une circonstance particulière qu'il avait fallu élever une masse d'eau de plus de 3 mètres 30 centimètres de profondeur, recouvrant une terre à plus de 2 mètres 60 centimètres au-dessous du niveau de la rivière dans laquelle l'eau devait être déversée. L'eau fut élevée dans un réservoir d'où elle s'écoula dans la rivière à marée basse. Il n'est pas rare de voir en Hollande des eaux qui, pour trouver leur écoulement, doivent être élevées à plus de 7 mètres. Les machines employées à cet usage sont des moulins à vent pour la construction desquels les Hollandais n'épargnent ni soins ni dépenses, et dont la multiplicité donne au pays un aspect singulier, mais qui n'est pas sans charmes. J'en ai vu plus de deux cents à la fois, et l'on m'a dit que, dans certains cantons, on pouvait en embrasser quatre cents d'un seul coup d'œil. Ces moulins ne sont pas tous construits d'après le même système; quelques-uns font mouvoir une vis en spirale (*vis d'Archimède*), qui tourne dans une caisse cylindrique parfaitement ajustée; une grande quantité d'eau est ainsi élevée sans grande dépense de force; ailleurs, l'eau est puisée par une simple roue à palettes, agissant dans une auge de forme ordinaire. Un moulin peut, dit-on, épuiser l'eau d'une surface de trois cents hectares; toutefois, cela doit dépendre en grande partie de la quantité d'eau à déplacer et du genre de machine dont on se sert à cet effet. Il faut apporter au service des moulins la plus grande vigilance, afin de profiter du moindre vent qui vient à souffler. On aura une idée de ce que peut coûter ce moyen de desséchement, quand on saura qu'un moulin s'établit au prix de 40,000 à 70,000 francs, et que

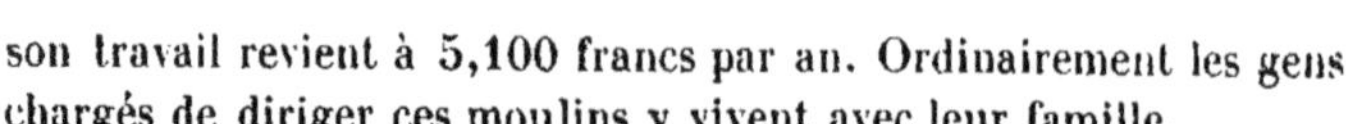

son travail revient à 5,100 francs par an. Ordinairement les gens chargés de diriger ces moulins y vivent avec leur famille.

On ne se sert que de moulins à vent; il est probable que des machines à vapeur ne coûteraient pas plus cher, et elles auraient l'avantage de fonctionner à volonté. Le plus grand nombre de ces moulins a été construit avant que l'on connût l'application de la vapeur à un tel usage; mais la raison alléguée pour justifier la préférence accordée aux moulins à vent, est que la Hollande n'ayant pas de houille, en cas de guerre se trouverait sans feu, forcée d'interrompre le travail des machines d'épuisement mues par la vapeur; il est inutile d'insister sur les conséquences désastreuses d'une telle interruption (1).

Ces puissants travaux, si dignes de cette épithète, inspirent l'admiration pour les pays conquis et fertilisés par leur secours; ils témoignent hautement de l'esprit d'entreprise des Hollandais; leur aspect donne une haute idée de la hardiesse, de l'activité, de l'infatigable persévérance de ce peuple qui a su les entreprendre et les achever et qui sait les entretenir.

AGRICULTURE FLAMANDE.

L'Agriculture des Flandres repose principalement sur la charrue, ayant plus de terres arables que de prairies. Il faudrait un livre spécial et très-volumineux pour rendre un compte détaillé de ses divers produits et de ses procédés de culture. Je me bornerai donc à mentionner les particularités par lesquelles se distingue la

(1) On ne peut blâmer les Hollandais de ne pas se mettre à la discrétion de l'étranger, en cas de guerre, pour une besogne de laquelle dépend l'existence même de leur pays que la mer semble devoir reprendre quelque jour. Pourtant, remarquons à l'honneur de l'humanité, que si la Hollande avait avec n'importe qui une guerre dont la conséquence l'exposerait à périr faute de feu pour épuiser les eaux qui l'envahissent, un cri d'horreur s'élèverait de toute l'Europe contre l'emploi d'un pareil moyen de combattre un ennemi. Si le sort de la Hollande dépendait de ses machines à vapeur pour l'épuisement de ses eaux, l'Europe ne souffrirait pas que la Hollande périt faute de charbon pour les faire fonctionner.

pratique de l'Agriculture dans les Flandres, en y joignant sur les récoltes spéciales de ce pays les observations qui me sembleront utiles et dignes d'intérêt. Ces provinces sont en partie comme la Hollande, un pays repris sur la mer; elles ont leurs digues, leurs polders et leurs canaux.

Je commence par déclarer que l'Agriculture des Flandres est supérieure à celle de tous les autres pays que j'ai visités. Je ne puis pas dire qu'en Angleterre, en Écosse, en France, en Suisse, je n'ai pas vu des exploitations qui, prises isolément, sont aussi bien cultivées que les fermes flamandes. Assurément, il y a dans le Lothian, en Écosse et dans les comtés de Northumberland, Norfolk, Lincoln, Bedford, Berk, Cambridge, Stafford et plusieurs autres, des exploitations et même des cantons entiers d'une grande étendue, où l'Agriculture est perfectionnée et productive au plus haut degré. Mais les Flandres, que j'ai visitées presque en entier, prises dans leur ensemble, me paraissent avoir une supériorité marquée pour la propreté, la régularité, la profondeur des labours, l'égalité des récoltes, la judicieuse entente des assolements, l'économie des engrais et l'excellente manière de les employer, enfin pour les grandes et importantes améliorations que cette terre féconde reçoit sans cesse. C'est un fait humiliant pour la science (1) que tout cela se fasse par une population comparativement dépourvue d'instruction, faisant peu de cas de tout ce qu'on nomme sciences appliquées à l'Agriculture, ayant peu d'instruments et des moins perfectionnés. Toutefois, ce serait une grande erreur que de croire ce peuple sans éducation agricole étranger à la science de l'Agriculture. Ils ont la plus sûre de toutes les sciences, celle qu'on acquiert par une longue pratique, celle qui naît de l'application de l'intelligence aiguisée par la nécessité à l'observation des faits qui se passent autour de nous, celle qui s'applique à tirer parti de toutes

(1) Nous recueillons avec une vive satisfaction ce témoignage non suspect de partialité en faveur de la perfection de l'Agriculture des Flandres. Mais M. Colman, dans son aversion pour tout ce qui tient à la science appliquée à l'Agriculture, n'a pas vu un fait, fort évident à notre avis, c'est que si par de bonnes traditions, l'esprit d'observation et la patience au travail, nos compatriotes des Flandres ont obtenu de très-beaux résultats sans instruction, ils en obtiendraient de bien plus beaux encore si, aux éléments de succès dont ils disposent dès à présent, venait se joindre le secours de la science appliquée à l'Agriculture.

les leçons de l'expérience. Je suis loin de croire qu'on atteigne ainsi au maximum de toute perfection possible; je regretterais de voir, n'importe dans quelle division du savoir humain, la porte fermée à de nouvelles recherches ; mais, dans l'état actuel des choses, les cultivateurs des Flandres n'en doivent pas moins se féliciter d'avoir porté leur Agriculture à un degré de perfection que n'ont pas su atteindre d'autres pays, possédant des avantages supérieurs sous d'autres rapports.

Si les instruments aratoires qu'ils emploient n'ont pas reçu de grands perfectionnements, on ne peut nier qu'ils ne remplissent très-bien leur destination. Le grand instrument aratoire des Flamands, est la bêche. Nous imaginons sans cesse toute sorte d'outils pour diminuer le travail de l'homme ; nous avons besoin de toute espèce de machines qui, pour nous satisfaire, devraient travailler toutes seules ; nous voulons qu'elles agissent par la force du vent, de la vapeur ou des animaux, et nous serions heureux si elles pouvaient marcher sans qu'il y eût besoin de nous en mêler. Le cultivateur flamand répugne à tout travail qu'il ne peut pas exécuter ou diriger par lui-même. Un outil, même imparfait, avec une pensée intelligente au bout, fait de meilleure besogne que la machine la plus compliquée et la mieux imaginée, qui doit fonctionner toute seule.

—

NATURE DU SOL ET ÉTENDUE DES EXPLOITATIONS.

Le sol des Flandres est en général de qualité médiocre, mais il donne raison au proverbe latin : *Labor omnia vincit improbus;* le travail persévérant surmonte toutes les difficultés. Quelquefois, les cultivateurs vont s'établir sur des sables mouvants, dont l'apparence stérile semble défier toute végétation d'y croître. Ils sèment d'abord du seigle, de l'avoine et du genêt. Le seigle et l'avoine sont employés seulement comme fourrages, ainsi que les sommités du genêt qui occupe le sol pendant trois ans, après quoi on l'enterre comme engrais. Lorsqu'ils sont arrivés par degrés à pouvoir obtenir du trèfle et des navets et à nourrir une vache, la voie est ouverte pour le succès. En pareil cas, le fumier solide ou liquide est recueilli et ménagé avec des soins qui en doublent l'effet utile. Au bout d'un certain temps, ils ont opéré la transformation d'un sable aride en une terre fertile (1).

Les exploitations flamandes ont peu d'étendue ; la plupart d'entre elles ne dépassent pas vingt hectares ; elles ont souvent beaucoup moins de terrain ; beaucoup n'ont pas plus de deux ou trois hectares. La somme des produits obtenus, même dans les plus petites fermes, est extraordinaire; elle présente un contraste fort instructif avec les produits des grandes exploitations.

—

CULTURE DU SOL; DÉFONCEMENTS, LABOURS, EMPLOI DES FUMIERS.

Le trait le plus saillant de la culture flamande, est la profondeur des labours. On les donne quelquefois à la bêche, quelquefois à la charrue, ou par ces deux moyens combinés. La terre est successivement défoncée jusqu'à 50 centimètres, et même au-delà. Celle qu'on destine à la culture des céréales est divisée en planches de deux mètres environ de largeur, séparées par une rigole profonde, large de 30 centimètres. L'année suivante, on comble la rigole de la dernière planche, en empiétant de 30 centimètres sur la planche qui la suit pour ouvrir une nouvelle rigole, et ainsi des autres; de sorte qu'en quelques années plus ou moins, selon la largeur des planches, les rigoles ont occupé successivement toute la surface, et tout le sol a été défoncé à la profondeur de deux fers de bêche. En même temps, les récoltes qui se sont succédé sur le sol ayant reçu d'abondantes fumures qui l'ont graduellement amé-

(1) M. Colman n'a décrit qu'un procédé de défrichement lent et imparfait, tel que le pratiquent seulement les cultivateurs qui ne disposent d'aucun capital. Nous ne pouvons dépeindre ici nécessairement la bonne méthode de défrichement qui a déjà opéré des merveilles et doit en opérer bien d'autres; notons seulement que M. Colman paraît n'avoir pas connu ce qui se fait de bien en Belgique, en fait de défrichements.

lioré, il s'est formé une couche arable aussi riche que bien ameublie. Cette opération ressemble assez au défoncement ordinaire, sauf qu'elle se fait plus profondément et avec plus de soin à la bêche qu'à la charrue. Un sol profond, quand il est suffisamment fumé, est le plus favorable à la végétation. L'air même concourt puissamment à enrichir la terre; l'eau, cet autre grand agent de fertilisation, traverse un terrain bien cultivé en y laissant son influence favorable à la végétation sans lui nuire en y séjournant trop longtemps. Toutes les plantes n'exigent pas la même profondeur de terre végétale; mais souvent celles qui paraissent ne vivre qu'à la surface plongent leurs plus tendres racines fibreuses pour chercher leur nourriture, bien plus avant que l'œil ne peut les suivre, bien plus profondément qu'on ne le suppose généralement. Un cultivateur français a constaté que des racines de froment avaient pénétré à un mètre 60 centimètres dans le sol. Toutes les plantes à racines plongeantes, comme le trèfle et les carottes, demandent une terre profondément cultivée.

Le but principal que veut atteindre le cultivateur flamand, est d'avoir une terre profonde, friable, bien fumée, et autant que possible également fumée dans toute son épaisseur. Il n'y parvient pas sans prendre beaucoup de peine; mais aussi, toute son exploitation ressemble au jardin le mieux cultivé. Partout où les labours se donnent à la charrue, les rigoles entre les planches et sur les limites des champs sont creusées et parées à la bêche; la terre qu'on en retire est rejetée sur les planches, et le tout est exécuté avec une netteté et une correction qui donnent au pays un aspect particulièrement ravissant pour l'œil de l'agronome.

Défoncements. — Les Flamands ont une manière spéciale de travailler leurs terres dans certaines circonstances par un procédé dont leurs meilleurs cultivateurs font le plus grand cas, et qui mérite bien d'être mentionné ici. Un ouvrier armé d'une bêche suit immédiatement la charrue; à mesure qu'un sillon est ouvert, il l'approfondit d'un fer de bêche, et rejette la terre prise dans la raie sur le sol déjà labouré; cette terre y reste en grosses mottes jusqu'à ce que, par les variations de la température et l'action de l'atmosphère, elle finisse par se diviser et se répandre d'elle-même à la surface du champ. Une telle façon passe dans leur opinion pour valoir une fumure complète. La tranche de terre prise dans un sillon comble l'ouverture creusée par le sillon précédent, et la presque totalité de la couche arable se trouve complétement retournée. Toutefois, ce mode de défoncement ne peut réussir quand la terre est trop forte et trop argileuse, parce que, dans ce cas, l'eau pourrait se rassembler dans les creux ouverts à la bêche, et y séjourner. Le cultivateur flamand veut avoir, comme je l'ai dit, une couche arable à la fois riche et profondément ameublie, capable de donner passage à l'eau qui tombe dessus, et de recevoir sans obstacle les influences atmosphériques.

Drainage. — Rien ne peut surpasser le travail que s'impose le cultivateur flamand pour bien façonner sa terre; toutes ses espérances de succès dans sa culture ont ce travail pour point de départ. J'ai dit que, dans le but d'assainir la surface, il la divise en planches plus ou moins larges, selon la situation du terrain et la quantité d'eau dont il faut favoriser l'écoulement. Si la terre est rendue trop humide par des sources, il prend soin d'ouvrir des rigoles transversales pour donner passage à leurs eaux. Ces rigoles sont remplies de broussailles ou de branchages provenant de l'élagage des arbres; on pose par-dessus des pierres qu'on recouvre de terre; l'eau est ainsi conduite jusqu'à un fossé ouvert par où elle s'écoule. Ce procédé de drainage est tout primitif et n'est sans doute pas le meilleur qu'on puisse adopter. Mais quand le bois est décomposé et détruit, la force du courant qui s'est établi dans les rigoles suffit pour les maintenir ouvertes pendant fort longtemps. Si l'excès d'humidité de la terre vient de sa position basse et déprimée, ou de la présence de sources dont on ne peut se débarrasser par des rigoles, il devient nécessaire de saigner tout le terrain par des tranchées ouvertes, dont les dimensions varient selon l'état du sol qu'il s'agit d'assainir et où les eaux viennent se rassembler. On perd ainsi, à la vérité, une grande partie de la surface cultivable; mais il y a compensation dans l'assainissement et le bon état de ce qui reste et dont on n'aurait pas pu tirer parti sans ce sacrifice. Cette pratique est généralement suivie dans les polders; on donne au fossé principal assez de largeur pour pouvoir y faire circuler des barques servant à transporter les récoltes des champs où les charrettes ne peuvent avoir accès, jusqu'à la limite de ces champs, où les charrettes viennent les prendre.

Mélange des sols. — Quand la terre que le cultivateur flamand se propose de mettre en valeur est composée, comme il arrive assez souvent, de plusieurs couches de nature différente, par exemple, de terre végétale reposant sur un banc d'argile qui repose lui-même sur du sable, il importe de remuer le tout par un labour profond et de le mélanger pour fertiliser par degrés toute l'épaisseur de la couche ameublie. Les Flamands font ainsi tous leurs efforts pour avoir à travailler une couche arable profonde, meuble et riche; c'est par des moyens de cette nature qu'ils ont rendu productives des terres qui semblaient indignes d'être cultivées. Quelques terres originairement stériles et sans valeur sont maintenant au rang des plus fertiles.

Je ne puis entrer ici dans le détail des frais et des bénéfices. Pour déterminer l'opportunité des améliorations de cette nature, il faut tenir compte dans chaque localité de la valeur de la terre et de celle de ses produits, aussi bien que du prix de la main-d'œuvre et du fumier; j'ai voulu montrer seulement ce qu'on a exécuté et ce qu'on peut faire avec de l'habileté, de l'activité et de la persévérance.

Il y a peu de situations où l'amélioration judicieuse du sol ne puisse couvrir ses frais par ses produits; plus les améliorations sont radicales et essentielles, plus la dépense qu'elles exigent est complétement couverte. Dans un pays où la population est aussi pressée qu'elle l'est dans les Flandres, il importe qu'il ne reste pas un décimètre carré de terre qui ne soit rendu productif. Puisqu'on en vient à bout dans les circonstances les moins encourageantes sur des terres qui semblent d'une stérilité absolue, ce seul fait doit donner lieu d'espérer que les terres considérées actuellement comme les mieux cultivées, pourraient donner des produits de beaucoup supérieurs à ceux qu'on en a obtenus jusqu'à présent. Je suis convaincu que la production peut être doublée sur la plus grande partie des terrains dont la culture passe pour être le plus avancée.

Ce qu'on a fait en Flandre par le travail de la bêche, on l'exécute en ce moment dans la Grande-Bretagne au moyen de la char-

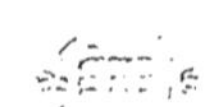

rue à remuer le sous-sol. Cette opération ameublit la couche inférieure; elle y fait pénétrer l'influence fertilisante de l'air et du soleil; elle mêle par degrés le sous-sol à la couche superficielle. Une grande amélioration introduite dans la méthode anglaise, est que la terre, avant d'être défoncée, est assainie par un drainage profond et souterrain, qui la débarrasse de l'humidité surabondante, sans occuper un centimètre carré de la surface cultivable.

Rotation des récoltes. — Un autre point fort important de l'Agriculture flamande, est la régularité dans la rotation des récoltes; elle s'observe avec la plus stricte exactitude.

Quelques auteurs ont avancé que les matières excrémentielles rejetées par quelques plantes, empoisonnent la terre pour les plantes de la même espèce qui leur succèdent, jusqu'à ce qu'il se soit écoulé un certain temps pendant lequel ces matières se sont consumées, dissoutes et ont changé de nature. D'autres auteurs supposent que chaque plante demande pour son alimentation des principes particuliers puisés dans le sol; quand ces principes sont épuisés, la même espèce de plantes ne peut pas réussir dans la même terre jusqu'à ce qu'on lui ait rendu un nouvel approvisionnement des mêmes principes, ce qui peut être fait artificiellement, ou bien se produire naturellement quand on laisse le sol se reposer pendant un temps plus ou moins long, ou qu'on lui fait produire d'autres récoltes d'une nature différente, qui n'exigent pas les mêmes éléments pour leur nourriture (1). La dernière de ces deux théories semble être la mieux prouvée. Mais quelle que soit la véritable explication de la nécessité du changement ou de l'alternance des récoltes, les cultivateurs flamands ont compris depuis longtemps cette nécessité, et l'expérience leur a appris quelles sont les récoltes qui doivent se succéder l'une à l'autre, et à quels inter-

(1) Ce point fort délicat est loin d'avoir obtenu une solution aussi nette que le pense l'auteur; il est parfaitement vrai, par exemple, qu'une terre qui a produit des asperges pendant quinze à seize ans, durée ordinaire de cette plante, est dix à douze ans sans vouloir en produire, de quelque manière qu'on s'y prenne, bien que cette même terre soit restée fertile au plus haut degré pour toute espèce d'autre culture. L'explication de ce fait ne semble pas bien claire quant à présent, et dans la pratique du jardinage, il s'en rencontre beaucoup du même genre. Par exemple, la plante nommée *Soleil* (Hélianthus), semée dans un parc de fraisiers, les tue à une assez grande distance tout autour d'elle : pourquoi?

valles chacune peut revenir avec succès dans la même terre.

Une foule de circonstances diverses influent sur la rotation des récoltes. Un fermier intelligent doit s'informer d'abord des produits qui conviennent le mieux à sa terre, parce que ce sont ceux qui donneront les résultats les plus avantageux. Il doit savoir quelles denrées il lui faut cultiver pour sa propre consommation et pour le marché, quelles sont celles qui épuisent le moins le sol, et celles auxquelles il convient d'appliquer directement la fumure. Une foule de notions se rattachant à la nature et aux conditions particulières du sol, doit guider le fermier dans le choix d'une rotation de récoltes, dans le but d'obtenir le plus grand bénéfice possible aux moindres frais, en altérant le moins la force productive de la terre (1). A l'exception des pommes de terre, qui passent en grande partie dans l'alimentation de l'homme, tout ce qu'on nomme récolte verte, y compris les carottes et les turneps, est cultivé en vue de la production du fumier que doivent fournir les animaux nourris du produit de ces récoltes. Chaque exploitation est divisée en plusieurs portions dont chacune est soumise à des rotations distinctes et régulières, le fermier désirant obtenir en même temps une grande variété de produits. Ce système lui permet de pourvoir avec plus de facilité à la nourriture de sa famille; d'ailleurs, plus il dispose de produits divers, moins il doit redouter les fluctuations capricieuses du prix des denrées sur le marché, plus il lui est facile de donner à ses terres une bonne culture et beaucoup de fumier.

Je donne ici quelques exemples des rotations suivies par les fermiers des Flandres, non pour les citer comme règles à suivre dans d'autres localités dont les conditions peuvent différer essentiellement; je n'ai voulu que faire connaître exactement la pratique de ces intelligents cultivateurs.

On suit assez souvent la rotation suivante sur une terre de bonne qualité donnant de belles récoltes de froment.

(1) Nous protestons ici contre une erreur grave. L'auteur semble affirmer qu'on ne peut obtenir de la terre des récoltes quelconques sans altérer sa force productive, et qu'il faut seulement l'altérer *le moins possible*. C'est une erreur de fait; la terre bien cultivée peut toujours *s'améliorer en produisant*; l'Europe d'aujourd'hui, où les famines sont de plus en plus rares, produit plus qu'autrefois, nourrit plus d'habitants et les nourrit mieux, et ses terres ne vont point en se détériorant, au contraire.

1re année : pommes de terre.
2me — froment avec navets semés après la moisson, en récolte dérobée.
3me — Avoine et trèfle.
4me — Trèfle.
5me — Seigle avec turneps en récolte dérobée.
6me — Prairie naturelle, aussi longtemps que son produit est satisfaisant.

Une ferme soumise à un tel assolement doit être divisée en autant de pièces que la rotation comprend de récoltes différentes, pour avoir toujours tous les genres de produits croissant en même temps sur les diverses portions de l'exploitation.

Une autre rotation fort suivie comprend :

1re année : Froment.
2me — Seigle et turneps.
3me — Avoine.
4me — Lin.
5me — Trèfle.
6me — Navette.
7me — Pommes de terre.

Dans un sol très-fort, les récoltes se succèdent dans l'ordre suivant : 1° pommes de terre; 2° froment ; 3° fèves; 4° seigle; 5° froment; 6° trèfle; 7° turneps; 8° lin ; 9° froment; 10° avoine; 11° jachère; 12° tabac; 13° seigle ; 14° avoine.

La rotation suivante est adoptée dans les terres tout à fait argileuses.

1re année : Pommes de terre avec 50,000 kilogrammes de fumier par hectare.
2me — Froment, avec 10,000 kilogrammes de fumier et 120 hectolitres d'urine.
3me — Lin avec 30,000 kilogrammes de fumier, 120 hectolitres d'urine et 1,200 kilogrammes de tourteau de colza.
4me — Trèfle avec 50 hectolitres de cendres de bois.
5me — Seigle avec 20,000 kilogrammes de fumier et 120 hectolitres d'urine.

6me année : Avoine avec 120 hectolitres d'urine.
7me — Sarrasin, sans engrais.

Dans un riche *Loam* (terre franche fertile), on adopte la rotation suivante :

1re année : Turneps, carottes, chicorée.
2me — Avoine avec trèfle.
3me — Trèfle.
4me — Froment.
5me — Lin.
6me — Froment.
7me — Fèves.
8me — Froment.
9me — Pommes de terre.
10me — Froment.
11me — Avoine.

Dans cette rotation, le blé revient en 11 ans, 4 fois. Le trèfle qui paraît 2 fois, peut être regardé comme la seule plante améliorante de l'assolement. La fumure est appliquée aux 1re, 3me, 4me, 7me et 9me années ; la culture est fort soignée et le sol est entièrement purgé de mauvaise herbe.

J'ai donné ces diverses rotations d'après l'*Agriculture pratique de la Flandre*, par *Van Aelsbroeck*; j'y joins des tableaux empruntés au même ouvrage, pensant qu'ils peuvent instruire et intéresser le lecteur.

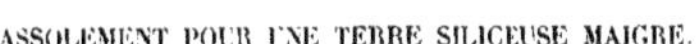

ASSOLEMENT POUR UNE TERRE SILICEUSE MAIGRE.

1re année.	Seconde.	Troisième.	Quatrième.	Cinquième.	Sixième.	Septième.	Huitième.	Neuvième.	Dixième.
			Sarrasin.	Carottes.	Pommes de terre.	Orge et turneps.	Lin et carottes.		
			Avoine.	Trèfle.	Orge et turneps.	Pommes de terre.	Seigle et turneps.		
Lin et carottes.	Seigle et turneps.	Seigle et turneps.	Pommes de terre, pois et carottes.	Avoine, seigle.	Trèfle.	Seigle ou orge et turneps.	Seigle, avoine et pommes de terre.	Lin et carottes.	Seigle et turneps.
			Spergule et navets.	Sarrasin.	Pommes de terre.	Avoine.	Lin et carottes.		
Lin.	Seigle.	Trèfle.	Seigle et turneps.	Seigle et turneps.	Avoine ou sarrasin.	Pommes de terre.	Seigle et turneps.	Lin.	Trèfle.
						Carottes.	Seigle et turneps.		
Lin et trèfle.	Trèfle.	Avoine ou spergule ou pois.	Seigle et turneps.	Seigle et turneps.	Sarrasin ou pommes de terre ou carottes.	Orge et turneps.	Avoine.	Seigle et turneps.	Lin.
						Seigle et turneps.	Seigle et turneps.	Lin.	

ASSOLEMENT POUR LES PLUS RICHES TERRES LÉGÈRES.

1re année.	Seconde.	Troisième.	Quatrième.	Cinquième.	Sixième.	Septième.	Huitième.	Neuvième.	Dixième.
Lin et trèfle (1) ou carottes.	Froment.	Seigle et turneps.	Seigle ou orge et turneps.	Pommes de terre.	Froment.	Seigle et turneps.	Lin.	Trèfle.	
			Pommes de terre.	Froment.	Seigle ou orge et turneps.	Avoine.	Lin et carottes.	Seigle.	Trèfle.
	Avoine.	Seigle et carottes ou orge et turneps.	Pommes de terre.	Froment.	Seigle et turneps.	Orge et turneps ou avoine.	Lin.	Trèfle.	
	Orge et turneps.	Seigle et carottes.	Pommes de terre.	Froment.	Seigle et turneps.	Lin et carottes.	Avoine.	Trèfle.	

(1) Si le trèfle est semé avec le lin, il est fauché la seconde année, et l'assolement comprend un an de plus; mais on sème plus généralement des carottes avec le lin, et de l'avoine ou de l'orge la seconde année.

ASSOLEMENT POUR UNE BONNE TERRE FORTE OU UN LOAM ARGILEUX.

1re année.	Seconde.	Troisième.	Quatrième.	Cinquième.	Sixième.	Septième.	Huitième.	Neuvième.	Dixième.
		Avoine.	Carottes ou orge et turneps.	Froment.	Seigle et turneps.	Pommes de terre.	Froment.	Seigle et turneps.	Lin.
				Fèves.	Froment.	Seigle et turneps.	Pommes de terre.	Navette et carottes.	Lin.
	Trèfle.	Orge et turneps.	Navette et carottes ou fèves.	Froment.	Seigle et turneps.	Pommes de terre.	Seigle et turneps, froment.	Avoine ou lin, seigle ou orge et turneps.	Lin.
Lin.	Froment.	Orge	Fèves.	Froment.	Seigle et turneps.	Pommes de terre.	Navette et turneps.	Avoine ou lin.	
		ou seigle et turneps.	Avoine et trèfle ou pommes de terre.	Trèfle, navette et turneps.	Froment.	Seigle et turneps.	Lin.		
	Navette et turneps.	Froment.	Seigle et turneps.	Avoine.	Trèfle.	Froment.	Seigle ou orge et turneps.	Avoine ou lin.	

Il n'est pas facile de reconnaître dans tous les cas possibles les principes sur lesquels sont fondés ces assolements. Pour les cultivateurs flamands, c'est le résultat d'une longue expérience et d'une grande série d'observations. Ils sont peut-être souvent susceptibles d'être modifiés avec avantage. Par exemple, j'ai vu aux États-Unis, dans quelques cantons, le lin cultivé avec succès sur le même terrain tous les quatre ans, et le froment sur quelques points de l'Angleterre, tous les deux ans avec un résultat satisfaisant. Mais, dans les deux cas, la terre était largement fumée, et dans le premier, il s'agissait d'un sol comparativement neuf et non épuisé. En abordant ce sujet, je n'ai point entendu prescrire une rotation particulière ; je n'ai voulu que mettre en lumière un des grands principes de l'Agriculture flamande, applicable dans toutes les situations. La nécessité d'une rotation rationnelle de cultures paraît pleinement établie; le genre d'assolement à adopter doit être déterminé d'après les circonstances locales, en ayant seulement égard aux données suivantes. Deux récoltes du même genre ne doivent jamais se suivre immédiatement; l'intervention d'une récolte *nettoyante*, c'est-à-dire d'une récolte qui veut être sarclée à fond, est indispensable; les cultures dont les produits sont consommés à l'exploitation ont une double utilité, en contribuant à l'accroissement du bétail et en préparant la provision d'engrais dont la ferme a besoin ; la nécessité d'une jachère nue, laissant le sol sans aucune culture pour qu'il puisse se refaire et être délivré radicalement de la mauvaise herbe par des labours d'été, ne peut plus être admise ; les récoltes sarclées, si elles reçoivent une fumure, peuvent remplacer la jachère nue au grand avantage du cultivateur.

Fumure. — Une troisième particularité très-remarquable de l'Agriculture flamande, est le système de fumure suivi par les cultivateurs de ce pays. D'abord, ils engraissent leurs terres très-abondamment. Dans un des assolements que j'ai rapportés (page 219), chacune des six premières récoltes a été libéralement fumée ; la septième qui complète la rotation consiste en sarrasin, sans fumier. Dans l'assolement suivant (page 220), où la rotation comprend onze récoltes, cinq sont fumées. On peut juger combien ces fumures sont abondantes, sachant que chaque hectare reçoit quelquefois 50,000 kilogrammes de fumier, quelquefois 30,000, auxquels sont ajoutés 50 hectolitres d'urine; dans ce but, le cultivateur flamand ne laisse rien perdre de ce qui peut être utilisé comme engrais; outre le fumier fait à l'exploitation par les animaux qui y sont nourris, il est toujours disposé à acheter des engrais au dehors, partout où il peut s'en procurer, les canaux dont son pays est sillonné lui offrant de grandes facilités pour les transports. Peut-être est-il un seul point à l'égard duquel les Flamands sont souvent en défaut; ils ne cultivent pas une quantité suffisante de fourrage vert pour nourrir plus de bétail et obtenir plus de fumier.

Engrais liquide. — L'Agriculture flamande se distingue non-seulement par sa générosité en fait d'engrais, mais encore par sa manière de les employer (1). Le cultivateur flamand a pour but principal de donner le fumier à la terre dans un état qui le rende propre à servir immédiatement à la croissance des plantes cultivées. Le fumier long et maigre, enfoui par un labour en automne, se trouve prêt à favoriser la végétation des plantes semées au printemps. Quand les Flamands donnent une fumure au printemps, ils la travaillent et la préparent si bien qu'elle profite immédiatement à la végétation. Mais un des procédés éminemment remarquables de la culture flamande, est l'emploi des engrais liquides donnés au sol, soit avant les semailles, soit pendant que les plantes cultivées sont en pleine végétation. En pareil cas, la fumure va directement à la récolte, qui la reçoit juste au moment où l'effet de la première fumure enfouie commence à se ralentir, et sous la forme qui peut la rendre le plus profitable.

On objecte souvent à l'emploi des engrais liquides la difficulté de les distribuer aux récoltes; quelques personnes éprouvent à leur égard une répugnance parfaitement absurde, qui les porte à sacrifier le plus efficace des moyens de fertilisation dont dispose le cultivateur. En Flandre, on verse quelquefois l'engrais liquide dans les petites rigoles qui séparent les planches; on l'y reprend ensuite,

(1) Si dans toutes nos provinces on apportait autant de soin que dans les Flandres à ménager les engrais et à bien les employer, la production agricole de nos terres arables serait facilement doublée; car ce qui manque à notre Agriculture comme à celle de toute la vieille Europe, ce sont des engrais, pour rendre à la terre ce que les récoltes lui enlèvent. On s'étonne de voir perdre ou mal employer une si grande partie des engrais, dans des provinces peu éloignées des Flandres, où la méthode des cultivateurs flamands est connue et devrait être pratiquée.

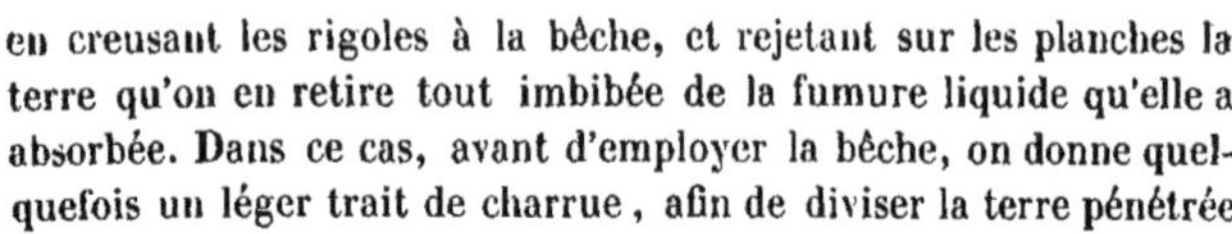

en creusant les rigoles à la bêche, et rejetant sur les planches la terre qu'on en retire tout imbibée de la fumure liquide qu'elle a absorbée. Dans ce cas, avant d'employer la bêche, on donne quelquefois un léger trait de charrue, afin de diviser la terre pénétrée d'engrais dans les rigoles entre les planches. Le plus souvent, on répand la fumure liquide au moyen d'un tonneau d'arrosage, semblable à ceux dont on se sert pour rafraîchir les rues dans les villes. Dans la figure ci-contre, on voit le liquide versé du tonneau par un robinet dans une auge horizontale, dont le fond est percé de trous par lesquels la distribution de l'engrais se fait très-également.

Quand le liquide est trop épais pour passer facilement par les trous de l'auge, on le fait couler directement contre une planche qui le force à se répandre en nappe sur le sol, comme le montre la figure 3.

Je pense que l'engrais liquide se répandrait plus également si, au lieu de tomber sur une planche presque droite, il était versé sur une planche légèrement inclinée, comme dans la figure 4.

Dans les très-petites fermes, où le cultivateur doit faire toute la besogne par lui-même, il emploie, pour répandre l'engrais liquide, un procédé dont la figure 5 peut donner une idée. Je suppose que cette pratique ne plairait guère à ceux qui n'en auraient pas l'habitude. Mais le paysan flamand n'a pas de répugnance pour un travail quelconque utile à sa culture.

On transporte quelquefois la fumure liquide dans les champs, au moyen d'un tonneau placé sur une brouette en équilibre entre les brancards. Les désagréments de l'épandage de l'engrais liquide sont connus; mais quelques-uns sont purement imaginaires, et quant aux frais et à la peine qu'exigent la conservation et la distribution de cet engrais, ils sont plus que compensés par la valeur extraordinaire de cet aliment de la végétation.

Propreté des cultures. — On doit encore signaler parmi les traits particuliers de l'Agriculture flamande, la netteté des cultures de ce pays. Les cultivateurs des Flandres n'épargnent point de peine pour extirper de leurs champs jusqu'à la moindre mauvaise herbe. Une vieille terre soumise à un système de culture admettant de fortes fumures, est toujours sujette à être infestée de mauvaises herbes, principalement du chiendent, qui est pour les Flamands un véritable fléau. Quand le sarclage ne peut être complété ni à la charrue, ni à la herse, ni à la houe, il se termine à la main ; on a quelquefois recours à une jachère nue. Dans ce cas, on doit faire choix d'une récolte qui puisse tenir lieu de la jachère, c'est-à-dire qui exige des soins de culture capables d'opérer efficacement la destruction de la mauvaise herbe. Le temps a fait justice de la vieille croyance à la nécessité du repos absolu pour rendre à la terre sa force productive. La terre peut produire sans interruption, pourvu qu'on lui donne assez de fumier et qu'on adopte un bon assolement.

—

ENGRAIS.

J'aborde maintenant la question des engrais, telle qu'elle se présente elle-même dans ses rapports avec l'Agriculture du Continent européen. Les Flamands nomment le fumier *le dieu de l'Agriculture*. Je crois superflu de parler ici de son importance; les soins qu'on apporte à l'amasser et à l'employer dans les Flandres font assez voir à quel point il y est apprécié. Enfin, l'engrais est la base de toute bonne culture.

Engrais minéral. — On divise ordinairement les engrais en trois classes : les *minéraux*, les *végétaux* et les *animaux*. On comprend généralement fort bien l'utilité des engrais minéraux tels que la chaux, le plâtre et la marne; mais, d'après mes observations personnelles, on ne les emploie pas sur le Continent dans la même proportion qu'en Écosse et en Angleterre, pour les usages agricoles. La chaux, ou carbonate de chaux, sert à l'amendement des terres argileuses, froides et lourdes. En pareil cas, elle remplit une double distinction; d'une part elle divise le sol en le rendant plus friable et plus léger; de l'autre, elle le réchauffe. On sait que les plantes s'approprient une certaine quantité de chaux qu'elles prennent dans le sol; mais cet élément entre pour si peu dans leur composition, que cette petite quantité de chaux se rencontre dans presque tous les terrains (1). Un autre point paraît être aussi hors de contestation, c'est qu'il faut donner au sol la chaux à l'état caustique. Quelques cultivateurs flamands regardent comme un procédé avantageux de mêler la chaux à de la terre et de la répandre en cet état; il semble qu'il en résulte une simple augmentation de main-d'œuvre, sans aucun bénéfice réel. D'autres recommandent de mêler la chaux à des substances végétales entassées pour l'éteindre avant de l'employer; mais, en agissant ainsi, l'on détruit en partie ce que la chaux a de plus précieux comme engrais. Les Flamands pensent que l'effet d'un chaulage se fait sentir pendant 3 ans; cela doit dépendre beaucoup de la quantité de chaux employée. Plusieurs fermiers considèrent comme suffisante une dose de 26 hectolitres par hectare; d'autres sont d'avis que cette même dose doit être renouvelée trois ans de suite (2).

J'ai vu fréquemment employer la marne pour l'amendement des terres légères et des terres tourbeuses, qu'elle convertit immédiatement en terres productives. On ne peut pas dire que l'emploi du plâtre soit général. On s'en sert quelquefois pour la plantation des pommes de terre, auquel cas on reconnaît qu'il améliore la qua-

(1) La question de la présence de la chaux dans le sol nous paraît ici mal posée; il ne s'agit pas, en effet, de savoir si la terre contient une quantité de chaux égale ou supérieure à celle que les plantes cultivées doivent absorber, mais de s'assurer que la chaux se trouve dans les conditions voulues pour servir à la nourriture des plantes. C'est ainsi que le tabac, par exemple, qui a besoin de beaucoup de carbonate de chaux, ne réussit pas dans des terres qui contiennent plus de chaux qu'il ne lui en faut, mais qui la contiennent engagée dans des combinaisons qui l'empêchent de s'assimiler au tabac. Il en est de même de la silice pour le blé; une terre où l'argile domine contient toujours plus de silice qu'il n'en doit entrer dans la paille d'une récolte de froment; mais il n'en faut pas moins amender cette terre avec du sable siliceux pour que le blé puisse y croître. Des considérations du même genre dominent la question de l'emploi de tous les engrais minéraux.

(2) L'auteur aurait dû ajouter que l'influence de la chaux sur la force productive d'un sol et la dose à laquelle elle doit être employée comme amendement, dépendent de la composition de ce sol. Si d'avance il contient suffisamment de chaux, en lui en donnant une nouvelle quantité, vous lui faites tort au lieu de l'améliorer. Avant de chauler ou d'amender une terre d'une manière quelconque, il faut en connaître les éléments et leurs proportions respectives; c'est le premier point à éclaircir.

lité des tubercules. On le répand aussi en poudre, à la volée, sur les jeunes trèfles, et presque toujours avec succès. Il arrive parfois que le plâtre agit énergiquement sur la végétation dans une localité et ne produit tout près de là aucun effet; j'en ai fait moi-même l'expérience. Un agronome fort expérimenté des États-Unis assure que le plâtre manque assez souvent son effet quand il n'est pas suffisamment pulvérisé, mais qu'il agit toujours quand il est réduit en poudre impalpable; il fonde cette assertion sur le résultat de son expérience personnelle.

On a beaucoup écrit sur les propriétés du sel marin employé comme engrais; en France, des plaintes unanimes se sont élevées contre les impôts qui restreignent l'emploi du sel pour les usages agricoles. Un agronome de ce royaume, homme de savoir et d'expérience, a consacré beaucoup de temps et dépensé beaucoup d'argent pour vérifier la valeur du sel en Agriculture; il a publié le compte rendu fort exact de ses observations et de ses expériences, qui l'ont amené à conclure que le sel n'a aucune valeur en Agriculture, ni pour l'amendement des terres, ni pour l'engraissement du bétail. Ces conclusions sont entièrement opposées à l'opinion populaire, laquelle semble cependant fondée à certains égards; mais l'agronome qui s'est livré aux expériences dont il a conclu l'inutilité agricole du sel les a variées et répétées avec une patience infatigable.

Engrais végétal. — Quant à l'engrais végétal, je dirai seulement qu'on enterre souvent comme engrais le sarrasin et le trèfle, et que ce genre de fumure est reconnu fort avantageux (1). Les Flamands prennent un soin tout particulier de rassembler toute espèce de matière végétale qu'il leur est possible de se procurer, sur les bords des chemins, des fossés ou des canaux; ils enfouissent avec la même attention les chaumes des céréales, à moins que le terrain ne soit occupé par une autre récolte, comme lors-

(1) Bien d'autres plantes, entre autres les vesces et les lupins, peuvent être avec grand avantage enfouies comme engrais végétal par un labour profond pendant qu'elles sont en fleurs; c'est une ressource précieuse, puisée dans l'atmosphère; car les plantes propres à servir de fumure végétale ont vécu principalement aux dépens de l'air; elles rendent à la terre ce qu'elles lui ont pris, plus, des principes fertilisants que l'air leur a cédés.

qu'on a semé du trèfle ou des carottes avec la céréale; quelquefois aussi on ne sème les carottes qu'après la moisson, aussitôt que la récolte est enlevée.

On peut comprendre parmi les engrais végétaux les cendres, dont les cultivateurs flamands font fréquemment usage. Les Hollandais brûlent principalement de la tourbe pour se chauffer ; les cendres hollandaises sont fort estimées comme engrais pulvérulent à répandre sur le trèfle; on en amène par bateaux de grandes quantités de Hollande en Flandre, et elles ne manquent jamais d'acheteurs. On les répand sur les prairies sèches aussi bien que sur le trèfle, et quelquefois aussi sur le lin. On ne connaît pas exactement à quoi tient leur puissance fertilisante particulière. Je donne ici, d'après l'ouvrage de *Radcliffe* sur les Flandres, une analyse des cendres hollandaises; il est vrai que cette analyse, qui n'est pas toute récente, remonte à une époque où la Chimie n'avait pas encore atteint sa perfection actuelle.

Terre siliceuse.	32
Sulfate de chaux (plâtre).	12
Sulfate et chlorure de sodium.	6
Carbonate de chaux.	40
Oxyde de fer.	3
Déchet.	7 (1)

Les cendres de charbon de terre ou charbon minéral sont quelquefois employées aussi comme engrais; mais leur qualité est fort inférieure à celle des cendres hollandaises proprement dites. On enlève quelquefois une couche mince de la surface des terres de bruyère, et on la brûle pour en répandre les cendres en guise d'engrais; mais si le sol doit recevoir une plantation d'arbres ou être livrée à la charrue, c'est le ruiner que d'enlever les cendres provenant de la combustion de sa couche superficielle. Les cendres de bois et celles des savonneries sont aussi recueillies avec beaucoup de soin pour les usages agricoles. Il est assez difficile de se procurer des cendres de bois, qui sont fort recherchées en raison de la diversité de leurs usages. Les cultivateurs flamands font grand cas de celles des savonneries pour l'amendement des terres fortes; elles

(1) Cette analyse est en effet fort inexacte; la potasse, qui n'y figure pas, se trouve toujours en plus ou moins grande quantité dans les cendres de tourbe.

ont une grande valeur en raison du carbonate de chaux, qu'elles contiennent en grande quantité. La *charrée* (cendres ayant servi à lessiver le linge), contenant une grande quantité de savon, convient pour amender les terres légères et sèches. La *charrée* et les cendres de savonnerie sont regardées comme également favorables pour les prairies sèches et pour le trèfle. On pense que leur effet utile dure trois ans et qu'elles agissent avec plus d'énergie la seconde année que la première. On fait grand usage comme fumure, des tourteaux de colza et de navette dont l'huile a été exprimée; ces tourteaux sont délayés dans l'urine des bestiaux et répandus avec cet engrais liquide sur le terrain ; ce mélange ajoute beaucoup à la puissance fertilisante de l'urine du bétail ; toutefois, j'ai appris à Courtrai que, depuis quelques années, on se sert avec succès du tourteau pour nourrir les vaches à lait et les porcs (1).

Dans quelques cantons de la France et de la Belgique, on enterre comme engrais les tiges du colza, ou bien on les brûle pour utiliser la puissance fertilisante de leurs cendres. Dans quelques pays vignobles on enterre comme engrais végétal les sarments provenant de la taille de la vigne, et l'on en obtient des effets étonnants. C'est ainsi que ce qui a été enlevé à la terre par la végétation des plantes cultivées, lui est rendu comme élément essentiel de la végétation des mêmes plantes dans le même terrain.

La suie répandue comme engrais pulvérulent sur les terres emblavées y produit un très-grand effet ; sa valeur fertilisante est estimée au double de celle des cendres. On l'emploie principalement pour les jeunes trèfles et pour les jeunes plantes potagères ; on lui attribue la propriété de détruire les insectes. En bonne économie, toute substance capable de servir d'aliment à la végétation et d'augmenter la fertilité du sol, doit être mise à part pour cet usage.

J'ai déjà parlé de l'emploi comme engrais des eaux provenant des fabriques de fécule de pommes de terre ; leur effet sur les prairies est des plus remarquables. J'ai parlé également ailleurs de l'eau

(1) L'usage de faire consommer du tourteau aux bestiaux est beaucoup plus général et beaucoup plus ancien que ne le croit M. Colman ; le tourteau en poudre est depuis longtemps, dans tous les pays bien cultivés de l'Europe, la base de l'engraissement des bestiaux. Nous ne pensons pas que cette pratique ait commencé à Courtrai ; en tout cas, elle remonte au commencement de ce siècle.

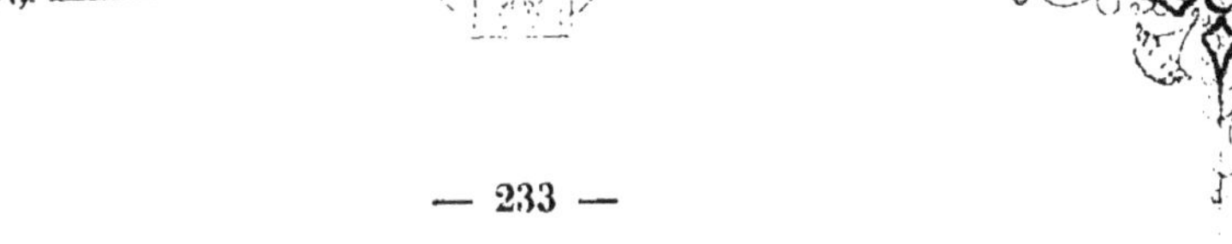

dans laquelle le lin a été roui et de son efficacité comme fumure liquide; j'ai vu cet engrais produire les résultats les plus avantageux, mais je ne sais pas si l'on en fait usage dans les Flandres.

L'eau qui a servi à l'extraction de la fécule des pommes de terre est reçue dans un bassin où, après avoir séjourné quelque temps, elle forme un dépôt considérable. On le répand sur les terres comme engrais, ou bien on le mêle à de la terre pour en former un compost. L'eau éclaircie par le repos est conduite par des rigoles dans des champs et des prairies qu'elle sert à arroser.

Engrais animal. — La grande ressource pour fumer les terres en tout pays, c'est le fumier formé des excréments des animaux ou d'autres substances animales. Ce qui manque surtout à l'Agriculture française, c'est le fumier (1). Les cultivateurs de ce pays ne sont point dans l'usage de faire parquer les moutons sur leurs terres, comme le font ordinairement les Anglais. Ils cultivent très-peu de plantes fourragères pour la nourriture de leurs bestiaux; ils ont peu de turneps et de carottes, et pendant l'hiver, leur bétail n'a souvent d'autre nourriture que de la paille; en été il passe presque tout son temps au pâturage sous la garde d'un pâtre ou d'un enfant, de sorte que l'engrais qu'on en pourrait obtenir est gaspillé. Il y a une exception à faire en faveur des cantons où il existe des sucreries de betterave dont les résidus sont utilisés pour nourrir du bétail à l'étable. J'aurais tort, du reste, d'envelopper toute l'Agriculture française dans une condamnation trop sévère à ce sujet; car j'ai trouvé en France bien des fermes où rien n'est négligé pour recueillir, conserver et ménager le mieux possible l'engrais à l'état solide ou liquide.

(1) Qu'il nous soit permis d'aborder ici en quelques mots la question des engrais, mal posée par l'auteur. Les plantes cultivées vivent en partie par l'air, en partie par la terre; si l'on pouvait rendre aux terres sous forme d'engrais tout ce que leur enlève la végétation, la fertilité du sol n'irait pas en décroissant; si l'on parvenait à rendre *plus*, elle irait en croissant : telle est la position de la question. Presque tout ce qu'on retire de la terre peut lui être rendu, et il faut bien qu'il en soit ainsi, puisqu'elle continue à produire. Dans un bœuf, par exemple, les os broyés retournent à la terre comme engrais, et le reste y peut retourner en grande partie sous forme d'engrais humain; mais, toute la substance du bœuf *ne vient pas de la terre* : l'herbe dont il a vécu avait elle-même vécu en grande partie aux dépens de l'air ; c'est pourquoi le vieux proverbe a bien raison de dire : *qui a foin, a pain.*

J'ai déjà dit quelques mots de la manière dont l'engrais humain provenant des vidanges de Paris est converti en poudrette. Dans ce procédé, la partie liquide, par conséquent la plus utile de l'engrais, est perdue. Mais à Londres et dans bien d'autres grandes villes, au moment où j'écris, la totalité de ce précieux engrais, tant solide que liquide, est complétement perdue, tandis qu'au moins, à Paris, on en sauve une portion considérable en lui donnant une forme portative qui permet de la faire arriver sans difficulté sur des points fort éloignés; dans l'intérieur du pays, l'Agriculture en profite immensément. Il y a aussi une fabrique d'un engrais nommé *noir animalisé*. Cet engrais se prépare en faisant cuire la viande des animaux impropre à servir d'aliment, comme celle des chevaux abattus ou des bestiaux morts de maladie. Cette viande est ensuite desséchée au four au point de pouvoir être réduite en poudre. Une fabrique d'engrais semblable existe à Londres; mais, chose étrange, celui qu'on y fabrique est exporté en France. On considère comme un engrais d'une grande puissance les résidus des raffineries de sucre consistant en charbon animal ou cendres d'os brûlés employés pour la clarification du sucre. Les cultivateurs flamands mêlent ces résidus aux engrais liquides qu'ils conservent dans des citernes. Le noir des raffineries est beaucoup plus employé en France. Son principal usage est de fertiliser les bruyères nouvellement défrichées et les terres humides; dans un sol riche et très-bien cultivé depuis longtemps, il ne produit aucun effet. Il en produit beaucoup, au contraire, sur les pâturages où on le répand à la volée. Dans les terres ensemencées en blé, on jette cet engrais avec la semence; on pense qu'il vaut mieux l'enfouir en automne qu'au printemps. En France on l'emploie à la dose de dix hectolitres par hectare.

Les cultivateurs suisses se distinguent également par le soin qu'ils prennent des engrais. Le tas de fumier est ordinairement placé devant la maison, dans une excavation peu profonde, ménagée de manière à former un bassin dans lequel la partie liquide du fumier vient se réunir. Le fumier long est rassemblé des deux côtés avec beaucoup de régularité, pour en former des masses compactes carrées ou de forme oblongue. Cette pratique est générale dans tout ce pays; la netteté et le soin avec lesquels les fumiers sont disposés est tout à fait remarquable. On y dépose tous les jours l'engrais pris dans les étables, avec les balayures de la maison. De temps en temps on reverse, au moyen d'une pompe, sur le tas de fumier la partie liquide qui s'en est écoulée vers la partie inférieure de la fosse. L'odeur du tas placé directement sous les fenêtres de l'habitation, à côté de la porte, n'est sans doute pas agréable ; mais l'extrême régularité de ce tas, sa netteté et le soin peu ordinaire qu'on en prend, doivent beaucoup contribuer à en diminuer les désagréments.

La palme appartient aux cultivateurs flamands, comparés à ceux de toutes les autres nations, pour la manière économique d'arranger leurs fumiers, de les bien employer et de les distribuer à la terre avec une extraordinaire libéralité. Les meilleurs cultivateurs flamands recommandent de ne pas mélanger les divers engrais. Ils disent que comme les différents animaux veulent une nourriture différente, eu égard à leurs habitudes, à leurs goûts, à leur tempérament, de même telle ou telle plante doit préférer tel ou tel engrais spécial. Je ne prétends pas discuter la question de savoir jusqu'à quel point l'engrais est la nourriture des plantes. Il nous suffit de connaître que les engrais sont indispensables à la croissance des plantes cultivées, et que les divers engrais produisent sur les différents végétaux des effets variés. Le fumier de cheval est un engrais énergique et chaud, considéré comme le meilleur pour les terres froides et humides ; il les rend plus légères, mais si son action est prompte, elle cesse plus vite que celle des autres engrais. Le fumier des bêtes bovines passe pour plus substantiel, pour agir plus lentement, mais avec un effet plus durable. Les cultivateurs des Flandres disent que quand on obtient, la même année, deux récoltes sur une terre fumée d'engrais de bêtes bovines, c'est la seconde de ces deux récoltes qui en profite le plus. Toutefois, il est évident que la qualité des fumiers dépend beaucoup de celle des aliments consommés par le bétail. La plus simple des expériences faite avec l'instrument de chimie le plus commun et le plus primitif, le nez de l'homme, suffit pour permettre de reconnaître la supériorité du fumier des animaux nourris de plantes fourragères, de grain et de farine, sur le fumier des animaux qui ne mangent que de la paille. En Flandre, on regarde le fumier de porc comme de peu de valeur, comparativement à celui des autres animaux; quand on l'emploie seul, on en donne à la terre deux fois autant qu'on lui donnerait de fumier de vaches. Mon expérience personnelle m'a permis de reconnaître que le fumier de porc vaut autant que tout autre; si les cultivateurs flamands en font si peu de cas, c'est que leurs cochons sont nourris principalement au pâturage, et que, comme je l'ai observé en Belgique et en France, ceux de ces animaux qui sont le mieux nourris le sont assez pauvrement (1). L'auge du porc, placée à la porte de la cuisine aux États-Unis, toujours pleine de lait de beurre (*lait battu*) mêlé de légumes cuits et de morceaux de viande et de pain, n'existe, hélas! à la porte d'aucun cottage, d'aucune ferme, sur le Continent européen. Le lait de beurre est réservé pour l'usage de la table, et ce serait une espèce de sacrilége que de donner aux cochons du pain et de la viande, dont une grande partie du peuple ne mange jamais, ou dont elle goûte bien rarement. Le fumier de cet animal est presque toujours froid, et n'entre pas facilement en fermentation.

Celui des moutons est regardé en tous pays comme l'un des meilleurs; il est actif et puissant, et l'on estime en Flandre que sur un sol humide et léger, deux mètres cubes de ce fumier font autant d'effet que trois de celui de tout autre bétail. On l'emploie de préférence pour l'avoine, mais non pour le lin qu'il fait mûrir prématurément. Quelque excellent que soit le fumier de moutons, je n'ai vu pratiquer nulle part sur le Continent l'excellente méthode du parcage des bêtes à laine, si généralement usité en Angleterre et en Écosse. Dans la bergerie où les moutons passent la nuit, on répand une abondante litière qui s'enlève deux fois par an, au printemps et en automne; on commence par étendre sur le sol de la bergerie une couche mince de litière que bientôt les pieds des moutons divisent comme si elle était hachée; on ajoute ainsi de nouvelle litière, couche par couche, jusqu'à l'épaisseur d'un mètre

(1) Quant à la Belgique, l'auteur a été mal informé; la race porcine s'y multiplie rapidement; l'élève et l'engraissement du porc y sont aussi bien entendus que partout ailleurs, et nous exportons, rien qu'en France, plus de 20,000 cochons tous les ans. A la vérité, comme il ne règne pas partout en Belgique la même abondance de vivres qu'aux États-Unis, nous ne prodiguons pas à ces animaux le pain et la viande; mais ils n'en sont pas moins bien nourris et d'excellente qualité.

environ, dont toute la masse, en raison de l'état de division de la paille, se pénètre complétement d'urine (1).

Quelquefois, quand le fermier ne juge pas à propos d'acheter pour son compte un troupeau de bêtes à laine, il en prend un en pension appartenant à autrui. Dans ce cas, il donne à ses frais la litière pour la bergerie ; il fournit, pour compte du propriétaire du troupeau, le foin, le grain ou les racines fourragères pour la consommation des moutons, au prix courant du pays ou bien à des conditions convenues de gré à gré. Il donne le logement et la nourriture au berger et à ses deux chiens, chargés de la garde du troupeau, ce qui revient à environ 275 francs par an ; moyennant quoi, il a pour lui le croît du troupeau (les agneaux) et le fumier. Dans le Lothian, en Écosse, j'ai vu des récoltes de turneps et de rutabagas, mises à la disposition des propriétaires de troupeaux de moutons qui les y amenaient de l'intérieur du pays pour leur faire consommer ces racines sur place. Lorsqu'il est praticable, cet arrangement est excellent. Les Flamands pensent que cent moutons bien nourris dans une bergerie bien garnie de litière, peuvent donner 50 à 60 charretées de fumier, qui équivalent à plus de 80 ou même 90 charretées de fumier d'étable ou d'écurie.

J'ai déjà parlé de la provision d'engrais que fournissent les distilleries en Belgique, à cause du nombre très-considérable de bestiaux élevés et engraissés avec les résidus des grains distillés. Mais cette source d'engrais est en ce moment presque entièrement supprimée.

Un autre genre d'engrais fort estimé sur le Continent, spécialement chez ces cultivateurs si soigneux, les Flamands, c'est celui des pigeons et des autres oiseaux de basse-cour (*colombine*). La supériorité de la colombine sur tous les autres engrais est généralement reconnue. Les excréments des oiseaux sont rejetés par eux sous une seule forme, ce qui leur fait attribuer une très-grande énergie. Dans les Flandres, on recueille la colombine avec des soins minu-

(1) M. Colman aurait dû ajouter que cette coutume très-vicieuse de laisser les moutons enfoncer leurs pieds dans de la litière détrempée d'urine en fermentation, leur donne la maladie du *piétin*. Il vaudrait beaucoup mieux nettoyer souvent la bergerie comme on le fait de l'écurie et de l'étable, sauf à mettre à part le fumier de mouton pour l'employer séparément aux cultures qu'il peut spécialement favoriser.

tieux. Souvent on prend à ce sujet des arrangements avec les personnes qui ont des pigeons; l'engrais produit par 600 pigeons, pendant une année, se paie quelquefois jusqu'à cent francs. Des précautions particulières sont indispensables pour recueillir cet engrais. On recommande de répandre du sable fin sur le sol ou le plancher qui doit recevoir les excréments des oiseaux ; le sable rend cet engrais plus facile à recueillir et il l'empêche d'entrer en fermentation. Si l'on néglige de prendre ce soin, la colombine se trouve gaspillée, la vermine s'en empare, s'y multiplie, et les oiseaux ont beaucoup à en souffrir. La colombine s'emploie quelquefois délayée dans de l'eau, et quelquefois en poudre. Le fumier des pigeons est considéré comme plus énergique que celui des autres oiseaux de basse-cour, mais on n'en donne aucune raison valable. On fait moins de cas de celui des oies, peut-être parce qu'elles se nourrissent en partie d'herbe fraîche. Les oiseaux dont les déjections forment le *guano,* se nourrissent exclusivement de poisson. On a fait en France grand usage du guano, mais on s'en est dégoûté par les falsifications dont il a été l'objet de la part du commerce ; l'analyse chimique a constaté que, dans certains cas, les matières inertes mêlées au guano ne montaient pas à moins de 90 pour cent. Partout où il a été employé sans altération, sa puissance fertilisante a été constatée; mais les fermiers français avec lesquels j'ai été en relations, ne le considèrent point comme supérieur à la poudrette (engrais humain desséché). J'ai visité, à trente kilomètres de Paris, une ferme qui pouvait passer pour très-bien tenue et soutenir la comparaison avec les mieux cultivées de tout autre pays. On y avait essayé l'effet comparé du fumier d'écurie, de la poudrette et du guano. Le résultat donna pour ce dernier plus d'énergie d'action ; pour le fumier d'étable, les produits les plus abondants ; pour la poudrette, les grains de qualité supérieure. Les détails manquent évidemment pour tirer de cette expérience des déductions parfaitement concluantes. Toutefois, dans mes rapports avec les cultivateurs français, j'ai toujours vu qu'ils font grand cas du guano, mais qu'ils lui préfèrent la poudrette. Un plus grand nombre d'expériences peut modifier cette conviction dans la suite.

Engrais liquide, et moyens de le recueillir. — Je dois une mention spéciale aux procédés pour recueillir l'engrais liquide dont l'usage est général en France, et que j'ai vus aussi pratiqués, mais seulement dans quelques localités, dans le royaume précité et en Suisse (1). Il y a de justes motifs de croire que, s'il pouvait être recueilli et employé avec une égale facilité, l'engrais liquide des animaux n'aurait pas moins de valeur que leurs déjections solides. Les cultivateurs flamands n'en laissent rien perdre ; à Gand, les domestiques reçoivent une rétribution pour mettre à part les eaux grasses de chaque maison (2).

Il y a dans toutes les fermes flamandes une citerne pour les urines ; elle tient d'ordinaire à l'étable ou à l'écurie. Une rigole régnant en arrière des bêtes à cornes ou des chevaux, conduit l'engrais liquide dans la citerne, mieux placée au dehors qu'immédiatement sous le bétail, ce qui rend la citerne plus accessible pour enlever facilement l'urine et y mêler d'autres substances fertilisantes. Ce réservoir a quelquefois sept mètres de long, quatre de large et deux de profondeur. Il est construit de briques et le fond en est cimenté de manière à retenir l'eau. On le divise quelquefois en deux grands compartiments, ou même en un plus grand nombre, par des cloisons, comme le représente la figure 6.

(1) Quant à la Suisse, l'usage de l'engrais liquide qu'on nomme dans ce pays *purin* ou *lizier*, y est presque aussi fréquent qu'en Flandre ; il y a peu d'exploitations rurales où la citerne au jus de fumier avec la pompe de bois, ne soient regardées comme des accessoires indispensables, dont tout le monde apprécie l'utilité.

(2) Nous voudrions que l'auteur eût été en ce point exactement informé !

Chacun de ces compartiments est destiné à recevoir séparément l'engrais liquide recueilli à différentes époques ; leur contenance est exactement jaugée ; il y a dans chacun d'eux une échelle qui se trouve également dans la citerne quand elle n'a pas de cloisons, de sorte que la hauteur du liquide indique sa quantité, ce qu'il est nécessaire de connaître en deux circonstances; savoir : lorsqu'on veut vendre l'engrais liquide et lorsqu'il s'agit de l'employer ; dans l'un comme dans l'autre cas, il importe de savoir combien on en a. Pour grossir la somme de l'engrais liquide, on nettoie souvent l'écurie, et l'eau du lavage se rend aussi dans la fosse. On regarde comme avantageux de laisser vieillir l'urine pendant quelque temps avant de l'employer, afin qu'elle éprouve un commencement de fermentation.

Pour accroître leur provision d'engrais, les fermiers flamands en achètent de grandes quantités dans les villes, spécialement celui des vidanges des commodités ; ils le transportent sur des bateaux destinés à cet usage, au moyen des différents canaux qui sillonnent le pays ; beaucoup d'exploitations ont des citernes à part pour cet engrais, construites à dessein sur le bord du canal par lequel il leur arrive, afin d'éviter tout embarras pour le débarquement. C'est un double avantage pour les villes d'une part, et pour les campagnes de l'autre ; pour les villes, débarrassées d'une source d'insalubrité et de maladies ; pour les campagnes, fertilisées par un puissant engrais. Quelquefois, les marchands de fumier ont des places de dépôt où ils réunissent des quantités considérables de vidanges des villes, qu'ils revendent en détail par lots proportionnés aux besoins de chaque ferme des environs ; tout le monde peut s'en procurer suivant ses moyens. Cet engrais se vend par tonneaux ; on le mesure d'après l'échelle de la citerne, soit d'après la capacité des vases qui le reçoivent. Quelquefois la fosse est voûtée de briques ; on y puise au moyen d'une pompe ; il importe qu'on puisse y entrer au besoin pour enlever le sédiment qui s'y dépose. Ailleurs, la ci-

Malheureusement, à Gand, comme dans nos autres grandes villes, la plus grande partie des eaux ménagères propres à servir d'engrais, se rend dans les égouts et de là dans l'*Escaut*. Il y a beaucoup à faire pour que l'Agriculture profite intégralement des engrais produits par les populations urbaines ; il s'en perd en Belgique pour plus de *six millions par an*.

terne est remplacée par un simple trou dans lequel on puise de même au moyen d'une pompe. Pourvu qu'elle concilie la salubrité et la bonne conservation des engrais, la forme des citernes ou réservoirs est de peu d'importance ; ce qui intéresse surtout, c'est que tout ce qui peut servir d'engrais soit recueilli et utilisé, vérité sur laquelle j'ai déjà eu l'occasion d'insister très-vivement. Jamais aucun engrais ne se perd en Flandre, je le dis à la louange des fermiers de ce pays, qui en retirent de grands bénéfices. On peut dire d'autre part que rien n'égale la propreté des bourgs et des villes des Pays-Bas ; on en rencontre rarement l'équivalent dans les autres contrées.

On regarde comme fort essentiel que la citerne soit placée à l'extérieur, afin que les émanations ne puissent nuire ni aux bestiaux ni à ceux qui en prennent soin ; il est aussi fort important d'avoir dans la citerne plusieurs compartiments pour pouvoir appliquer à diverses cultures l'engrais liquide à des *âges* différents et déterminés. Les cultivateurs flamands sont dans l'usage de mêler, dans diverses proportions, à l'urine du bétail, des tourteaux de graines oléifères dont l'huile a été exprimée ; ils en forment des engrais qui possèdent différents degrés d'énergie. C'est le moyen de donner le plus d'efficacité possible à l'engrais liquide. Les tourteaux, qui pèsent d'ordinaire 500 grammes, se vendent au cent ou au mille. Ce genre d'engrais est quelquefois employé en très-grande quantité ; car la distribution large et généreuse des fumures est un des principes fondamentaux de l'Agriculture flamande.

COMPOSTS. — Les Flamands ont, pour former leurs tas de composts, une méthode fort approuvée parmi eux. Ils réunissent à la boue provenant du curage des fossés, les matières végétales que l'eau de ces excavations a pu tenir en suspension : des bruyères, des broussailles, des tiges de plantes cultivées ; le tout est mélangé avec de la terre, et l'on y ajoute de la chaux vive, dans la proportion d'un dixième ou d'un quinzième de la masse. Le tas est plusieurs fois travaillé et remanié à la bêche, jusqu'à ce qu'il soit bien homogène, et à même d'être employé comme engrais. Le pays de *Waes*, contrée qui s'étend entre Gand et Anvers, est le pays le mieux cultivé de la Belgique et peut-être du monde entier, car on imaginerait difficilement rien de plus correct, de plus net, de plus beau, que les riches cultures de cette contrée ; les fermiers du pays de *Waes* placent le tas de compost dans un coin du champ qu'il doit servir à fertiliser ; on l'arrose copieusement de jus de fumier, puis il est retourné à la bêche et soigneusement brassé ; il devient alors un excellent engrais, propre à être enfoui avec les semailles ou immédiatement avant cette opération.

Engrais Jauffret. — Je dois mentionner ici la recette de Jauffret, qui a eu en France beaucoup de retentissement. J'en ai vu une semblable appliquée aux États-Unis avec grand succès. Le but de l'inventeur avait été de trouver un moyen d'amener à un état de décomposition, la paille, les broussailles, la fougère, la bruyère, le genêt, ou toute autre substance végétale, afin de pouvoir les employer comme engrais à la fertilisation du sol. Jauffret admettait qu'on peut par ce moyen entretenir la fertilité de la terre sans le secours des bestiaux. Il recommande, à cet effet, de réunir toute sorte de matières végétales dont on peut disposer, et d'en former des tas fortement comprimés ; on y ajoute un liquide préparé d'avance avec les ingrédients suivants :

Urine et matière fécale.	100	parties.
Suie de cheminée.	25	»
Plâtre en poudre.	200	»
Chaux vive.	30	»
Cendres de bois non lessivées.	10	»
Sel et salpêtre, de chaque une petite quantité.		
Liquide de fumier ou matière fécale liquide.	25	»

Ces ingrédients mêlés et placés à portée des matières végétales, on y ajoute assez d'eau pour former un liquide, dont tout le tas puisse être bien humecté ; en peu de jours il s'y manifeste une forte chaleur due à la fermentation qui amène la prompte décomposition de toute la masse. Le plâtre ne doit être ajouté que peu à peu, et par petites portions ; autrement il se prend en masse et se durcit. Près du tas, placé sur un terrain incliné, doit se trouver un bassin pour recevoir le liquide qui s'en écoule et qu'on reverse par-dessus. Ces arrosages doivent être souvent réitérés ; des trous sont pratiqués au besoin dans le tas, pour que le liquide y pénètre plus aisément. Quand la température est favorable, la fermentation s'établit au bout de quarante-huit heures; en douze ou quinze jours, la décomposition est assez avancée pour que l'engrais soit bon à enfouir.

Je ne suis pas en mesure de donner avec une rigoureuse exactitude les proportions de tous les ingrédients de la méthode Jauffret; ce que j'en ai dit doit suffire dans la pratique; bien entendu que le liquide sera employé en quantité suffisante pour que le tas en soit bien complétement imbibé et saturé. D'autres recettes ont été proposées par d'autres agronomes pour la même destination; elles produisent le même effet; toute la question est de savoir à quel prix. Comme elles ont été publiées, je crois inutile de traiter ce sujet plus à fond. Tout procédé peu coûteux pour décomposer les matières végétales peut être utile à l'Agriculture, surtout quand la nature des substances décomposées est propre par elle-même à favoriser la végétation et à enrichir le sol. On regarde, en général, toutes ces recettes comme une sorte de jonglerie; mais la méthode Jauffret a rencontré en France beaucoup de partisans (1).

Observations générales sur les engrais. — J'ai entendu quelques cultivateurs qui passaient pour des hommes d'intelligence et d'expérience, parler avec beaucoup de défiance de l'efficacité des engrais liquides. Ils avaient répandu sur leurs terres, sans en obtenir de résultat bien marqué, la partie liquide de leurs tas de fumier; mais, comme me le faisait fort judicieusement observer le chef d'une grande exploitation rurale en Suisse, le jus qui s'écoule d'un tas de fumier et l'urine des bestiaux sont des liquides essentiellement différents, dont le premier peut être, comme engrais, fort inférieur au second.

Les cultivateurs flamands, dans l'emploi de leurs engrais, ont surtout en vue deux choses : 1° avoir, au moment de s'en servir,

(1) Le lecteur saura gré au traducteur de lui rappeler ici l'origine du procédé *Jauffret*. Dans le midi de la France où vivait cet agronome, on a peu de bestiaux, donc peu de fumier, parce que les fourrages manquent. On dispose par compensation d'une provision inépuisable de broussailles et de bruyères croissant sur les pentes des collines incultes qui couvrent une partie du pays. Jauffret s'était dit qu'en faisant pourrir cette végétation inutile, on aurait des masses d'excellent engrais. On réussira toujours comme lui dans les mêmes conditions; mais dans les pays où il n'y a pas un centimètre carré de terres incultes, l'application utile de la méthode Jauffret n'est pas possible. Remarquons encore qu'en Provence, pays de Jauffret, les végétaux même les plus coriaces se décomposent en quelques jours, rien qu'en les humectant pendant l'été, à cause de la chaleur du climat, tandis que dans les pays froids, il est toujours difficile d'établir la fermentation dans les tas de végétaux destinés à fabriquer l'engrais Jauffret.

l'engrais sous la forme la mieux appropriée à la nourriture immédiate des plantes cultivées; 2° pouvoir donner l'engrais à la terre au moment précis où la végétation le réclame. L'engrais, sous sa forme liquide, est peut-être le mieux adapté aux besoins des plantes; on le répand au temps des semailles; on le distribue aussi à quelques-unes des récoltes suivantes, quand on suppose que l'effet utile de la première dose est épuisé. Les cultivateurs flamands montrent de même une libéralité inépuisable dans la distribution des engrais solides, ne se bornant pas à enrichir seulement la couche superficielle, mais cherchant à mêler le fumier à toute l'épaisseur de la couche cultivable, en l'enterrant profondément à la bêche ou à la charrue. On peut dire que les labours de ce genre, les fortes fumures bien enfouies, le soin apporté dans les assolements et la propreté des sarclages, constituent les bases de toute l'Agriculture des Flandres, dont l'équivalent serait difficile à trouver ailleurs. On doit signaler comme exemple l'attention soutenue qu'apportent les cultivateurs flamands à ne rien laisser perdre de ce qui peut être utilisé comme engrais ou être rendu propre à cet usage, et recommander à l'imitation des agronomes des autres pays, l'importance toute particulière qu'ils attachent aux engrais liquides.

—

PRODUITS AGRICOLES.

J'ai traité jusqu'à présent à fond des végétaux cultivés sur le Continent; il me reste à parler de quelques autres dans la culture desquels les Flamands se distinguent particulièrement.

Colza. — Le colza est cultivé dans quelques parties de la France sur une assez grande échelle, mais avec bien plus d'extension en Flandre, où l'on peut dire que c'est une culture modèle, en raison de sa rare perfection. Le colza est une espèce de chou cultivé pour l'huile que l'on retire de sa graine; il occupe le sol pendant à peu près une année entière; on le sème en juillet et août pour le transplanter en septembre et octobre, et le récolter en juillet de l'année suivante. On estime à vingt-six hectolitres de graine par hectare le produit d'une bonne récolte. Le colza passe pour très-épuisant, mais il rend à la terre presque tout ce qu'il lui a pris. Les tiges sont converties en fumier, ou bien on les emploie comme chauffage pour faire cuire les aliments du bétail ou pour chauffer le four. Le sol qui lui convient le mieux est une terre forte et riche, inclinant au sable sans cependant manquer d'argile, modérément humide ; il veut surtout une couche arable suffisamment profonde, bien saignée pour que l'eau stagnante n'y puisse séjourner, et très-largement fumée. Il succède avec le plus d'avantage au gazon épais d'une bonne pâture, ou bien à un trèfle rompu ; souvent aussi le colza succède au seigle ou à l'orge. Il est important que la terre pour cette culture soit tenue parfaitement propre. Quand on sème le colza sur un chaume, on enterre celui-ci par un labour profond, ou bien on le détache seulement par un labour superficiel de sept à huit centimètres, puis on nettoie parfaitement le terrain et l'on y répand le fumier qu'on enterre par un labour profond, avec le chaume et les herbes arrachées.

On peut semer le colza à la volée ou bien en lignes ; par ce dernier procédé il est plus facile de le sarcler ; on peut aussi semer en pépinière pour transplanter en place. Par la transplantation la récolte est d'ordinaire meilleure et l'huile de colza est de première qualité; mais la main-d'œuvre et, par conséquent, la dépense, sont considérablement augmentées. Quand on répand la graine à la volée, il faut semer très-clair et, après la levée de la graine, rendre les plants moins drus, pour qu'ils se trouvent espacés à trente centimètres en tout sens. Si l'on sème en lignes, l'intervalle doit être de trente centimètres. Si l'on se propose de transplanter le colza, on sème d'abord en pépinière, puis on repique en doubles lignes à la distance de trente centimètres en tout sens ; un intervalle de quarante-cinq centimètres est laissé entre chaque double rangée et la double rangée suivante. La terre est ordinairement divisée en planches, dont la largeur est calculée pour recevoir quatre ou six lignes. La terre, dans les intervalles des planches, est retournée à la bêche et déposée en automne sur les planches, entre les plants; au printemps, les rigoles sont de nouveau nettoyées et nivelées, les plantes sont buttées au pied, et le tout est tenu dans l'état le plus propre possible.

En décembre, quand la terre est gelée, on l'arrose quelquefois avec de l'urine mêlée de tourteau ; cette fumure se répète au printemps, au grand avantage de la plante. Il est quelquefois beaucoup plus profitable de répandre l'engrais liquide à l'époque des semailles, immédiatement avant de les faire. Les cendres de bois sont également recommandées comme un excellent engrais pour le colza. Quelques cultivateurs allemands lui donnent du plâtre quand il a quatre ou six feuilles. La marne, dans les terres légères, est très-favorable au colza ; on la transporte sur le terrain dans la saison convenable pour cette besogne, puis on la répand également en passant la herse par-dessus.

Quand on sème le colza à la volée, il faut éviter qu'il ne soit trop serré. Trois procédés sont usités pour transplanter le colza : le premier s'exécute à la bêche, un ouvrier fait un trou en plongeant le fer de cet instrument dans le sol jusqu'au manche ; il comprime la terre en ramenant sa bêche à lui ; les enfants qui le servent dans cette besogne, mettent deux plants de colza dans l'ouverture, un à chaque coin. L'ouvrier retire alors sa bêche ; la terre retombe par son propre poids sur les racines du colza ; un coup de pied donné par-dessus termine l'opération. On se sert aussi d'un plantoir qui fait deux trous à la fois, dans lesquels on plante le colza en comprimant avec la main la terre au collet de chaque plante. On peut encore planter en ouvrant un sillon, le long duquel on range le plant convenablement espacé ; un second trait de charrue recouvre les racines. Un ouvrier suit la charrue pour découvrir les plantes qui se trouvent enterrées, ramener la terre au pied de celles qui n'en ont point assez, et relever celles qui ont été renversées.

Les plantes élevées en pépinière doivent avoir de fortes racines ; la suie est un excellent engrais pour les colzas, soit en pépinière, soit transplanté. Ceux qu'on se propose de déplacer sont quelquefois arrachés cinq ou six jours d'avance. On a pour but, par ce moyen, de ralentir la végétation pour qu'elle n'ait pas pris trop de force avant l'hiver et qu'elle ait moins à souffrir du froid. Bien que le produit soit toujours en raison directe de la richesse du sol, on ne considère pas comme indispensable de fumer le champ qui doit être planté en colza, lorsqu'il est en bon état et qu'il a reçu une bonne fumure pour la récolte précédente.

Le colza succède fort bien au froment, au seigle et au trèfle; mais le chaume du froment ou du seigle, auquel doit succéder un colza, doit être très-soigneusement nettoyé; pendant le cours de sa croissance la plante doit recevoir une façon à la houe et un buttage. Le colza a deux ennemis dangereux dans l'*altise* et la punaise qui l'attaquent. On emploie contre l'*altise* la chaux vive répandue en poudre; les punaises sont plus difficiles à déloger, à moins qu'il ne gèle. Mais le froid, quand il survient la nuit, suivi d'une journée comparativement chaude, nuit beaucoup au colza; il lui fait moins de tort quand le froid est suivi de brouillard. Les petits cultivateurs sont dans l'usage de cueillir une partie des feuilles de cette plante pour la nourriture de leurs bestiaux; mais il en résulte toujours une diminution dans les produits.

La récolte du colza est une opération qui exige beaucoup de soin; elle doit être faite un peu avant la complète maturité de la graine. Si le temps est beau, on peut réunir le colza en gerbes, le laisser sécher et le battre sur place dans des toiles; dans le cas contraire, on serre le colza dans la grange jusqu'à ce qu'il soit bien sec. Quand le temps est tout à fait humide, on le met en tas avec des lits alternatifs de paille, jusqu'au retour du beau temps. Cette plante est sujette à s'égrener quand on la laisse trop mûrir avant la récolte. En coupant ses tiges à la faucille, le moissonneur doit avoir soin de n'en pas prendre dans la main trop à la fois, pour ne point trop secouer la plante, ce qui ferait tomber la graine.

La culture soignée et propre qu'exige le colza, et l'abondante fumure dont il a besoin, sont éminemment bonnes à préparer la terre pour une récolte de froment.

Navette. — Une petite espèce de colza nommée *navette* est cultivée dans les terres trop légères pour que celui de la grande espèce puisse y réussir. On cultive la navette pour les mêmes usages que le colza, bien que son rendement en grain soit ordinairement moindre d'un tiers. La semence est considérée comme de meilleure qualité, et elle se vend à un prix plus élevé. On sème la navette à la volée; elle demande une terre bien cultivée et bien fumée. La navette d'été se sème au printemps et mûrit en septembre. Cette variété s'obtient beaucoup en Angleterre, et sert à la nourriture des bêtes à laine. Elle donne dans de bonnes terres un fourrage abondant, très-bon pour les moutons. Quelquefois, comme je l'ai observé en d'autres localités, ce fourrage donne à ces animaux une maladie des oreilles. La variété de navette qu'on sème en automne offre l'avantage de mieux supporter le froid ; un hersage au printemps lui est très-avantageux.

PAVOT. — La culture de cette plante est très-répandue en Flandre. Mais je ne me souviens pas d'avoir eu l'occasion de l'observer, si ce n'est remplissant les fonctions de mauvaise herbe, dans des champs de froment et d'avoine. On la cultive pour l'huile que donne sa graine ; cette huile, quand elle est bien préparée, est excellente et fort estimée (1). Le pavot est cultivé dans les jardins comme plante médicale, pour ses propriétés narcotiques ; dans ce cas, on cueille les têtes un peu avant la maturité, avec une partie de la tige ; on les met sécher, et les droguistes en extraient l'*opium*.

Le pavot cultivé est de deux espèces : le blanc et le pourpre. Ce dernier est celui qui donne la plus grande quantité d'huile ; le blanc donne une huile de meilleure qualité. Il y a entre ces deux variétés une autre différence essentielle ; les têtes du pourpre sont plus ouvertes que celles de l'autre ; on ne cultive dans les Flandres que la variété à fleur pourpre. Le pavot demande une terre riche et profonde, autant que possible à l'abri du froid ; il exige des sarclages fort soignés. On le sème le plus souvent à la volée ; mais les semailles en lignes sont préférables parce qu'elles rendent les binages à la houe plus faciles.

On éclaircit le plan pour qu'il soit à trente centimètres en tout sens. Le pavot succède fort bien au froment et encore mieux au chanvre ; dans ce cas, il n'a pas besoin d'une nouvelle fumure. On recommande particulièrement de semer cet oléifère après une cul-

(1) Il y a une vingtaine d'années, la Belgique et le nord de la France apportaient un grand soin dans la préparation de leurs huiles de pavot, connues dans le commerce sous le nom d'*huile d'œillette*. La plus grande partie de cette huile s'expédiait par mer sur Marseille, où, moyennant quelque mélange, elle était débaptisée et remise dans le commerce sous le nom d'*huile d'olive*. Mais le Pacha d'Égypte, *Méhémet-Ali*, ayant obtenu de la France la réduction des droits de douane sur la graine de sézame que son pays produit en quantités énormes, l'huile de sézame, meilleure et à plus bas prix, a remplacé l'huile d'œillette pour la falsification des huiles d'olive. C'est depuis ce temps que la culture du pavot-œillette a diminué sensiblement en Belgique et dans le nord de la France.

ture de pommes de terre, quand celles-ci ont été bien traitées et qu'elles laissent le sol propre. Les pommes de terre doivent être bien fumées quand une récolte de pavots doit les suivre; si cette plante oléagineuse est précédée d'une céréale, il faut lui donner quelques charretées de fumier par hectare. Cette fumure peut être enfouie au printemps ou en automne; mais dans les deux cas, il faut l'enterrer profondément et la mélanger exactement avec la terre. Comme on sème toujours le pavot trop épais, il est recommandé de mêler la graine à une partie de terre contre deux parties de sciure de bois. Aussitôt que les jeunes plantes se montrent, il faut les sarcler et les éclaircir avec le plus grand soin; quand elles ont trente centimètres de haut, elles doivent être binées et buttées légèrement.

La récolte des têtes de pavot se fait à la main, à plusieurs reprises. Dès qu'elles ont acquis un certain degré de maturité, on les secoue avec précaution au-dessus d'une cuvette ou d'un sac. On répète cette opération plusieurs fois avant la récolte définitive, qui consiste à enlever le reste des têtes mûres les dernières. La séparation de la graine se fait à la main; si l'on battait les têtes au fléau, la graine serait trop difficile à nettoyer, et les débris de tige mêlés avec elle donneraient mauvais goût à son huile. La graine de pavot peut se conserver très-longtemps, pourvu qu'elle soit bien aérée. L'huile de pavot sert pour l'usage culinaire et pour l'éclairage; elle passe pour valoir un cinquième de plus que l'huile de colza. Le tourteau de graine de pavot est excellent pour l'engraissement des porcs; les tiges servent à faire du feu. Les cendres donnent un engrais de la meilleure qualité. Lorsque pour faire l'huile de cette plante on emploie un moulin qui a servi à faire de l'huile de colza ou de toute autre espèce, il doit être très-soigneusement nettoyé. L'huile exprimée pendant les chaleurs est supérieure à celle qui l'est par un temps froid; ces deux genres d'huile ne doivent point être mélangés. Le grand ennemi du pavot est la souris des champs, qui ronge les tiges vertes et détruit les têtes. Les oiseaux pillent aussi quelquefois une grande partie de la graine.

Cameline. — Une autre plante nommée *cameline* (*myagrium sativum*) est cultivée, par exemple quand le colza vient à manquer, parce qu'elle n'a besoin que de trois mois pour mûrir. L'huile de sa graine a mauvaise odeur et ne vaut pas celle de colza. La cameline n'est pas cultivée sur une très-grande échelle, bien qu'elle réussisse dans les terres sableuses les moins fertiles. On se sert des tiges de cette plante pour faire des balais ; elle est quelquefois cultivée en petit pour ce seul usage (1).

Moutarde blanche. — On cultive la moutarde blanche pour les propriétés médicales de sa graine, et pour l'huile qu'on en extrait; cette huile, propre à divers usages économiques, ne se mange pas. On objecte à la culture de toutes ces plantes qu'elles laissent dans le sol un grand nombre de graines qui lèvent les années suivantes et dont on se débarrasse difficilement. La moutarde blanche est exposée aux maladies *du blanc* et *de la rouille;* elle mûrit en 15 ou 16 semaines ; elle est sujette à verser, mais la récolte n'en souffre pas; cette plante se mange en salade : on la donne au bétail pour le changer de régime quand son appétit devient capricieux et a besoin d'être réveillé.

Lin. — Dans plusieurs pays du nord de l'Europe, le lin est un produit très-important. Il a été cultivé fort en grand dans les Flandres, tant pour sa fibre que pour son huile. Il a été longtemps dans ce pays un article de commerce de premier ordre, et il est probable qu'il n'y a pas de contrée où la culture de cette plante ait été portée à un plus haut degré de perfection. Le rapport de cette récolte et les différences énormes de valeur des diverses qualités de lin, différences qui vont quelquefois jusqu'à cent pour cent, montrent quelle attention exige sa culture et avec quelle générosité il récompense les soins extraordinaires qu'on lui accorde.

Le lin peut croître dans des sols très-divers, mais la qualité de la terre ne lui est nullement indifférente. Il se plaît dans un loam sableux riche, et il demande une fumure profondément enfouie. Sauf quelques cas exceptionnels que j'indiquerai, il est extrêmement avantageux au lin d'engraisser d'avance par une fumure

(1) La cameline est le colza des terres pauvres; elle vient partout et peut, particulièrement en Belgique, aider puissamment au défrichement des bruyères ; car si son huile est commune, elle ne se vend pas moins, et elle donne au cultivateur une précieuse rentrée en argent qui lui permet d'acheter des engrais artificiels, et qui assure par là toute son opération. Il n'y a pas de terre de bruyère défrichée qui, moyennant très-peu d'engrais, ne puisse donner une bonne récolte de caméline, qui couvre immédiatement les premiers frais de défrichement.

abondante le terrain qu'on lui destine, plutôt que de le fumer la même année où on le sème. Les Flamands font entrer cette plante régulièrement dans leurs assolements; elle revient tous les sept ou huit ans; on fume pour la récolte de l'année, en vue des besoins de la récolte de lin qui doit succéder.

On admet généralement qu'il y a deux espèces de lin; toutefois, les différences ne sont pas tellement tranchées que ces deux variétés ne puissent se confondre l'une avec l'autre. Il y a une espèce qui ne pousse qu'une seule tige; c'est celle qu'on préfère généralement, parce que la fibre en est plus fine. L'autre sorte pousse des tiges plus maigres qui se ramifient au sommet comme des arbres. En Flandre, on établit une distinction entre les deux espèces, dont l'une produit une capsule fermée et l'autre une ouverte ou déhiscente; la seconde est préférée. On a soumis en Allemagne à des expériences de culture de la graine de lin envoyée du sud de l'Italie. La graine est grande, belle et brillante, mais la plante est restée comparativement trop petite.

Les cultivateurs flamands approuvent l'usage de changer souvent de semences. On dit que la graine de lin, après deux générations, dégénère et devient moins productive. Je suis tout à fait incrédule quant à la détérioration d'une plante quelconque par les semailles continuelles de sa propre graine, toutes les fois qu'on prend la peine de choisir avec soin pour semences les meilleures graines que cette plante peut produire. Dans les Flandres on accorde la préférence à la graine de lin de *Riga*. On fait aussi venir d'autres pays de la graine dont on obtient du lin à fibres aussi fines que celui que donne la graine de ce pays.

Il faut choisir la semence lourde et brillante, extrêmement propre, d'un brun clair avec un reflet doré. On peut l'essayer dans l'eau; plus il y en aura qui viendront flotter à la surface, moins elle sera bonne. On peut aussi essayer la graine de lin en en jetant un peu dans le feu pour apprécier sa contenance en huile; quant à sa puissance germinative, elle se reconnaît en mettant un peu de graine sur un morceau d'étoffe tenu constamment humide. La semence de lin d'une nuance noirâtre ou celle qui a supporté une chaleur trop élevée, est tout à fait impropre à être employée aux semailles.

La terre ne saurait être préparée avec trop de soin pour la culture de cette plante. On peut en obtenir une bonne récolte sur une prairie retournée, sans autre engrais. Dans ce cas, la terre doit être soigneusement labourée, roulée, légèrement hersée, puis semée. On enfouit la semence par un léger hersage, ou bien en passant sur le sol ensemencé des broussailles attachées à une herse retournée. Le lin est souvent précédé par une avoine ou par un seigle, mais mieux par des pommes de terre. Le terrain, s'il a porté une céréale ou des pommes de terre, doit recevoir un labour en automne et deux pendant l'hiver; avant le printemps, il doit être parfaitement purgé de toute mauvaise herbe.

On sème ordinairement le lin fort épais; les semailles drues tendent à rendre le brin du lin mince et droit et à l'empêcher de se ramifier. On sème à raison de 130 kilogrammes par hectare, ce qui semble une quantité fort considérable de graine (1). Quelquefois la terre est fumée l'année qui précède la culture du lin. En ce cas elle est labourée en mars et profondément remuée, puis roulée pour la rendre à la fois meuble et raffermie. Alors, on lui donne une fumure de cendres de tourbe de Hollande, à raison de 26 hectolitres par hectare, par-dessus lesquelles on répand une bonne dose d'engrais liquide formé de tourteau délayé dans l'urine de bétail; on y joint aussi quelquefois une certaine quantité d'engrais humain. Tout cela constitue une très-forte fumure. On sème ensuite, et l'on recouvre la graine en promenant sur la surface du champ une herse légère retournée et garnie de broussailles, car on doit bien se garder d'enterrer la graine de lin trop profondément. Il faut éviter d'employer pour fumer le lin de l'engrais de cheval. La marne employée pour amender le sol cultivé en lin, donne à ce produit une couleur défavorable pour la vente. La colombine est pour cette plante oléagineuse et textile une excellente fumure. Elle ne peut favoriser, comme l'engrais d'étable ou de bergerie, la croissance de la mauvaise herbe; elle mérite par conséquent d'être préférée. Dans les environs de Courtrai, où le lin est fort cultivé, on emploie beaucoup d'engrais

(1) Bien loin d'être trop forte, cette quantité de semence est au-dessous de la moyenne usitée pour la culture du lin fin qui doit être semé fort épais; c'est une condition de rigueur, et c'est la principale raison pour laquelle il lui faut tant de fumier.

liquide mêlé de tourteau délayé. On répand quelquefois sur un hectare 70 hectolitres de fumure liquide contenant en suspension 600 kilogrammes de tourteau. On dit que le lin succède avec grand avantage à une récolte de chanvre, parceque celle-ci reçoit toujours une fumure très-abondante et qu'elle est tenue avec une parfaite propreté. Le fumier de bêtes à laine produit beaucoup d'effet pour la croissance du lin, spécialement quand les moutons ont déposé leurs engrais sur place au moyen du parcage. On pense généralement que le lin qui reçoit trop d'engrais devient grossier, et que celui qui n'en a que peu donne des fibres très-fines. On admet que les racines de cette plante pénètrent dans la terre à une profondeur égale à la moitié de sa hauteur, et cette profondeur est souvent dépassée; c'est pourquoi cette culture exige un labour très-profond. Le meilleur lin se récolte aux environs de Courtrai; on dit qu'avec le même travail et les mêmes engrais on ne peut en produire d'aussi bon ailleurs, ce qui suppose au sol de ce canton quelques propriétés mal déterminées, particulièrement favorables à la croissance de cette plante. Le climat et l'exposition doivent régler l'époque à laquelle on sème le lin; c'est quelquefois en mars et quelquefois jusque dans le mois de mai. On recommande de semer de bonne heure, quoique, dans les pays du Nord, la rapidité de la végétation compense jusqu'à un certain point la brièveté de la belle saison. Le lin a besoin d'un premier sarclage ordinairement quinze jours après les semailles. Ce travail, qui exige une attention particulière, est exécuté par des femmes et des enfants à genoux, tournant le dos à la direction du vent afin que le courant d'air entraîne les herbes à mesure qu'ils les arrachent.

Le lin est souvent sujet à verser, surtout quand sa croissance est rapide ; dans ce cas, la plus grande finesse de la fibre est considérée comme un dédommagement pour la perte de la graine. S'il n'est pas versé, on le récolte plutôt de bonne heure que trop tard, parce que plus on le laisse sur pied, plus la fibre devient grossière et dure. C'est au moyen d'un peigne à dents de fer, fait exprès pour cet usage, que la graine est séparée, aussitôt après la récolte du lin; ou bien le tout ensemble est resserré dans la grange. Dans ce cas, si la récolte de lin reste en cet état engrangée pendant tout l'hiver, la graine acquiert un degré de maturité qui en augmente la valeur. Quand

on en a ôté la graine, le lin est disposé sur le champ en une sorte de galerie, les racines posant sur le sol et les sommets des tiges s'appuyant les uns sur les autres ; il y reste jusqu'à ce qu'il soit suffisamment sec pour être porté dans la grange, ou disposé en bottes, les racines en dehors, ou mis à *rouir*, avant d'être préparé pour la vente. Il importe beaucoup que la filasse de lin présente un blanc brillant argenté, et qu'elle soit aussi fine que possible; tous les soins qu'on en prend doivent tendre vers ce double but.

Plusieurs procédés sont en usage pour rouir le lin, c'est-à-dire, pour détruire l'écorce ligneuse de la plante et en séparer la fibre. Quelquefois le lin est roui à la rosée, en l'étendant sur le gazon et le retournant de temps à autre ; on peut aussi faire cette opération dans l'eau stagnante ou dans l'eau courante. En Flandre, il y a des *rouisseurs* de profession. Ce sont eux qui préparent le lin pour la vente, quand le fermier en livre la récolte au négociant ou au manufacturier, *en branches*, c'est-à-dire sans être roui. Les habitants de Courtrai rouissent dans l'eau de la *Lys*, dérivée dans un bassin artificiel sur ses bords, assez large et assez profond pour cette destination. Le lin y est placé verticalement, la racine en bas, contenu dans une sorte de berceau ou de panier, où il conserve cette position jugée nécessaire pour que la filasse ait une bonne couleur. On apporte un soin tout spécial à ce que les racines, pendant le rouissage, soient au moins à trente centimètres de la terre du fond du bassin. Quelquefois, le lin est placé, non plus dans un bassin, mais en plein courant, toujours maintenu droit par le même moyen; des planches et des corps pesants posés dessus le maintiennent sous l'eau, parce que la partie supérieure des tiges est toujours plus lente à rouir que la partie inférieure, et il y a perte considérable quand le lin n'est pas bien roui dans toute sa longueur. Quand cela arrive, on mouille constamment cette plante avec de l'eau fraîche, et le rouissage finit par se compléter tôt ou tard, selon la température. Il faut beaucoup d'habitude pour déterminer le moment précis où l'opération est terminée et où le lin doit être retiré de l'eau; car on assure que quelques heures peuvent, en pareil cas, causer une grande différence dans la couleur de la filasse. C'est plutôt une chose d'expérience qu'une connaissance résultant d'une instruction écrite. Ailleurs, on creuse dans un champ une mare ou un bassin rempli d'eau ; le lin y est enfoncé dans une position verticale, en évitant de mettre l'extrémité inférieure des racines en contact avec le fond du bassin, qui doit pouvoir être vidé et rempli d'eau fraîche à volonté. On dit que par cette méthode, le lin nettoyé est plus pesant que par tout autre procédé et qu'il gagne au moins dix pour cent. En Flandre, cette manière de rouir a été longtemps considérée comme un secret important. Il est évidemment nécessaire dans tous les cas que l'eau ne contienne aucun corps étranger qui puisse colorer la filasse (1). J'ai appris qu'on avait adopté un moyen pour détacher l'écorce du lin en soumettant la plante pendant soixante-dix heures à l'action de la vapeur; mais je n'en connais pas assez bien les détails pour en parler avec certitude. Le lin étant ainsi roui, on connaît les autres préparations qu'il doit recevoir. Le *teillage* et *le peignage*, qui se faisaient autrefois à la main, sont pratiqués maintenant au moyen de machines mues par l'eau ou par la vapeur, mais je n'ai point à en donner ici la description.

La graine de lin est d'une grande importance en Flandre pour l'extraction de l'huile. Un hectare donne ordinairement six hectolitres et demi de graine, ce qui semble un produit très-faible. Aussitôt que la graine est détachée de la tige, on la fait sécher avec soin et on la tient dans des sacs jusqu'à ce qu'il n'y ait plus de danger qu'elle puisse s'échauffer. Le tourteau de graine de lin est très-estimé pour l'engraissement du bétail, et la graine elle-même, convertie en bouillie, peut être fort avantageusement employée au même usage. Enfin, je puis dire, d'après ma propre expérience, que je ne connais rien qui soit supérieur à la graine de lin, soit pour le gros bétail, soit pour les moutons (2).

En Flandre, on sème quelquefois du trèfle ou des carottes dans

(1) On a tenté divers procédés, dont quelques-uns ont été brevetés, pour séparer le lin et le chanvre de l'écorce sans rouissage, par des moyens purement mécaniques ; les inventeurs ont tous fini par se ruiner. Mais cette idée sera reprise un jour, et le procédé recevra des perfectionnements qui rendront tôt ou tard le rouissage inutile.

(2) Si le lin était cultivé pour la graine comme récolte principale destinée au bétail à l'engrais, et pour sa fibre seulement comme produit accessoire, il produirait beaucoup plus de graine. C'est parce que la qualité de la semence est sacrifiée à la beauté de la fibre, que la graine de lin est peu abondante et de qualité souvent médiocre, imparfaitement mûre à l'époque de la récolte, la filasse devant passer avant tout ; c'est aussi pour ce motif que les cultivateurs des Flandres tirent leur graine de Riga (Russie).

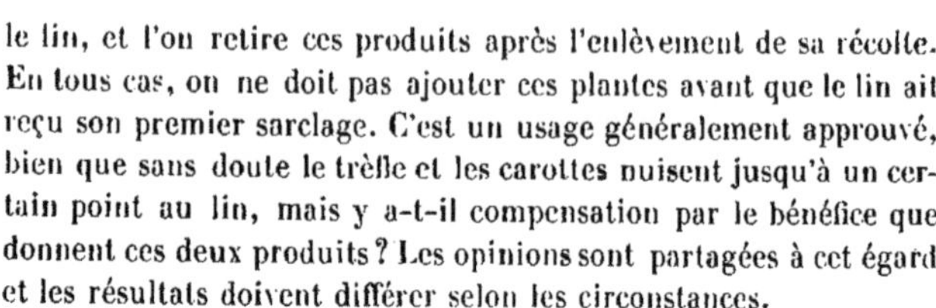

le lin, et l'on retire ces produits après l'enlèvement de sa récolte. En tous cas, on ne doit pas ajouter ces plantes avant que le lin ait reçu son premier sarclage. C'est un usage généralement approuvé, bien que sans doute le trèfle et les carottes nuisent jusqu'à un certain point au lin, mais y a-t-il compensation par le bénéfice que donnent ces deux produits? Les opinions sont partagées à cet égard et les résultats doivent différer selon les circonstances.

Chanvre. — La culture de cette plante occupe de grandes étendues de terrain dans les Flandres; elle est fort coûteuse, tant par la quantité d'engrais qu'elle exige qu'en raison des façons que doit recevoir le sol. La valeur de cette récolte est très-considérable, et comme la terre qui a produit du chanvre a dû être bien cultivée et fortement fumée, elle est dans les meilleures condi ions pour produire ensuite, sans autre engrais, deux ou trois récoltes successives de céréales.

La terre convenable pour le chanvre est un loam d'alluvion profond, fort, riche et frais; il veut être labouré profondément et largement fumé. On cultive à la charrue, pour semer le chanvre, à vingt ou vingt-cinq centimètres, ou bien on travaille le sol à la bêche, à trente centimètres et au-delà; cette façon doit être fort soignée pour bien diviser le sol. Le premier labour se donne en automne et le second au printemps; mais il ne faut pas toucher au terrain tant qu'il est trop humide, ce qui, du reste, est une règle d'une application générale. Le chanvre se plaît dans un loam argilo-siliceux; il aime les terres basses et les expositions chaudes. Il réussit bien après un trèfle ou des pommes de terre; dans certaines localités, il revient tous les deux ou trois ans à la même place.

Le fumier de cheval et celui de mouton sont les meilleurs pour le chanvre. Quand l'engrais qu'on destine à cette culture est grossier et *pailleux*, on l'enterre en automne; s'il est bien consommé, on l'enfouit au printemps, un peu avant de semer ou en même temps que la semence. Le chanvre aime le fumier chaud; toutefois celui des vaches lui convient fort bien lorsqu'on y ajoute environ un tiers d'engrais humain ou de dépôt recueilli au fond de la citerne à l'urine de bétail. La colombine, les cendres et la boue des rues des villes sont aussi fort bonnes pour le chanvre. Pour que cette plante végète avec rapidité, il faut que l'engrais qu'on lui donne soit court

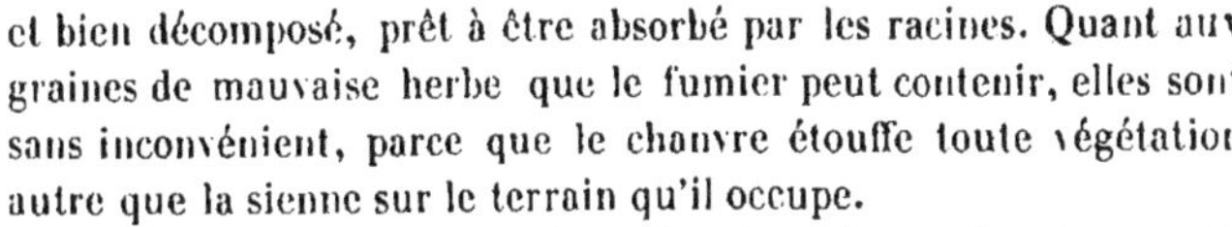

et bien décomposé, prêt à être absorbé par les racines. Quant aux graines de mauvaise herbe que le fumier peut contenir, elles sont sans inconvénient, parce que le chanvre étouffe toute végétation autre que la sienne sur le terrain qu'il occupe.

On sème cette plante vers le milieu de mai, ou dans la seconde quinzaine de ce mois, pas plus tard que les premiers jours de juin. La graine a besoin d'être préservée des ravages des oiseaux; car à peine est-elle levée qu'ils se mettent à l'arracher pour s'en nourrir. On éclaircit le plant de chanvre pour l'espacer à sept ou huit centimètres en tout sens; cet espacement peut être doublé quand la terre est très-fertile. On sème épais lorsqu'on veut avoir du chanvre fin pour filer; on sème clair quand on veut l'obtenir gros et pour la corderie.

Il se récolte à deux reprises. Les plantes sont mâles et femelles; par une erreur de nom également reçue en France et en Belgique, on nomme chanvre *mâle*, celui qui porte la graine, et chanvre *femelle*, le vrai chanvre mâle, c'est-à-dire celui qui porte des fleurs mâles. Ce dernier doit être arraché quelques semaines avant les pieds qui ont leur graine à mûrir. Avant la pleine maturité de la semence, le chanvre femelle donne de bonne filasse; mais il n'a plus la même valeur sous ce rapport, quand on l'a laissé parvenir à maturité. Il est temps de cueillir le chanvre mâle quand les étamines ont produit leur effet, que les feuilles commencent à jaunir et que le bas de la tige devient blanc. L'époque de la récolte des plantes porte-graines est indiquée par la maturité de la graine même et par le changement de couleur de la tige. Quand le chanvre est arraché on le lie par petites bottes; puis dès qu'il est suffisamment séché au soleil, on le bat pour séparer la graine et on se dispose à le rouir. Le chanvre arraché le premier est roui en huit à dix jours; celui de la seconde cueille étant obtenu quand la température commence à devenir froide, doit quelquefois séjourner deux mois dans l'eau; il est bon de l'y laisser jusqu'à ce que cet élément soit pris par la gelée. Le mode de rouissage ne diffère pas essentiellement de celui du lin, sauf qu'on ne croit pas nécessaire de tenir le chanvre debout dans l'eau, et qu'on le rouit dans une mare et dans un bassin, au lieu de se servir pour cet usage d'une rivière. La couleur de la filasse n'est pas aussi importante pour cette plante que pour le lin; cependant on mêle quelquefois du chanvre fin à la filasse de lin pour fabriquer du fil grossier (1).

Le chanvre, comme le lin, peut être roui à la rosée; dans ce cas, on l'étend, sur un pré, en couches minces qu'on retourne de temps en temps. Roui à la rosée, il est plus blanc et plus fin, mais moins durable que quand il l'a été dans l'eau; on préfère le premier pour la filature et le second pour la corderie. Le chanvre arraché le premier ne se rouit pas sur la prairie, mais sur un chaume; quelques cultivateurs sont persuadés que quand il est roui sur une éteule de seigle, la filasse en est plus blanche. Quand on fait subir l'opération au chanvre à graine sur un pré, il doit être étalé de manière que les tiges se touchent à peine.

Les fermiers du pays de Waes, l'un des plus beaux cantons agricoles des Flandres, répugnent à cultiver le chanvre, parce qu'il lui faut beaucoup d'engrais; mais, moyennant une légère fumure supplémentaire, on obtient un très-bon froment après cette première plante; quelquefois aussi une récolte de carottes lui succède la même année, et la même fumure donne un excellent lin l'année suivante. Cette culture offre deux grands avantages : d'une part, elle étouffe toute la mauvaise herbe, de l'autre, elle enrichit le sol par ses feuilles.

On sème le chanvre à raison de 45 à 50 litres par hectare. On recommande de le semer en planches étroites pour pouvoir passer entre elles et arracher brin à brin les pieds mâles en laissant en place le chanvre à graine. On sème quelquefois un seigle ou un froment avec cette plante sur pied; on recouvre la graine en arrachant le chanvre mâle; cela épargne un labour (2).

A la récolte, on est dans l'usage de tirer la plante avec la racine;

(1) Avec Anvers et sa marine pour débouché, la Belgique tirerait d'énormes bénéfices de la culture en grand du chanvre, dont on pourrait se procurer les meilleures espèces de France et d'Italie; cette culture devrait surtout être dirigée vers la production du gros chanvre pour les cordages de la marine.

(2) Nous n'avons vu pratiquer nulle part cette méthode vicieuse, que M. Colman n'aurait pas dû mentionner sans la blâmer au moins sévèrement. Cela rappelle ces avocats de Rennes, en Bretagne, qui prétendaient qu'on pouvait semer du blé sans labour, sur la terre dure, couverte seulement de paille; tout le monde en a essayé. On a vu qu'on pouvait semer ainsi, sans doute, mais qu'il ne venait rien du tout.

quelquefois aussi on la coupe à la faux ou à la faucille, et on la laisse sécher sur le sol. On prétend que quand le chanvre a été bien séché avant d'être roui, la filasse est d'une qualité supérieure. Souvent on secoue sur le bord d'un tonneau défoncé les sommités du chanvre chargé de graine; celle qui se détache ainsi est toujours la plus mûre et la meilleure à semer; on met à part pour cet usage celle qui tombe la première.

Avant de faire rouir le chanvre, on en coupe les racines pour en faire du feu. En arrachant cette plante, il importe de trier, pour les mettre ensemble dans les mêmes bottes, les brins qui ont la même longueur. Quand le chanvre est roui, il doit être séché avec soin; c'est ce qu'on fait dans quelques parties de l'Allemagne au moyen d'un four d'une construction simple, où la dessiccation est très-rapide. Le chanvre roui et séché est brisé par une machine consistant en deux lourds cylindres de pierre roulant l'un sur l'autre, qui broient l'écorce. Quelquefois on se sert de maillets, puis le chanvre est épluché à la main. Ce procédé est peu expéditif, et il compromet la santé de l'ouvrier forcé de respirer la poussière dont l'air est rempli pendant cette opération (1).

Le produit d'un hectare de chanvre est d'environ 450 kilogrammes de filasse et 26 à 28 hectolitres de graine.

Quelques autres plantes sont cultivées sur une très-grande échelle dans les Flandres, mais j'ai moins pour but d'exposer les détails de ces cultures que de présenter le tableau général de l'Agriculture flamande. Le tabac et le houblon sont fort cultivés dans ces provinces, ainsi que quelques plantes tinctoriales, comme le pastel, la gaude et la garance.

Tabac. — Le tabac est cultivé en Flandre comme objet d'une grande consommation et d'un commerce important. C'est une chose tout à fait étrange qu'une plante si odieuse, si désagréable par elle-même, si positivement nuisible dans bien des circonstances, si nauséeuse et si répugnante pour ceux qui n'y sont pas habitués, inca—

(1) L'Agriculture ayant toujours été la moins riche des industries, a encore peu profité des progrès modernes des sciences. Il est honteux pour notre époque que la mécanique n'ait pas encore fait complétement réformer les procédés insalubres de l'Agriculture comme des autres industries; ce serait une belle tâche à remplir pour les gouvernements que de mettre tous les savants de chaque pays en réquisition pour cette sainte besogne.

pable de rendre aucun service à la santé, soit mise par une grande partie de l'humanité au rang des choses nécessaires à la vie. On ne peut espérer de réforme à cet égard ; l'usage du tabac fait au contraire de jour en jour de nouveaux progrès.

Deux espèces de tabac sont cultivées dans les Flandres : celui de *Virginie* et celui de *Turquie;* le premier est beaucoup plus estimé que le second.

Beaucoup de cultivateurs font entrer le tabac dans leurs assolements; il y revient une fois tous les quatre ans et quelquefois deux fois en sept ans. Il réussit bien dans la plupart des terres, excepté dans un terrain argileux trop pesant, dans un sable sec ou dans une terre saturée d'humidité ; mais il exige beaucoup de main-d'œuvre et de fumier. On prétend qu'on en peut récolter 5,000 kilogrammes par hectare, mais ce chiffre dépasse de beaucoup le produit des meilleures terres les mieux cultivées des États-Unis ; une récolte de 2,500 kilogrammes passe pour très-bonne; j'ai eu cependant connaissance d'un rendement de près de 3,000 kilogrammes par hectare, mais dans des circonstances exceptionnellement favorables. On donne un bon labour pour enterrer la fumure en automne et un second au printemps au terrain qui doit être cultivé en tabac. Ce terrain est fumé avec de l'engrais de vache et de cochon et aussi avec du fumier de mouton, qui passe pour lui être plus particulièrement favorable. Les déchets de brasserie conviennent fort bien au tabac, auquel on donne aussi fort souvent du tourteau soit en poudre, soit délayé dans de l'urine de bétail. Si l'on peut y mêler l'engrais humain, la fumure n'en est que plus énergique. Le fumier de cheval et même l'urine de cet animal passent pour donner un mauvais goût au tabac; on imagine difficilement que quelque chose puisse donner à cette plante un goût plus mauvais que celui qu'elle tient de la nature.

On la sème en pépinière, au mois de mars, dans une situation chaude et bien abritée. Les jeunes plantes, en cas de menaces de froid, doivent être garanties avec de la paille ou des broussailles. Quand le tabac a six feuilles, vers le mois de juin, on le change ordinairement de parc en employant à cet effet le plantoir. Les rangées sont espacées de soixante centimètres, et les plantes sont à quarante centimètres dans les lignes. Au bout de quinze jours en-

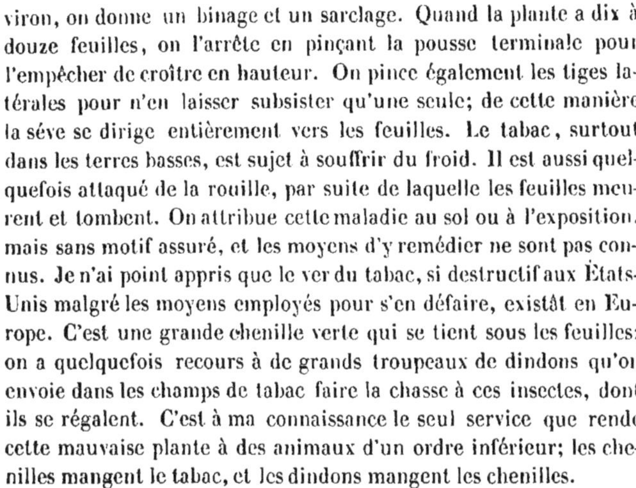

viron, on donne un binage et un sarclage. Quand la plante a dix à douze feuilles, on l'arrête en pinçant la pousse terminale pour l'empêcher de croître en hauteur. On pince également les tiges latérales pour n'en laisser subsister qu'une seule; de cette manière la séve se dirige entièrement vers les feuilles. Le tabac, surtout dans les terres basses, est sujet à souffrir du froid. Il est aussi quelquefois attaqué de la rouille, par suite de laquelle les feuilles meurent et tombent. On attribue cette maladie au sol ou à l'exposition, mais sans motif assuré, et les moyens d'y remédier ne sont pas connus. Je n'ai point appris que le ver du tabac, si destructif aux États-Unis malgré les moyens employés pour s'en défaire, existât en Europe. C'est une grande chenille verte qui se tient sous les feuilles; on a quelquefois recours à de grands troupeaux de dindons qu'on envoie dans les champs de tabac faire la chasse à ces insectes, dont ils se régalent. C'est à ma connaissance le seul service que rende cette mauvaise plante à des animaux d'un ordre inférieur; les chenilles mangent le tabac, et les dindons mangent les chenilles.

La récolte du tabac commence quand les feuilles jaunissent; on les cueille à la main, puis après qu'elles ont été quelque temps exposées au soleil, on les dispose sous un hangar, où elles achèvent de sécher. Les feuilles du tabac sont triées en trois catégories : la première qualité se compose des grandes feuilles, la seconde des moyennes et la troisième de celles qui ont poussé le plus près de la terre.

Houblon. — Je ne connais rien de particulier quant à la manière de cultiver cette plante dans les Flandres, si ce n'est qu'elle produit en fleurs sèches près de 4,000 kilogrammes par hectare, ce qui est un rendement très-considérable. Les cultivateurs flamands ont soin de ne pas faire de trop grandes plantations de houblon d'un seul morceau, parce que l'air ne saurait y circuler librement; ils fument largement leurs houblons-mères au moyen d'engrais liquide; le houblon se plante en buttes espacées entre elles de deux mètres en tous sens; on plante quatre pieds dans chaque butte. On ouvre autour de celle-ci un fossé qu'on remplit de fumier bien décomposé et qu'on recouvre d'un peu de terre. On place ensuite des perches contre lesquelles la plante est palissée. Comme le houblon ne produit rien la première année, on cultive dans les intervalles des choux et d'autres légumes.

On a dernièrement inventé, en Angleterre, une méthode brevetée pour sécher et préparer le houblon ; par ce procédé l'on économise la moitié du chauffage qu'exige le moyen ordinaire, et l'on conserve plus de la moitié de la *lupuline*, huile essentielle du houblon, que l'ancien procédé laisse perdre. Le four à sécher, pour cette méthode, est d'une construction particulière ; l'air employé pour la dessiccation passe par-dessus de l'acide sulfurique ou de la chaux vive qui absorbe son humidité et le fait arriver sur le houblon dans un état parfaitement sec. L'appareil est simple et peu coûteux. On dit que le houblon ainsi préparé a obtenu sur le marché 25 pour cent de plus que celui qui avait été séché par l'ancienne méthode. J'en ai vu le plan ; mais les résultats ont besoin d'être confirmés par l'expérience. Ce même système a été présenté comme propre à d'autres usages agricoles, entre autres au maltage des grains et même à la dessiccation des foins en conservant le riche suc des fourrages; on ne comprend pas aisément comment cet appareil pourrait être utilisé sur une aussi grande échelle; mais bien des inventions brevetées sont, comme beaucoup de médicaments, de l'*orviétan*.

On cultive en Irlande, en France et en Italie quelques plantes tinctoriales, comme le pastel pour teindre en bleu, la gaude en jaune, et la garance en rouge. On m'a demandé un jour quel rapport avait avec l'Agriculture la couleur rouge des pantalons des soldats français. La réponse à cette question montre quelle foule de circonstances diverses influent sur les relations et les intérêts de la vie sociale.

Garance. — La garance (*rubia tinctorum sativa*) est une des plantes les plus importantes pour la teinture ; on la cultive à grands frais pour cet usage. La racine n'est récoltée que la seconde et quelquefois la troisième année. On cultive deux espèces de garance, l'une a tige carrée, l'autre à tige hexagone ; la première est la plus productive et la seconde donne des produits de meilleure qualité.

Cette plante veut un sol riche et profond ; une terre forte argileuse donne de bonne garance, mais elle est difficile à travailler : une terre qui contient assez de sable pour rendre l'argile friable est la plus convenable. Il faut à la garance un labour profond pour que les racines, partie utile de la plante, puissent librement s'étendre au loin. La meilleure charrue ne peut donner un labour assez profond ; le sol doit être défoncé à la bêche, à un mètre au moins. On y incorpore assez de fumier pour que toute l'épaisseur de la couche soit parfaitement engraissée. On enfouit en automne les engrais solides, et, au printemps, les engrais liquides, l'urine et les matières fécales. On obtient aussi de bonne garance avec du fumier de vaches. La terre où on la cultive doit avoir été bien engraissée et parfaitement sarclée pour les cultures précédentes.

On sème la garance en pépinière, dans une planche de jardin ; il faut employer de la semence de l'année précédente ; celle qui est plus ancienne est souvent trop longtemps dans le sol sans lever. On divise la terre en planches d'un mètre de large pour planter deux lignes de garance, ou d'un mètre soixante centimètres pour quatre rangées de plantes, espacées entre elles de trente centimètres en tout sens. On travaille à la bêche les intervalles des planches, jusqu'à la seconde année; après quoi, comme les racines y ont pénétré, on se borne à les sarcler, sans les bêcher. Pour planter la garance on ouvre des trous avec la bêche ou la houe ; les plants pris dans la pépinière y sont placés immédiatement, sans les laisser se dessécher ou seulement se flétrir au contact de l'air. Aussi doit-on les mettre dans l'eau pendant la transplantation, et soigner cette opération pour que la garance n'ait point à en souffrir ; il est fort utile de répandre de l'engrais liquide dans les intervalles des planches. On arrose après la plantation ; il faut ensuite tenir le terrain propre par des binages superficiels à la houe, et *recoucher* les pousses qui se montrent au pied des plantes en les étalant dans tous les sens et en les couvrant de terre comme des marcottes, pour les forcer à émettre des racines. En automne, on donne à la garance une légère couverture de fumier long.

Cette plante tinctoriale, laissée trois années en terre, produit beaucoup plus et donne des racines de meilleure qualité que celle qu'on arrache au bout de deux ans; mais le surplus de production couvre à peine la rente de la terre et l'excédant des frais de culture.

La récolte de cette plante est une grande besogne. Les racines qui, dans un sol bien préparé, s'étendent au loin, doivent être soigneusement tirées. On commence quelquefois l'arrachage à la charrue pour le finir à la bêche; mais on ne se sert le plus souvent que de ce dernier instrument. On creuse les intervalles des lignes à la profondeur de soixante à soixante-dix centimètres, et l'on enlève avec précaution les racines de garance mises à nu, au moyen d'une fourche ou d'une houe étroite. Les racines restent deux à trois jours sur le sol pour se sécher ; en cas de pluie, on les couvre de paille ; puis elles sont passées soigneusement au four pour être vendues. Les frais qu'entraîne une culture de garance ont pour compensation le très-bon état où cette culture laisse le sol pour celles qui doivent la suivre. En Flandre et en Hollande, on choisit comme emplacement favori pour cette plante les parties les plus riches des polders ou des prairies retournées.

Pastel (*isatis tinctoria*). — Cette plante, qui croît à l'état sauvage dans des lieux incultes, est cultivée pour sa matière colorante bleue. Quand l'indigo est rare et cher, le pastel le remplace ; mais quand on peut se procurer de l'indigo, il est avantageux d'y mêler un peu de pastel. L'usage de l'indigo s'oppose toutefois à l'extension de la culture du pastel. On sème cette plante en automne et au printemps. Les semis d'automne donnent plus de feuilles, et les plantes sont plus vite hors d'atteinte de la part des insectes. La valeur du pastel est dans ses feuilles, qu'on récolte jusqu'à trois fois dans une saison ; la première cueille est toujours la meilleure. Le pastel demande une terre fertile, mais le succès dépend moins de la qualité du sol que de la profondeur de la couche pénétrable où les racines de la plante doivent pouvoir s'établir fort avant. De riches terres d'alluvion bien assainies conviennent spécialement au pastel ; on donne une bonne fumure comme pour le froment, et par-dessus tout, on tient le sol parfaitement propre. On peut semer en place, en lignes, ou bien en pépinière et transplanter à trente centimètres en tout sens. Les feuilles sont bonnes à récolter, quand elles prennent un ton légèrement jaunâtre ; on doit les préserver du contact de la terre qui les salirait, et veiller à ce qu'elles ne s'échauffent pas en fermentant. On les arrose quelquefois pour nettoyer la terre qui peut y adhérer ; puis, on attend un beau temps pour en faire la récolte.

Les feuilles de pastel sont écrasées dans un moulin analogue à celui qui sert à broyer les écorces pour la tannerie ; on les met ensuite en tas pour qu'elles entrent en fermentation, en veillant

avec soin à ce qu'il ne se forme point de crevasse au sommet du tas. On en forme ensuite des boules de la grosseur du poing, que l'on comprime fortement, et qui, une fois sèches, sont mises sous cette forme dans le commerce. Les bénéfices de la culture de cette plante sont subordonnés au prix de l'indigo. J'ai vu le pastel cultivé en grand en Angleterre dans le Lincoln; un énorme moulin avait été construit exprès pour en broyer la feuille. Le meilleur pastel vient du midi de la France, où il est cultivé sur une très-grande échelle (1).

Gaude.—La gaude (*reseda luteola*) est cultivée pour sa matière colorante jaune; elle croît à l'état sauvage dans les lieux incultes; une petite espèce du même genre est cultivée dans les jardins sous le nom de *réséda*. Il lui faut un sol sec, calcaire et bien labouré; cette plante réussit également dans un loam argilo-siliceux. Dans une terre trop fertile, les tiges de la gaude deviennent grandes et fortes, mais la matière colorante n'en est point aussi belle; dans une terre pauvre, les produits ne paient pas les frais de culture; on doit donc préférer un sol d'une fertilité moyenne. On sème en lignes de bonne heure au printemps, dans une terre bien labourée à l'automne de l'année précédente, en ayant soin de ne pas trop recouvrir la graine. On sarcle avec soin la gaude pendant sa croissance; quand les feuilles jaunissent, elle est bonne à récolter. Si la terre où elle a crû est sableuse, on peut arracher la gaude; si le sol est argileux, comme il adhérerait aux racines, au lieu d'arracher cette plante, on la fauche tout près de terre. Les pieds conservés comme porte-graines restent debout jusqu'à la maturité des semences. La graine récente est la meilleure; souvent celle de deux ans ne lève pas; comme elle est fort petite, il faut, pour l'employer, la mêler à du sable fin. Les plantes récoltées et séchées au soleil sont liées en bottes, disposées de manière que tous les sommets des tiges soient en dedans et les racines en dehors, aux deux bouts de chaque botte. On les conserve dans un lieu sec et aéré. La gaude ne peut revenir dans le même sol que tous les huit ans.

Carottes.—Parmi les cultures les plus répandues en Belgique,

(1) L'auteur aurait dû rappeler que le pastel est une des meilleures plantes fourragères connues, très-avantageuse à cultiver pour la nourriture du bétail, quand elle ne peut pas soutenir la concurrence avec l'indigo qui lui est trop supérieur.

je ne puis omettre de mentionner la carotte blanche, beaucoup plus productive que les autres espèces. Quelquefois on la sème dans un seigle ou dans un froment, quelquefois aussi dans un colza et un lin, après que ces plantes ont reçu un premier sarclage. On a par ce moyen une petite récolte de carottes, mais aux dépens de l'autre récolte dans laquelle celles-ci ont été semées. Quand la carotte est cultivée à part et pour elle seulement, elle donne 50,000 kilogrammes de racines par hectare. Elle veut un sol sec et léger avec des labours profonds et une fumure abondante ; c'est une récolte des plus profitables.

Je prendrai la liberté de répéter ici ce que j'ai déjà dit ailleurs. La terre, après avoir été préparée par une bonne fumure et par un labour soigné, reste en cet état jusqu'à ce que l'herbe soit bien levée ; elle reçoit alors un labour superficiel afin de détruire l'herbe. On ouvre alors une raie dans laquelle on répand du fumier, *en allant*, puis une autre raie *en revenant*, de manière à couvrir l'engrais d'un billon placé précisément au-dessus. Ces billons seront espacés entre eux de 50 à 60 centimètres. Après avoir aplani doucement les crêtes de tous les billons, on y sème deux lignes de graines de carottes aussi droites que possible, à 25 centimètres l'une de l'autre. La semence doit être roulée dans du sable frais avant de s'en servir ; il faut que le premier sarclage soit donné de bonne heure ; plus tard, on peut donner un léger trait de charrue entre les lignes et finir le binage à la houe. On éclaircit les carottes pour qu'elles se trouvent à 15 centimètres environ les unes des autres dans les lignes. L'arrachage se fait vite et bien en faisant passer la charrue entre les lignes.

J'ai parcouru le cercle des récoltes principales, comprises dans l'Agriculture du Continent européen, et sans avoir entrepris d'en exposer tous les détails de culture, j'ai cependant indiqué les particularités qui les caractérisent, avec les règles et avec les principes applicables en général à la saine pratique de l'Agriculture.

—

INSTRUMENTS D'AGRICULTURE.

J'ai trouvé à Paris au Conservatoire des arts et métiers, à Bruxelles et à Utrecht de grandes collections d'instruments d'Agriculture et de modèles de machines utiles à l'industrie agricole. Ces collections réunissent ce que j'ai vu de plus parfait en fait d'instruments aratoires et de machines de ce genre en Angleterre et aux États-Unis. Un Anglais s'étonnera sans doute de me voir placer ici les États-Unis à côté de l'Angleterre. Mais c'est que je n'ai rien rencontré sur le Continent européen, ni dans la Grande-Bretagne, qui puisse rivaliser avec les collections d'instruments d'Agriculture qu'on trouve aux États-Unis, avec la collection qui existe à Boston, par exemple. Les instruments aratoires anglais sont le plus souvent compliqués, lourds et extrêmement chers. J'ai indiqué quelques-uns des meilleurs, en parlant de l'Agriculture britannique; ils atteignent du moins parfaitement le but de ces ingénieuses mécaniques, dont les inventeurs ont voulu placer leur seau sous le pis bien rempli d'une bonne vache à lait, et soutirer le plus agréablement possible l'or de la poche des enthousiastes amateurs de nouveautés agricoles. Comme les vaches flamandes qui sont soigneusement nourries et doucement caressées pendant qu'on trait leur lait, on flatte et l'on caresse cette partie du public qui, trouvant des outils pour toutes les opérations, adaptés à toutes les manières de les exécuter, s'imagine qu'il n'y a qu'à les acheter pour avoir sa besogne faite. En général, les acheteurs apprennent plus tard que pour que le travail se fasse, il faut compter bien moins sur l'instrument que sur la main qui le fait agir. Les Flamands en offrent un exemple frappant; il n'est pas possible d'imaginer des travaux agricoles plus parfaitement exécutés avec des instruments si peu nombreux et si peu compliqués.

Autant que l'on en peut juger sur une simple inspection, j'ai vu au Musée de Bruxelles la meilleure de toutes les charrues, selon mon humble jugement; je regrette de ne pouvoir dire le nom de l'inventeur. C'est une charrue légère qui fonctionne dans un sol ordinaire avec deux chevaux. Il est difficile d'en donner une idée par une description. Le soc est long et mince, assez large pour couper complétement le fond de la raie. Le versoir est un segment de cercle, ou mieux, sa forme est celle d'une main dont les doigts sont serrés les uns contre les autres ; il enlève la bande de terre sous l'angle le plus facile et le plus naturel ; tout frottement et toute pression cesse du moment où la terre est assez retournée pour retomber par son propre poids ; je n'ai pu en obtenir ni le dessin, ni le modèle (1).

Deux charrues sont surtout estimées en Flandre ; l'une est nommée *wallone* avec des roues à l'avant-train, servant pour les labours profonds dans les terres fortes : j'en donne ici le dessin.

L'autre, plus légère et beaucoup plus estimée, est la charrue hollandaise, proprement dite. Elle a été introduite en France, où l'on en fait grand cas. Dans les terres légères, elle fonctionne avec un seul cheval, mais il lui en faut deux ordinairement. Ce que j'ai vu quelquefois sous le nom de charrue *hollandaise*, c'est un instrument dont le versoir est tellement courbe, ou pour mieux dire, concave, qu'il semble plutôt destiné à pétrir la terre comme avec la main qu'à la retourner, tant il lui oppose de résistance. La charrue flamande ordinaire est sans contredit un excellent instrument ; elle est munie à sa partie antérieure d'un régulateur qui

(1) D'après la description qu'en donne l'auteur, la charrue dont il parle n'est que l'araire perfectionnée, à peu près telle que cet instrument existe dans toutes les fermes bien cultivées du Brabant. C'est probablement le modèle déposé au Musée de l'Industrie, de la charrue d'*Omalius*, l'une des meilleures qui soit employée en Europe.

détermine *l'entrure* et par conséquent la profondeur de la raie. La figure 8 représente cette charrue.

Les Flamands apprécient cette charrue non seulement parce qu'elle retourne bien le sol, mais encore parce qu'elle l'ameublit et le pulvérise en même temps.

Je n'ai observé rien de particulier dans les rouleaux et les herses usités dans les Flandres. Il y a des herses à balais, et il y en a à dents de fer ou de bois.

Un instrument regardé comme particulièrement flamand, est celui qu'on nomme *Mouldebart*, dont je donne le dessin.

Il sert à déplacer promptement la terre quand elle ne doit pas être transportée à une grande distance. On y attelle des chevaux ou des bœufs; en avançant il se remplit de lui-même; quand il est plein, le conducteur n'a qu'à appuyer sur le manche pour faire glisser le *Mouldebart* sur le terrain avec facilité. Arrivé au lieu où il doit déposer sa charge, il suffit, pour le vider, de redresser son manche. Une fois vidé, l'ouvrier qui le dirige abaisse de nouveau le manche et lui fait recommencer un second voyage. C'est un instrument fort utile, qui fait beaucoup de travail en peu de temps et à peu de frais. Il y a quelques années qu'on s'en sert aux États-Unis, où on le nomme *pelle à bœufs*.

La charrue que j'ai vue fonctionner souvent en Italie est sans versoir; elle ressemble assez à une cuiller à thé ; elle est seulement plus plate. Elle ne peut qu'écorcher le sol, sans le retourner (1).

La bêche est un instrument dont les petits cultivateurs flamands font grand usage. Dans les districts les mieux cultivés, comme le pays de Waes, toute la surface du sol doit être tous les cinq ou six ans défoncée à la bêche, à la profondeur de trente-cinq à quarante-cinq centimètres.

Quant aux charrettes, chariots et autres instruments de transport en usage sur le Continent, je ne sache pas que rien les recommande aux cultivateurs de l'Angleterre ou des États-Unis. Toutefois, on ne peut rien voir de plus complet que les harnais bien tenus des attelages d'un fermier flamand ou hollandais. En France et en Italie, les équipages rustiques sont en général on ne peut plus misérables. En Italie et en Suisse, on se sert principalement des bœufs comme bêtes de trait ; en Italie la race des bêtes bovines a fort belle apparence ; on les emploie souvent sur les grandes routes pour aider les voitures à gravir les pentes des montagnes ; ils tirent ordinairement par les cornes ou par le front. Dans les pays où l'on met aux bœufs un joug sur le cou, j'ai vu suspendre au milieu de sa longueur un panier rempli de pierres, pour maintenir le joug en équilibre et l'empêcher de couper la respiration aux bœufs; au lieu d'une pièce de bois arquée, ce sont des cordes qu'ils passent autour du cou de ces animaux.

Le collier hollandais a été fort amélioré, et le service de l'artil-

(1) C'est l'antique *aratrum* des Romains, sans perfectionnement. Mais M. Colman aurait dû ajouter qu'en Italie, les hommes les plus éminents se sont appliqués à la réforme des instruments aratoires, et qu'on rencontre, en ce moment, sur tous les points de cette péninsule, la charrue *Ridolfi* et celle de *Sambuy*, inventées par le marquis Ridolfi, en Toscane, et le marquis de Sambuy, en Piémont, instruments qui rivalisent avec les plus parfaits de la Belgique et de la Grande-Bretagne.

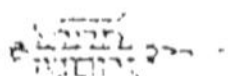

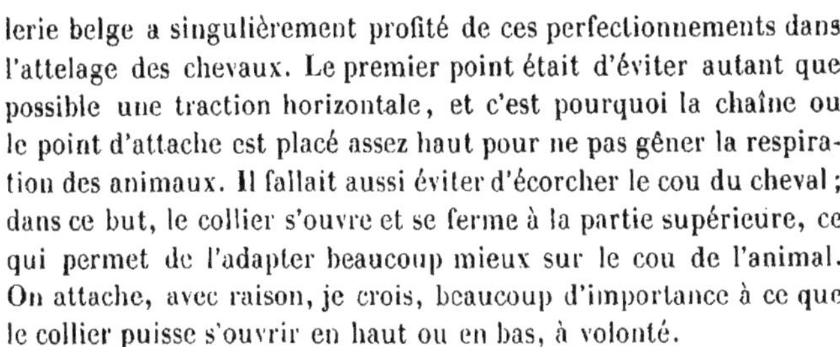
lerie belge a singulièrement profité de ces perfectionnements dans l'attelage des chevaux. Le premier point était d'éviter autant que possible une traction horizontale, et c'est pourquoi la chaîne ou le point d'attache est placé assez haut pour ne pas gêner la respiration des animaux. Il fallait aussi éviter d'écorcher le cou du cheval ; dans ce but, le collier s'ouvre et se ferme à la partie supérieure, ce qui permet de l'adapter beaucoup mieux sur le cou de l'animal. On attache, avec raison, je crois, beaucoup d'importance à ce que le collier puisse s'ouvrir en haut ou en bas, à volonté.

—

CULTURE A LA BÊCHE.

La bêche est un instrument qui a opéré des merveilles de production agricole dans quelques parties du Continent européen. Lorsqu'on réfléchit à la somme immense de travail accompli, rien que par ce seul instrument et les bras de l'homme au bout; quand on pense aux montagnes aplanies, aux canaux creusés, aux digues puissantes élevées, rien qu'avec la bêche, on est rempli d'étonnement en présence de si grands effets produits par le plus simple des moyens, à l'aspect de ces immenses résultats du travail persévérant.

De grands espaces de terre sont cultivés à la bêche en Belgique, en Hollande, en France et en Allemagne. En effet, des terrains d'une grande étendue, spécialement dans les pays de vignobles, sur des pentes abruptes et de hautes collines cultivées jusqu'au sommet, sont tout à fait inaccessibles aux chevaux et aux bœufs. Le sol est labouré à la bêche, et c'est sur le dos des hommes et des femmes que le fumier est transporté sur le terrain et que les récoltes en sont rapportées. Un ouvrage de statistique, qui se publie en ce moment en France, n'évalue pas à moins de seize millions d'hectares l'étendue de terre cultivée à la bêche dans ce pays. Ce chiffre m'a frappé et m'a paru exagéré; mais l'étendue des terres qui sont travaillées à la bêche est assurément fort considérable. Dans les Flandres, la culture est mixte; on cultive moitié à la bêche, moitié à la charrue. La terre, pour les céréales, est façonnée à la charrue en planches dont les intervalles sont creusés à la bêche; la semence est recouverte avec la terre prise dans ces intervalles. Tout ce travail s'exécute avec le plus grand soin, et c'est à lui que sont dues l'extrême propreté et la régularité parfaite de la culture flamande.

Dans les très-petites fermes de quelques hectares seulement, tout le travail se fait à la bêche ou à la houe. Le lecteur verra peut-être avec intérêt les calculs suivants sur le produit obtenu de sept hectares d'une fertilité moyenne aux environs de Gand. Ces calculs sont dus à feu *M. Rham,* agronome fort instruit, animé d'un zèle ardent pour l'amélioration de l'Agriculture. La terre dont il est ici question est toute cultivée à la bêche; le fermier possède un cheval et une charrette, quatre vaches à lait et une génisse, trois porcs à l'engrais et deux jeunes cochons. Il envoie au marché ou livre à la consommation de son ménage les produits suivants, déduction faite des semences :

Froment.	31	hectolitres	1/2
Seigle.	31	»	1/2
Sarrasin.	10	»	1/2
Avoine.	35	»	
(7 hectolitres d'avoine sont consommés par le cheval).			
Graine de colza.	21		
Beurre.	400	kilogrammes.	
Deux cochons gras.			

Ce fermier vend, en outre, tous les ans, une génisse, deux veaux, et le produit de quarante ares de lin. Quelque extraordinaire que soit cette quantité de produits, je ne doute pas qu'elle ne puisse être réalisée.

Je ne prétends pas établir de comparaison entre la culture à la bêche et celle qui se pratique avec la charrue et par l'assistance des bêtes de travail; mais il y a des circonstances où, en raison de l'abondance et par conséquent du bas prix de la main-d'œuvre, la balance peut pencher en faveur de la bêche. On a constaté que pour bêcher un hectare il faut quarante journées d'homme, et qu'il en faut quatre-vingt pour le défoncer à la profondeur de deux fers de bêche. En Flandre, la journée d'un homme se paie un franc sans nourriture ; à ce prix le travail de la bêche est moins cher que celui de la charrue (1).

Pour cultiver la terre avec le secours des animaux, ne perdons pas de vue que la plus petite ferme doit entretenir constamment un attelage et un attirail de labour. La dépense de cet attelage va toujours son train, qu'il travaille ou non. Le labour à la bêche est plus profond que le labour à la charrue ; il faut moins de semences et la récolte est meilleure. Si l'on sème un hectolitre et demi de froment par hectare, c'est largement assez sur une terre cultivée à la bêche, parce que toute la graine est recouverte avec soin, ce qui la met à l'abri de la voracité des oiseaux, et aussi parce qu'elle est enterrée à la profondeur la plus convenable pour bien lever. La bêche rend le terrain plus propre et elle mêle plus exactement le fumier à la terre. Le sol est plus meuble et les racines des plantes s'étendent plus à l'aise dans la terre profondément remuée. Les effets d'un bon défoncement sont encore sensibles au bout de cinq à six ans. Une foule de circonstances très-variables de leur nature peuvent rendre avantageuse ou désavantageuse l'adoption de la culture à la bêche.

La dépense pour l'entretien des attelages, tels qu'ils sont en Angleterre et dans quelques parties du Continent européen, est énorme rien que pour la nourriture, sans parler des harnais et de la diminution de valeur des animaux. Il semble que ce soit en Angleterre la grande cause qui s'oppose à la prospérité du fermier. Ce qu'on peut et ce qu'on doit faire là où surabonde la main-d'œuvre, là où l'on se trouve entouré d'une population affamée qui cherche de l'ouvrage et qui veut travailler, ne peut être apprécié que par les fermiers placés au milieu de ces pénibles circonstances. Telle est la triste situation d'une partie de l'Europe continentale. On rencontre souvent en Belgique, je m'en suis assuré, des cantons

(1) Nous pensons que ce calcul est très-contestable; mais là n'est pas la question. Si tout le sol cultivable était travaillé à la bêche, comme la petite culture ne nourrit guère que ceux qui la font, de quoi vivraient les villes? Et qui fournirait les matières premières aux grandes industries? Là est la question, et c'est en partie pour avoir fait trop de petite culture à la bêche que les Flandres sont surchargées d'une population qu'elles ont tant de peine à occuper et à nourrir. La petite culture est excellente dans de justes limites: mais, généralisée, elle rend les villes et l'industrie tout bonnement impossibles.

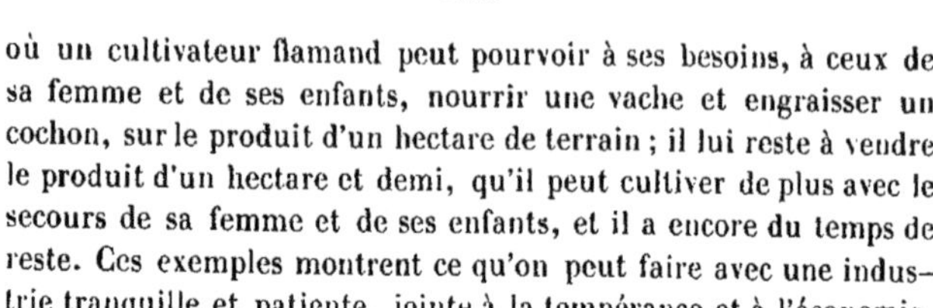

où un cultivateur flamand peut pourvoir à ses besoins, à ceux de sa femme et de ses enfants, nourrir une vache et engraisser un cochon, sur le produit d'un hectare de terrain ; il lui reste à vendre le produit d'un hectare et demi, qu'il peut cultiver de plus avec le secours de sa femme et de ses enfants, et il a encore du temps de reste. Ces exemples montrent ce qu'on peut faire avec une industrie tranquille et patiente, jointe à la tempérance et à l'économie.

—

BÉTAIL.

Le voyageur s'aperçoit aisément que sur le Continent européen, à l'exception des chevaux, on ne se met guère en peine d'améliorer les races d'animaux domestiques. Peut-être, comme je le démontrerai, n'y a-t-il d'exception que pour les moutons. Sous ce rapport, l'Angleterre devance les autres pays, d'après ce que j'ai vu moi-même. Les éleveurs montrent une habileté admirable et une rare persévérance couronnée des plus brillants succès ; ils sont récompensés par les prix qu'ils obtiennent des animaux améliorés : 25,000 fr. pour un taureau, 15,000 fr. pour une vache, 7,500 fr. pour le service d'un bélier pendant une année ! Ces chiffres sonnent à nos oreilles comme une musique du pays des romans ! Rien de plus remarquable que la symétrie des proportions et le degré extraordinaire d'engraissement des animaux primés en Angleterre, surtout de ceux qu'on expose au marché de *Smithfield* à Londres, aux approches de Noël ; c'est là qu'on peut juger de l'extrême beauté du bétail amélioré dans la Grande-Bretagne. Dans toute race d'animaux de boucherie, il faut surtout considérer l'aptitude à l'engraissement, la rapidité de la croissance, le poids de la charpente osseuse à divers âges et les frais de la nourriture (1). Mais ni

(1) M. Colman se trompe. Si la couleur du poil est indifférente, l'harmonie des formes ne l'est pas ; elle accompagne toujours la meilleure distribution de la viande et de la graisse ; c'est-à-dire qu'à poids égal, dans un animal bien fait, les morceaux de choix sont plus volumineux, et qu'il y a moins de viande de seconde qualité, ce qui, pour la vente, est d'une très-grande importance.

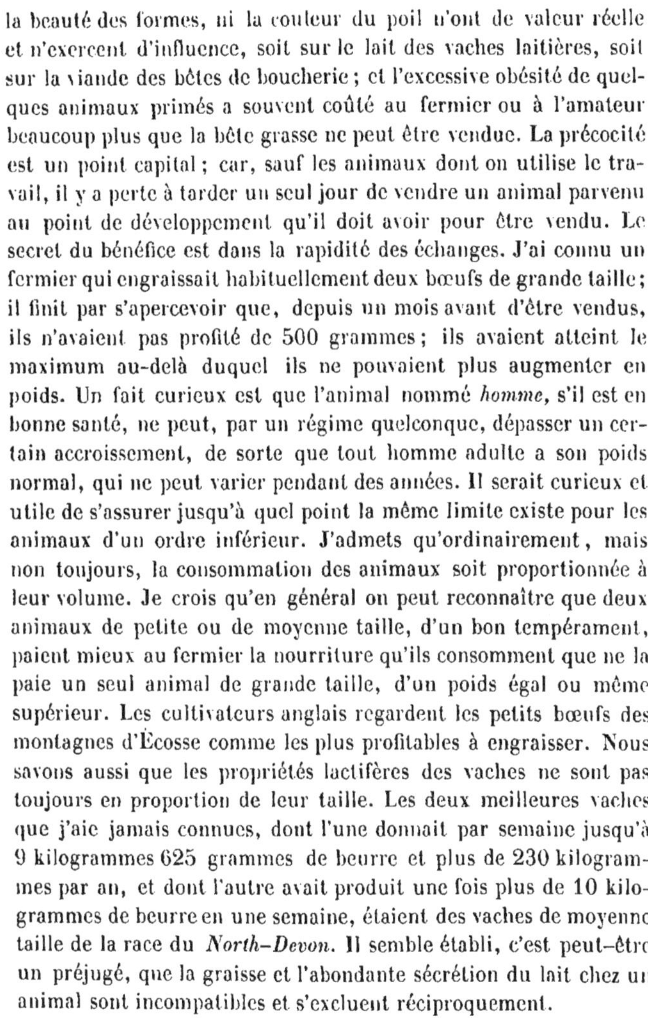

la beauté des formes, ni la couleur du poil n'ont de valeur réelle et n'exercent d'influence, soit sur le lait des vaches laitières, soit sur la viande des bêtes de boucherie ; et l'excessive obésité de quelques animaux primés a souvent coûté au fermier ou à l'amateur beaucoup plus que la bête grasse ne peut être vendue. La précocité est un point capital ; car, sauf les animaux dont on utilise le travail, il y a perte à tarder un seul jour de vendre un animal parvenu au point de développement qu'il doit avoir pour être vendu. Le secret du bénéfice est dans la rapidité des échanges. J'ai connu un fermier qui engraissait habituellement deux bœufs de grande taille ; il finit par s'apercevoir que, depuis un mois avant d'être vendus, ils n'avaient pas profité de 500 grammes ; ils avaient atteint le maximum au-delà duquel ils ne pouvaient plus augmenter en poids. Un fait curieux est que l'animal nommé *homme*, s'il est en bonne santé, ne peut, par un régime quelconque, dépasser un certain accroissement, de sorte que tout homme adulte a son poids normal, qui ne peut varier pendant des années. Il serait curieux et utile de s'assurer jusqu'à quel point la même limite existe pour les animaux d'un ordre inférieur. J'admets qu'ordinairement, mais non toujours, la consommation des animaux soit proportionnée à leur volume. Je crois qu'en général on peut reconnaître que deux animaux de petite ou de moyenne taille, d'un bon tempérament, paient mieux au fermier la nourriture qu'ils consomment que ne la paie un seul animal de grande taille, d'un poids égal ou même supérieur. Les cultivateurs anglais regardent les petits bœufs des montagnes d'Écosse comme les plus profitables à engraisser. Nous savons aussi que les propriétés lactifères des vaches ne sont pas toujours en proportion de leur taille. Les deux meilleures vaches que j'aie jamais connues, dont l'une donnait par semaine jusqu'à 9 kilogrammes 625 grammes de beurre et plus de 230 kilogrammes par an, et dont l'autre avait produit une fois plus de 10 kilogrammes de beurre en une semaine, étaient des vaches de moyenne taille de la race du *North-Devon*. Il semble établi, c'est peut-être un préjugé, que la graisse et l'abondante sécrétion du lait chez un animal sont incompatibles et s'excluent réciproquement.

Boeufs et vaches. — J'ai vu quelques bœufs normands engraissés, au concours de Poissy; les animaux les plus admirés provenaient de taureaux Durham améliorés à courtes cornes, croisés avec les meilleures races du pays.

Les vaches qu'on rencontre communément en France sont médiocres. Au printemps, leur état montre ce qu'elles ont souffert de la mauvaise nourriture en hiver; elles se refont à peine en été. J'ai vu dans quelques établissements privés, des vaches d'une abondance de lait admirable; elles n'appartenaient point à des races renommées; mais à *Petit-Bourg*, à *Grignon* et ailleurs, j'ai vu qu'on estime particulièrement les vaches suisses. Les vaches hollandaises ont été longtemps renommées pour l'abondance de leur lait, ce qui n'a rien d'étonnant si l'on considère qu'elles passent l'été dans les riches pâturages des polders, et qu'on pousse les attentions pour elles jusqu'à leur mettre des couvertures pour les garantir du froid et de l'humidité. Ne sachant pas le hollandais, j'ai eu de la peine à recueillir les faits que je désirais savoir. *Radcliffe,* dans son ouvrage sur les Flandres, dit que les vaches hollandaises sont bonnes laitières, sans que pourtant leur rendement en lait ait rien d'extraordinaire, sauf dans les districts des pâturages, où elles en donnent *infiniment* davantage; le produit moyen d'une vache, été comme hiver, est d'environ 15 litres en vingt-quatre heures. Je cite ce passage pour deux raisons : d'abord pour montrer avec quelle légèreté bien des gens parlent et écrivent sur des sujets semblables; car qu'est-ce qu'un produit supposé *infiniment* supérieur à une moyenne de 15 litres par jour? Ensuite, j'ai voulu faire remarquer qu'un rendement moyen de 15 litres de lait par jour, été comme hiver, est fort élevé et peut rarement être, non pas dépassé, mais seulement égalé. *Sir John Sinclair* parle d'une vacherie près de La Haye, en Hollande, où le rendement moyen de quarante vaches pendant toute l'année, ne dépassait pas sept litres de lait par jour.

On estime le produit d'une vache hollandaise à 40 kilogrammes de beurre et 90 kilogrammes de fromage par an, ce qui n'a rien d'extraordinaire, assurément. Leur couleur est généralement noire et blanche. Dans quelques circonstances, on les trait trois fois par jour. Dans quelques parties des Flandres, on fait parquer les vaches sur des trèfles et des vesces, mais principalement sur des trèfles. En Hollande, elles restent tout l'été au pâturage; on y va tirer leur lait; mais en hiver, elles font partie de la famille, dont elles partagent l'habitation.

Les vaches suisses, autant que j'ai pu les observer, sont de deux sortes : celles qu'on nourrit dans les fermes, et celles des montagnes. Les vaches que j'ai vues à Hofwyl sont, d'après ce qu'on m'en a dit, au nombre des meilleures de leur race. Elles sont grandes sans être énormes, larges du dos, étoffées et carrées par-devant, avec des os fins, des pis volumineux, et elles donnent beaucoup de lait. Il est difficile, surtout après un certain temps et lorsque tant d'objets divers ont passé dans l'esprit, de comparer deux objets, à moins de les avoir sous les yeux ; mais je ne pense pas que j'aie jamais rencontré de plus beaux animaux de cette espèce. Cette race est connue sous le nom de *Cimmenthal;* sans aucun doute, on les avait choisies et entretenues avec beaucoup de soins.

Je ne saurais dire au juste le rendement en lait de ces vaches, faute de connaître la capacité de ce qu'on nomme en Suisse *une mesure;* mais elles sont sans contredit très-bonnes laitières, donnant par jour de 30 à 35 litres de lait et environ 100 kilogrammes de beurre par an. On m'a dit qu'elles pesaient de 350 à 600 kilogrammes; elles étaient excessivement rondes et larges, portées sur des jambes fines, couvertes d'un beau poil, et, somme toute, je n'en ai pas vu qui eussent meilleure apparence. J'ai trouvé plusieurs de ces belles bêtes exposées en vente sur le marché aux bestiaux à Berne.

Il y a en Suisse une autre race qu'on nomme vache des montagnes, parce qu'elle est surtout répandue dans les cantons montagneux du pays. Les vaches de cette espèce sont de petite taille, d'une très-belle forme, avec les membres petits, les pieds sûrs et légers, évidemment faites pour escalader les montagnes au bord des précipices; elles ont des yeux de gazelle, et l'agilité de leurs mouvements est comparable à celle du cerf. Elles ne semblent pas devoir donner beaucoup de lait.

En Italie, où les bœufs sont souvent employés comme bêtes de trait, le bétail est principalement d'un gris blanchâtre, de taille moyenne, tenu en bon état, mais sans aucune qualité qui le rende particulièrement recommandable. Les bœufs et les vaches travaillent indistinctement, quelquefois séparément, souvent liés ensemble au même joug. Souvent ces animaux tirent par un lien quelconque qui fait porter l'effort de traction sur le front, à la base des cornes. Tous les jougs et les harnais sont dans ce pays de la plus grossière et de la plus singulière espèce, semblant remonter à l'enfance de l'art. Enfin, pour ce que j'en ai vu, rien n'est plus grossièrement arrangé que tout ce qui tient à ces dispositions en Italie, si ce n'est ce qui se pratique en Irlande, où j'ai vu le foin mené au marché, lié, ou, pour mieux dire, ramassé en deux grosses bottes ballottées sur le dos d'un âne misérable.

Chèvres. — En Suisse, j'ai rencontré dans les montagnes de grands troupeaux de chèvres qui redescendent le soir pour venir se faire traire, et s'en retournent au point du jour. Quelques petits ménages ont un seul de ces animaux qui leur fournit du lait pour leur consommation. Chaque chèvre donne un litre d'excellent lait par jour, quelquefois plus. Dans les montagnes d'Irlande, près du lac de Killarney, j'ai vu des familles qui avaient jusqu'à 30 chèvres. Le lait de ces animaux est destiné aux voyageurs qui visitent ce pays pittoresque. Elles coûtent peu à nourrir, et l'on peut dire que, sauf son humeur vagabonde et malicieuse, une chèvre est un trésor pour une pauvre famille. Elle peut aisément vivre des débris du jardin d'un malheureux paysan et des restes de sa table frugale, bien qu'en Europe il y ait, dans les ménages indigents, d'autres bouches à satisfaire, et qu'il y ait bien peu de restes, quels qu'ils soient. Le lait de chèvre est très-fortifiant; la faculté l'ordonne souvent aux personnes délicates.

Anes. — L'âne est peut-être le plus commun des animaux de trait en Europe. On m'a dit qu'en Espagne on élève beaucoup de mulets dont on tire d'utiles services. En Suisse, j'ai trouvé des relais de mulets à tous les passages qu'on ne peut traverser en voiture; les voyageurs peuvent se fier à la sûreté du pied de ces animaux. Mais l'âne est à la fois le plus commun des animaux de travail et celui qui, dans la sphère de ses attributions, rend le plus de services. Il est en général de petite taille, du prix de 25 à 50 francs; il se contente de la nourriture la plus grossière et vit fort longtemps. Au château de Carisbrooke, dans l'île de Wight, un âne avait été employé constamment à tirer de l'eau d'un puits très-profond, pendant 70 ans (1); quand j'ai visité ce château, cet âne était remplacé depuis quelques années. Cette race d'animaux si éminemment utile est un exemple de cette triste vérité que le vrai mérite n'est pas toujours à sa place en ce monde; les services rendus par l'âne n'obtiennent souvent ni reconnaissance ni bons traitements; l'abus du pouvoir est un tort trop commun, et un peu d'extérieur et de savoir faire sont, pour obtenir la faveur, des passe-ports plus sûrs que des qualités solides et utiles. Je ne puis dire toutefois qu'il n'y ait pas d'exceptions. J'ai vu à Manchester, en Angleterre, dans la famille de l'Irlandais, l'âne habitant la même chambre que le reste de la famille, partager son bien-être, quand elle en a. Est-ce un avantage pour le commensal de la chaumière de l'Irlandais? Je n'oserais l'affirmer. C'est du moins un aimable trait de caractère et de reconnaissance envers l'âne; c'est ce qu'on nomme dans le style du jour : de l'égalité et de la fraternité.

Chevaux. — Les chevaux flamands ont été longtemps célèbres, et à juste titre, car je n'en ai jamais rencontré de meilleurs pour leur destination. En France et dans les Pays-Bas, on se sert exclusivement de chevaux pour les travaux de l'Agriculture. En Flandre, deux chevaux sont jugés nécessaires pour cultiver 20 hectares. Mais souvent la ferme flamande est à portée d'un canal; le transport des engrais et des récoltes se fait par bateaux à très-peu de frais. Le cheval flamand est de moyenne taille, trapu, actif, robuste, extrêmement bien harnaché; les fermiers tiennent beaucoup à leurs attelages, et ils ont raison. J'ajoute qu'ils sont pansés avec des soins tout spéciaux. En allant d'Anvers à Rotterdam par la diligence, j'ai vu le service fait par des chevaux dont je ne puis trop louer la beauté, la vitesse et les harnais.

Les chevaux de service sont excellents en France; leur bonne qualité m'a surpris. Je veux surtout parler d'une race nommée cheval *picheron* (percheron), élevée dans l'intérieur de la France

(1) L'âne de 70 ans a bien l'air d'un canard, comme disent les journalistes; on se sera probablement amusé aux dépens de M. Colman, ou bien la longévité de cet âne de l'île de Wight est un phénomène tout à fait exceptionnel. L'âne est très-vieux à 25 ans et va rarement jusqu'à 30, même quand il est bien traité, et il l'est généralement très-mal.

et réservée pour le service des diligences et celui des omnibus de Paris. Les chevaux employés à ces usages sont des entiers, ce qui n'améliore ni leur tempérament ni leur docilité; ils sont plutôt petits que grands; ni leur tenue ni leurs harnais ne brillent par un excès de propreté; ils sont cependant en bon état et toujours à l'ouvrage; ils ont les os petits, mais les membres bien fournis et fort trapus. Leur marche ordinaire est, d'après mes observations, de 8 à 10 kilomètres par heure; en France, la vitesse moyenne des malles-postes est de 15 à 20 kilomètres par heure, et le service ne peut se faire avec une plus grande ponctualité. Je pense que le cheval de trait flamand et le cheval français de diligence, seraient pour les États-Unis une excellente acquisition. Celui de Flandre est lent dans ses mouvements; celui de France est extrêmement vif et fort; sa hauteur ordinaire est d'un mètre 25 centimètres.

La manière de traiter les chevaux diffère beaucoup selon les localités. En été, on les met généralement au vert dans des champs de trèfle, de vesce ou de luzerne. J'ai déjà parlé d'un grand entrepreneur de relais de voitures publiques, qui donnait à ses chevaux, outre leur ration de fourrages, une certaine quantité de pain de seigle, quand il y trouvait de l'économie, en raison des prix relatifs du seigle, de l'avoine et des fourrages. Cette nourriture lui semblait très-favorable à la santé des chevaux; il en avait plus de 1700. L'avoine est un article toujours cher; les meilleurs cultivateurs recommandent de présenter aux chevaux l'avoine avec sa paille hachée. On donne en Flandre beaucoup de carottes; en France, on cultive pour les chevaux beaucoup de féveroles, qu'ils mangent concassées. Les Flamands leur donnent ce qu'ils nomment de la boisson blanche, faite de farine de seigle ou de sarrasin délayée dans de l'eau; on y mêle quelquefois du tourteau de colza.

Dans quelques parties des Flandres, la ration d'un cheval se compose de 7 kilogrammes 1/2 de foin, 5 de paille, et 3 1/2 d'avoine par jour, plus de l'eau blanchie avec la farine de seigle. En été le cheval reçoit du trèfle vert au lieu de foin et de paille, 3 kilogrammes 1/2 d'avoine et sa ration de breuvage blanc. Dans un autre canton, la ration d'hiver du cheval se compose de 5 litres d'avoine, 17 kilogrammes 1/2 de foin, dont la moitié est quelquefois remplacée par 35 de carottes. En été, il reçoit 6 litres d'avoine et 40 kilogrammes de trèfle vert. Quelques litres de féveroles concassées remplacent la ration d'avoine. Les Flamands veillent avec soin à ce que leurs chevaux soient en tout temps en état de bien travailler. La ration du cheval en France diffère peu de celle que donne le Flamand, sauf le breuvage blanc usité seulement en Flandre. La méthode de donner des fourrages hachés et mêlés est reconnue très-profitable, tant pour l'économie que pour la bonne alimentation de l'animal.

COCHONS. — La race porcine est médiocre sur tout le Continent d'Europe, à ce que j'ai pu voir. Les porcs sont maigres, efflanqués, décharnés, et s'ils n'ont pas une seule bonne qualité, ils en ont en revanche une foule de mauvaises. Si quelqu'un des troupeaux de cochons, comme on en rencontre à chaque pas en Europe, venait à se noyer dans la mer, le propriétaire n'aurait pas grand sujet de s'en plaindre. J'ai vu à Grignon quelques porcs améliorés de race anglaise; il est à espérer qu'on les propagera; cette espèce semble en voie de progrès au moment où j'écris.

BÊTES A LAINE. — J'ai peu de choses à dire des bêtes à laine d'Europe. Celles que j'ai vues en Hollande, sur les grasses prairies de ce pays, sont de grande taille, portant une toison lourde et grossière. Les moutons de Saxe sont renommés pour la finesse de leur laine; ils sont de petite taille et d'un tempérament délicat. J'ai parlé des excellents résultats obtenus à Alfort et à Grignon du croisement des mérinos et des *south-down*, mais ce croisement n'est point encore assez ancien pour qu'on soit à même de savoir dès aujourd'hui s'il peut être continué avec avantage. Le troupeau de race mérine pure, exposé à un concours de Poissy par M. Gilbert, métayer des environs de Grignon, troupeau dont l'origine vient de celui de Rambouillet, est incomparablement supérieur à tout ce que j'ai jamais vu de plus beau en fait de moutons. Chaque quartier de ces animaux dépécé, pesait 10 kilogrammes; la laine était de la plus belle qualité, et les toisons étaient fort pesantes. Un cultivateur américain qui se trouvait à Poissy avec moi, homme très-compétent en sa qualité de grand producteur de laine, partageait entièrement mon admiration pour les mérinos de M. Gilbert. Ils n'étaient ni aussi gros ni aussi gras, comme bêtes de boucherie, que les *leicester* et les *south-down* d'Angleterre, pays où la viande ovine est bien plus recherchée qu'elle ne l'est aux Etats-Unis; mais ils étaient d'une bonne taille pour des moutons à abattre, et la finesse supérieure de leur laine ajoutait beaucoup à leur valeur. Il existe chez bien des gens un préjugé contre la viande du mérinos, mais ce préjugé n'est pas fondé.

—

LAITERIES.

La Hollande et une grande partie des Flandres sont consacrées sur une grande échelle à engraisser du bétail et à nourrir des vaches pour le beurre et le fromage. Le beurre de Hollande est fort renommé. Il est fortement salé, proprement emballé, et très-convenable pour être embarqué. On fabrique en Hollande de grandes quantités de fromages; celui de ce pays est suffisamment connu. On prétend qu'il est fabriqué de lait non écrémé, ce dont il est permis de douter, si j'en juge par ce que j'ai goûté. On donne à ces fromages la forme de boulets de canon; ils pèsent environ 3 kilogrammes 1/2. On en fait un grand commerce; cet article est placé aussitôt que produit; on en exporte beaucoup en France et en Angleterre. Ce fromage a bon goût, mais comme aliment, il est plus maigre que ceux d'Angleterre.

Les laiteries hollandaises sont des modèles de propreté; il ne semble pas que sous ce rapport les cultivateurs hollandais puissent être surpassés. Leurs vases, seaux, terrines, presses, tamis et ustensiles de toute espèce dépendant de la laiterie, brillent d'une netteté ravissante et parfaite. Le village de Broek, en Hollande, est particulièrement renommé pour sa propreté. Jamais cheval n'y a mis les pieds; les rues sont pavées de briques ou de galets ramassés au bord de la mer; une dame en toilette peut s'asseoir par terre dans les rues de cette ville, sans salir sa robe. Aussi la propreté de Broek est-elle proverbiale. Je ne puis pas dire que je n'en ai pas vu l'équivalent dans quelques cas particuliers; en Amérique, la secte des Frères-unis, autrement nommés *Quakers*, est tout aussi recherchée dans la propreté de ses maisons et de ses établissements; mais, sur ce terrain, il est évidemment impossible de battre le Hollandais, et personne ne le surpasse pour cette si confortable, si agréable, et j'ajouterai, si belle qualité.

Le beurre de France tel qu'on le rencontre sur les marchés de Paris, semble être la perfection du genre. On le vend d'ordinaire sans sel, et celui de première qualité est délicieux. On trouve du beurre frais sur les marchés de Paris en hiver comme en été; on le colore en jaune avec du jus de carottes. Le cultivateur français fournit à la consommation cinquante-trois différentes espèces de fromages. N'en ayant goûté que de quelques-uns, il serait téméraire de ma part d'en juger l'ensemble. Le fromage à la crême est excellent. Le *neufchâtel*, qui n'est à proprement parler que de la crême fraîche caillée et légèrement pressée, est fort estimé. Le *roquefort* ressemble au fromage anglais de *Stilton*, et souvent il ne lui est pas inférieur; il passe pour le meilleur des fromages français. Je n'ai rien appris de particulier en France ni en Hollande sur la manière de faire le fromage et de préparer la présure. Bien des consommateurs font un cas spécial du fromage de Suisse nommé *gruyère*, fabriqué en Suisse et aussi en France; mais il a une saveur forte et qui n'est pas agréable. Je n'ai toutefois rien à dire, quant au goût des autres. Le fameux fromage *parmesan*, le plus cher de tous, ne se fait que dans un canton peu étendu d'Italie; le procédé de sa fabrication est tenu secret. Il a une légère nuance verdâtre et une saveur excellente. Un habile cultivateur suisse m'a dit qu'il avait souvent essayé d'imiter le parmesan, sans jamais y parvenir, que des sociétés d'Agriculture avaient offert des prix considérables pour cet objet, qu'elles avaient envoyé des gens compétents dans le district où il se fabrique, mais ces gens ne pouvaient recueillir aucun renseignement à cet égard. On prétend que la qualité du parmesan dépend beaucoup de la nature des aliments que les vaches consomment. L'opinion communément accréditée que le parmesan est fait en partie avec du lait d'ânesse, est considérée comme mal fondée par les personnes les mieux informées.

J'ai parlé assez au long de la laiterie dans mes observations sur l'Agriculture anglaise, pour me dispenser de m'en occuper plus amplement.

En Hollande, les vaches sont en général au pâturage, où l'on va les traire. Dans les cantons des Flandres qui ont peu de prairies, elles sont parquées; vingt ares de trèfle passent pour fournir amplement à la nourriture d'une vache pendant un été. En hiver, elle reçoit du foin, de la paille, des carottes, des navets et des pommes de terre, dont la dose est ménagée selon ses besoins par le nourrisseur.

C'est une coutume générale en Flandre de donner à cet animal de la farine de seigle ou de sarrasin délayée dans de l'eau. On regarde ce breuvage comme indispensable pour les laitières, et il n'est pas douteux que leur rendement n'en soit augmenté. En général, les cultivateurs flamands donnent en mélange à leurs vaches comme à leur bétail à l'engrais, la paille et le foin hachés avec les carottes et les navets coupés en tranches.

Plusieurs des dispositions des laiteries suisses méritent d'être rapportées ici. Partout où l'on veut utiliser les pâturages des montagnes, on y conduit un troupeau de vaches qui y passe l'été. Quelques individus (ceux que j'ai rencontrés étaient des hommes) les accompagnent, emportant avec eux des provisions; ils sont chargés de garder ces quadrupèdes et de faire le fromage; la cabane (*chalet*) où ils logent n'est habitable qu'en été. Ils n'emportent guère que du pain, et quand ils doivent en venir chercher, ce n'est pas une petite affaire que de descendre et de remonter. Le pain et le lait de beurre sont presque leur unique régime.

Dans une autre contrée, j'ai trouvé en vigueur dans un petit village de cinquante à cent familles un arrangement tout particulier, qui m'a paru excellent et très-digne d'être adopté ailleurs. Quelques-uns des habitants de ce village n'ont qu'une vache; d'autres en ont deux ou trois. Un homme et sa femme, habiles dans l'art de faire le fromage, s'occupent à en fabriquer pour tout le village, dans un bâtiment construit *ad hoc*, muni de tous les ustensiles nécessaires. On apporte le lait, matin et soir; il est mesuré et annoté; chacun remporte la quantité de petit-lait qui lui revient de la veille. Le fromage est vendu au compte de la communauté, le prix en est partagé entre tous en raison du lait fourni par chacun.

C'est un arrangement excellent, d'abord pour ceux qui, n'ayant qu'une ou deux vaches, ne peuvent dans ces circonstances faire leur fromage sans y perdre; ensuite, on échappe à la nécessité d'avoir dans chaque ménage une fille au courant de la laiterie, besogne qu'on ne trouve pas toujours aisément à faire faire convenablement; enfin, on est certain de la bonne qualité du fromage, puisqu'il est confectionné par des gens d'une habileté éprouvée et reconnue (1).

—

FERMES.

Une exploitation agricole hollandaise est quelque chose de fort remarquable. Les fermes, ordinairement entourées de quelques arbres, sont isolées et souvent fort éloignées les unes des autres, au milieu de leurs vastes prairies. De loin, on dirait des granges immenses. Elles sont généralement de forme carrée, couvrant une grande surface de terrain. Leur hauteur n'est que d'un seul étage; le toit, deux fois plus haut que la maison, s'élève de quatre côtés comme une pyramide d'Egypte. Tout l'intérieur de ce toit est réservé pour loger les grains et les fourrages. Le rez-de-chaussée sert à l'habitation de la famille; il contient les chambres à coucher, un salon ou parloir dont on ne fait usage que dans les grandes occasions, comme le mariage ou l'enterrement de quelqu'un de la famille, et la cuisine, qui est jointe à la salle où l'on se tient habituellement. Près de la cuisine, se trouve la vacherie, qui, à vrai dire, en fait presque partie; puis un local pour serrer les fromages, le lait, les barattes, les presses, les seaux et les autres ustensiles de la laiterie; tous,

(1) Si M. Colman avait visité la *Franche Comté (Doubs, Jura, Haute-Saône)*, il y aurait vu le même système en vigueur partout où l'on fabrique du fromage, *façon de Gruyère;* c'est une heureuse application de l'esprit d'association à l'un des plus importants des arts agricoles.

faits soit de bois, soit de laiton, sont reluisants de propreté. Les vaches sont ordinairement deux dans une loge; une chaîne les retient attachées au ratelier, la tête tournée vers la muraille. Une profonde rigole règne derrière elles; les engrais solides ou liquides y sont reçus; la partie solide est portée, à mesure qu'elle se produit, sur le tas de fumier; la partie liquide se rend dans une citerne couverte, située à côté de l'étable, au bout de la maison.

Toutes les eaux ménagères et celles de la laiterie se rendent dans la citerne; la rigole est lavée avec soin afin d'être constamment propre. Les stalles sont nettoyées et *tapissées*, ou sablées; il y règne une propreté aussi grande que dans le reste de la maison occupé par la famille. Dans tous les cas, en Hollande comme en Flandre, l'étable des vaches est souvent lavée, et l'eau de ces lavages se rend dans la fosse à urine. Au-dessus de chacune des loges est suspendue une corde à laquelle on attache le bout de la queue de chaque vache pendant qu'on trait le lait, pour que l'animal ne puisse en fouetter la figure de la personne qui trait, ni faire tomber quelque ordure dans le seau. La propreté la plus parfaite préside à toutes ces dispositions. Le fermier et les laboureurs ont à la porte une paire de chaussures propres; ils en changent chaque fois qu'ils entrent ou sortent, pour ne pas salir la maison. Entre la ferme du Hollandais et la cabane, ou mieux, le *wigwam* de l'Irlandais, le contraste est saisissant.

La ferme suisse diffère entièrement de la ferme des Pays-Bas. C'est une construction qui a quelque chose de majestueux; elle a d'ordinaire deux étages, avec une galerie au premier, où l'on parvient par un escalier extérieur. L'étage inférieur, ou rez-de-chaussée, est occupé par le bétail; l'étage supérieur contient le logement de la famille. L'esprit d'égalité et de fraternité qui se manifeste également chez le Suisse et le Hollandais à l'égard des bestiaux sur lesquels repose son aisance, est assurément un trait estimable du caractère de ces peuples; cet esprit est beaucoup plus inoffensif, à en juger par les résultats des deux côtés, que quand on l'applique à la société humaine. La propreté de quelques-unes des fermes suisses que j'ai visitées, sans égaler celle des exploitations hollandaises, n'en est pas moins exemplaire. Le lecteur m'excusera, je l'espère, si je cite ici un petit trait d'extrême économie. En entrant dans une métairie suisse, je remarquai une quantité considérable de coquilles d'œufs sous un hangar. J'appris que la bonne ménagère les mettait en réserve pour les donner en hiver à ses poules, quand la terre serait couverte de neige, et qu'elles ne pourraient y prendre de la chaux pour former les coquilles de leurs œufs (1).

(1) En France et en Belgique, toutes les ménagères savent qu'il faut donner des coquilles d'œufs aux poules, sans quoi leur instinct les porte à manger leurs œufs pour faire les écailles de ceux qui leur restent à pondre, ce qui ne fait pas le compte de la fermière.

SUISSE.

La manière de pratiquer l'Agriculture dans ce pays diffère essentiellement d'un canton à l'autre. Les variations dans la nature du sol et l'aspect abrupte des montagnes dont le pays est couvert, donnent à l'Agriculture, comme à la manière de vivre des habitants, une diversité qui frappe le visiteur étranger. Il y a en effet des différences tranchées dans les mœurs et l'extérieur des populations des divers cantons; on me disait que je distinguerais immédiatement un canton protestant d'un catholique, rien qu'à la supériorité d'activité, d'économie, d'ordre et de propreté du premier sur le second. Il y a bien quelque chose de vrai, mais le contraste n'est pas aussi prononcé qu'on me l'avait assuré. Exempt de tout préjugé religieux, tenant la religion en elle-même pour une affaire très-différente des formes dont elle est susceptible, je crois qu'il peut y avoir de la vraie religion sous toutes les formes capables de l'exprimer, souvent même là où aucune forme ne la manifeste; je veux voir toutes les faces sous lesquelles peut être exprimé le sentiment religieux des autres, avec la même indulgence que je réclame en ce point pour moi-même. Mais, la multitude innombrable des saints et des jours de fête, dont le chômage est obligatoire dans les pays catholiques, absorbe matériellement une partie du temps qui devrait être consacré au travail, et il est très-vrai qu'une éducation libérale et l'affranchissement de la pensée, propres à exciter l'esprit d'entreprise, de tentatives et d'améliorations en Agriculture plus qu'en toute autre industrie, sont des avantages moins communs dans les pays catholiques que dans les pays protestants (1).

De grandes portions du territoire suisse sont exclusivement consacrées au pâturage des bestiaux et ne peuvent recevoir d'autre destination, étant inaccessibles à la charrue. Quand les vaches ne peuvent y arriver, les chèvres trouvent toujours moyen d'y grimper. Mais la charrue et la bêche sont employées avec beaucoup d'activité partout où elles peuvent fonctionner. Sur bien des points du pays, l'esprit laborieux est stimulé par la difficulté de se procurer de quoi vivre dans des circonstances dures et défavorables. Dans quelques parties de la Suisse, on hâte la fonte de la neige sur de petites pièces de terre en posant des pierres plates dessus, tant le paysan suisse est impatient de pouvoir disposer du sol pour lui confier la semence.

Ailleurs, le pays est ouvert; là se voient des champs d'une grande étendue admirablement cultivés; ailleurs encore, le moindre recoin, la plus petite langue de terre avec un ruisseau coulant au milieu, la vallée la plus isolée, sont labourés et cultivés avec des soins infinis. J'ai vu la vallée de *Chamouny*, enfermée dans les montagnes couvertes de neiges éternelles dont est formée la base du Mont-Blanc, ce roi de la chaîne des Alpes, parée de la plus belle verdure, avec ses riches et ondoyantes moissons; quand je l'ai traversée on était en pleine fenaison. Je dois ajouter que ce travail était fait en majeure partie par des femmes alertes et actives, que je voyais, travaillant comme les hommes, faucher, râteler le foin et le charger sur des chariots. Elles étaient fort joyeuses et semblaient jouir d'une rude santé. Les prés étaient assurément très-bien fauchés. Quelques-uns des travaux des champs que les femmes exécutent en Europe ne leur conviennent pas, et cet usage doit être blâmé; le fauchage, par exemple, est une besogne trop rude pour la femme, par rapport à sa force; mais, quant aux autres travaux de la culture, je ne vois aucune bonne raison pour qu'elle n'y participe point. Sans doute, ce travail ne contribuera pas à lui conserver la beauté, bien que ce soit tout à fait affaire de goût; mais il entretiendra la

(1) Nous n'avons pas besoin de faire remarquer au lecteur, combien il doit se tenir en garde contre les préjugés américains de l'auteur, qui pourtant ne les pousse pas aussi loin que beaucoup de ses compatriotes.

santé en donnant l'énergie et la vigueur musculaire. Les longues et terribles guerres d'Europe pendant lesquelles, pour remplir les rangs de l'armée, il se faisait une si énorme consommation d'hommes, avaient obligé les femmes, en l'absence de leurs frères, de leurs maris, de leurs fils, à se mettre aux travaux des champs ; cette pratique, autant que possible, s'est continuée. J'ai rencontré en Europe plusieurs de mes compatriotes tout étonnés de voir les femmes faire l'ouvrage des hommes, bien que ce ne soit pas l'usage aux États-Unis. Mais, dans toutes les contrées à esclaves, est-ce que les femmes ne travaillent pas comme les hommes, indistinctement? Ah! oui; mais ce sont des négresses; on met en question si elles appartiennent à l'humanité!

Dans les parties de la Suisse, où se rencontrent des terres arables, on m'a dit que l'étendue ordinaire des fermes est de 20 hectares ; presque toutes offraient les signes évidents de l'aisance et du bien-être des cultivateurs. Les fermes en Suisse sont séparées par des haies, et sauf les hautes montagnes, le paysage suisse ressemble assez à celui de la Nouvelle-Angleterre.

—

HOFWYL.

LES IRRIGATIONS. — J'ai visité en Suisse le célèbre établissement d'éducation, fondé par feu M. de Fellenberg, à Hofwyl, près de Berne. Aucune école n'a obtenu plus de renommée ; aucune n'est placée plus haut dans l'estime et la confiance du public. Il n'entre pas dans mon plan d'en parler au point de vue de l'éducation littéraire ; mais comme ferme, c'est un modèle très-digne d'être étudié. J'ai déjà parlé des vaches de cet établissement ; il y en avait soixante quand je l'ai visité ; je n'en ai jamais vu qui leur soient supérieures pour le bon état et la production du lait.

Ce que j'ai trouvé de plus remarquable en améliorations agricoles à Hofwyl, c'est l'irrigation. Le terrain arrosé a la forme d'un bassin auquel il manquerait un côté. L'eau, après avoir fait tourner un moulin à farine, est conduite à une grande distance au moyen d'un canal creusé dans une digue; elle passe de là dans plusieurs rigoles successives creusées autour des flancs de l'amphithéâtre semi-circulaire, qu'elle arrose dans son trajet; après quoi elle se répand sur une grande étendue de terre nivelée, arrosant ainsi à volonté plus de 60 hectares. Je n'ai rien vu de mieux imaginé; le succès de cette amélioration a plus que compensé les dépenses qu'elle avait pu coûter. Le sol irrigué est en prairie permanente; on y introduit l'eau plusieurs fois pendant le cours de la bonne saison. A Hofwyl, on pense qu'il ne faut pas que l'irrigation se prolonge chaque fois plus d'une demi-journée.

Je ne puis choisir une meilleure occasion de citer les irrigations des environs de Milan. C'est un pays plat, d'une grande fertilité; on y cultive beaucoup le riz. Les champs ont leurs fossés qui se croisent et leurs digues; le tout est fait et entretenu avec beaucoup de soin. L'eau est fournie par un lac peu éloigné, et l'on peut irriguer à discrétion. Il n'y a pas d'amélioration plus heureuse que l'irrigation, partout où elle est praticable sans frais excessifs. L'eau, même pure, possède une grande puissance de fertilisation; à plus forte raison, quand elle entraîne avec elle des principes de fécondité qu'elle a recueillis sur son passage. Les avis sont partagés quant à la durée de l'irrigation; le passage de l'eau sur les terres à arroser est préféré au séjour des eaux stagnantes; quelques heures d'irrigation sont généralement regardées comme plus utiles qu'un arrosage plus prolongé.

La ferme d'Hofwyl résume tous les progrès de l'Agriculture moderne la plus avancée; on y emploie les instruments aratoires les plus perfectionnés; enfin, c'est une vraie ferme-modèle. Une grande partie des élèves paie par son travail, son éducation et sa nourriture. Les élèves, autrefois très-nombreux, de l'institut agricole d'Hofwyl, sont encore, par leur consommation, la meilleure clientèle pour le placement des produits abondants de l'exploitation.

École d'Agriculture. — L'institution pour l'instruction littéraire à Hofwyl est en ce moment suspendue; mais le propriétaire actuel a établi aux environs une école d'Agriculture, à laquelle est jointe une exploitation de plus de 100 hectares, pour les expériences et l'enseignement pratique. Toutes les dispositions de cette ferme, le bétail, les instruments aratoires, sont tout ce qu'il y a de plus perfectionné. Des professeurs instruits sont chargés des divers cours théoriques et pratiques; le système d'éducation agricole est le même que celui de Grignon que j'ai exposé en détail. Le cours d'études dure trois ans ; pendant la dernière année, les élèves paient une partie des frais de leur éducation par leur travail. Peu d'institutions promettent plus que celle d'Hofwyl pour la santé, le bien-être et l'instruction agricole des jeunes gens.

L'Agriculture suisse offre deux grandes divisions, celle des montagnes et celle des terres basses. Les marchés des principales villes de ce pays que j'ai visitées, abondent en fruits et en légumes excellents. Ces produits y sont apportés des cantons les plus fertiles ; la condition des habitants des montagnes, dans les cantons les plus sauvages et les moins abordables, doit être extrêmement dure et pénible.

Toutefois, partout où j'ai eu occasion de la voir, cette population paraît vivre dans une aisance relative. Évidemment elle ne doit pas manquer d'activité, quoique dans les districts où elle est livrée exclusivement à la vie pastorale, elle paraisse avoir peu d'occasions de travailler, si ce n'est pour gravir les montagnes et garder les troupeaux.

On comprend l'histoire de la Suisse à l'aspect de ce pays si peu accessible, si désolé, si sauvage, si plein de périls pour la vie humaine. Les hommes accoutumés à habiter une semblable contrée, loin de toute surveillance et de toute gêne, jouissent de la liberté au même degré que les aigles et les chamois de leurs montagnes, et l'on se figure aisément quelle résistance ces hommes courageux doivent opposer à toute tentative pour restreindre cette liberté.

—

INSTITUTION DE BIENFAISANCE DE LODI.

J'ai trouvé en Suisse un établissement du caractère le plus philanthropique; je crois de mon devoir d'en parler. Dans un village paisible et isolé du canton de Berne, j'allai avec quelques amis visiter un noble paysan nommé *Lodi*. C'était un homme d'une puissante intelligence et d'une fermeté de caractère peu ordinaire ; sa résolution une fois prise, il n'était pas facile d'empêcher qu'il ne la mît à exécution. Dès son enfance il avait été profondément pénétré des devoirs que la religion impose, et son cœur s'était enflammé de sympathie pour ses semblables. Il avait bien profité d'une bonne éducation commune et avait ensuite beaucoup fait pour son propre perfectionnement. Il possédait un très-petit patrimoine; il s'était marié de bonne heure et avait un enfant. Il trouva dans sa femme analogie de sentiments et de fermeté. Prenant en pitié des enfants orphelins et abandonnés ou négligés dans les environs de sa demeure, il résolut de faire tout ce qu'il pourrait pour secourir quelques-uns de ces infortunés, parmi ceux qui semblaient courir le plus sûrement à leur perte. Sa femme, entrant dans ses vues, consentit à recevoir à la maison, dans ce but, autant de ces enfants qu'il leur serait possible d'en soutenir par leurs travaux réunis. Quand je le visitai, il en avait pris dix-huit à sa charge; pour mieux dire, il les avait adoptés, car il les traitait comme il traitait son propre fils, et tous aimaient Lodi et sa femme comme père et mère et se regardaient entre eux comme frères et sœurs. Ils vivaient et travaillaient avec lui comme si c'eût été sa propre famille. Certaines heures de la journée étaient employées à leur donner d'utiles instructions morales et religieuses; le reste du temps on travaillait à la terre. L'industrie, le travail utile, l'économie, la sobriété, le contentement, la bienveillance et la charité universelle, la crainte de Dieu avec une humble et entière confiance dans sa providence : tels étaient les grands principes avec lesquels ils gouvernaient tout ce ménage, et dont les enfants voyaient l'application rigoureuse mise en pratique par le père et la mère. L'établissement était exclusivement agricole; garçons et filles y contractaient également l'habitude de tous les travaux et de tous les devoirs de leur condition.

Lodi avait eu des difficultés à surmonter pour nourrir et vêtir une si nombreuse famille. Dans la disette de 1846, par suite de la perte des pommes de terre, il avait dû faire des efforts pénibles et recevoir un peu d'aide des gens de son voisinage. Dans le début, ses intentions avaient été suspectées; il était traité par les villageois avec défiance et avec malveillance; mais il avait vaincu ces préjugés hostiles. Bientôt on rendit universellement justice à sa philanthropie, à son désintéressement; ses enfants étaient pour tous des modèles de réforme et de bonne conduite; ses voisins s'estimaient heureux de lui prêter quelque assistance, et il était connu dans tout le pays sous le nom de *bon père du village!* C'est là un éminent exemple de la plus haute philanthropie, d'un bien immense accompli avec des moyens faibles et bornés, de ce qu'on peut faire avec une abnégation héroïque, une indomptable résolution et une persévérance à toute épreuve, pour l'accomplissement d'un noble et généreux dessein. J'ai vu son école et la manière toute paternelle dont il traite ses fils d'adoption. Je me suis assis à sa table frugale; j'ai partagé son simple repas de pain, de fromage et de vin, et je me suis cru en ce moment en présence de ce que la nature humaine a vraiment de plus élevé, et pas un monarque de l'Europe n'aurait pu me faire un plus grand honneur. Il n'est pas difficile d'être charitable sur une grande échelle; il n'est pas difficile à un riche de retrancher de son superflu quelques milliers de francs pour une charité retentissante, surtout quand l'argent, une fois donné, il n'a plus à s'en mêler; mais vouer son existence au pauvre, partager volontairement sa misère, rassembler les agneaux égarés du troupeau, faire des orphelins et des abandonnés ses propres enfants, leur donner au sein de l'infortune une éducation utile et les rendre capables de gagner leur vie dans une profession honorable : c'est là une entreprise du caractère le plus généreux et qui fait à celui qui s'en est chargé un immortel honneur (1).

—

INSTITUTION POUR RÉFORMER LES ENFANTS VICIEUX.

J'ai visité dans les environs de Berne une autre institution philanthropique qui m'a beaucoup intéressé. Quelques personnes se sont cotisées pour acheter une propriété dans le but d'y établir

(1) Tout ce chapitre, admirablement écrit en anglais, est empreint d'une touchante et profonde philanthropie; la traduction n'en peut malheureusement rendre que très-imparfaitement le charme. Puisse le vertueux paysan Lodi trouver beaucoup d'imitateurs dans tous les pays chrétiens!

une école d'Agriculture destinée aux enfants vagabonds et à ceux qui ont subi une condamnation légale, ainsi qu'à ceux qui, à l'expiration de leur peine, sortent de prison sans amis, sans asile, démoralisés, n'ayant aucun moyen d'existence honnête et placés dans l'alternative de mourir de faim ou de recourir à la mendicité et au crime. Cette entreprise a obtenu un éclatant succès. Un homme d'une haute intelligence jointe à une grande fermeté et à un désintéressement sincère, s'est dévoué à la réforme et à l'éducation de ces enfants si pauvres et si malheureux. Il y en a maintenant environ soixante sous sa direction. La ferme jointe à l'école est très-bien cultivée; tous les labours se font à la bêche. L'un des caractères remarquables de cette institution est l'absence de tout costume particulier, de tout signe extérieur qui distingue les enfants, de toute barrière ou clôture pour les empêcher de s'échapper. Ils sont divisés par groupes de dix ou douze, travaillant sous la conduite d'un contre-maître. La discipline de l'institution est toute morale; les punitions ne sont pas corporelles, mais de nature à agir sur leur esprit et sur leur conscience.

CONSIDÉRATIONS GÉNÉRALES SUR LA CONDITION DES CLASSES PAUVRES ET LABORIEUSES.

Les institutions philanthropiques abondent en Europe et elles y sont fort en faveur. En Suisse, une société agricole a été formée dans tous les districts sous le patronage du gouvernement pour *le bien public*. En prenant cette dénomination, elle entend s'occuper surtout des mesures qui peuvent relever ou améliorer le caractère et la condition de la portion la plus pauvre des classes laborieuses.

Le sort de celles-ci en Europe a grand besoin, en général, d'inspirer quelque intérêt aux hommes bienveillants. L'ouvrier gagne peu; son travail est pénible; sa nourriture est maigre et insuffisante; l'aisance lui est pour ainsi dire inconnue. C'est une monstrueuse anomalie dans la distribution de la richesse que ceux qui la créent par leur travail en reçoivent la plus petite part, et que

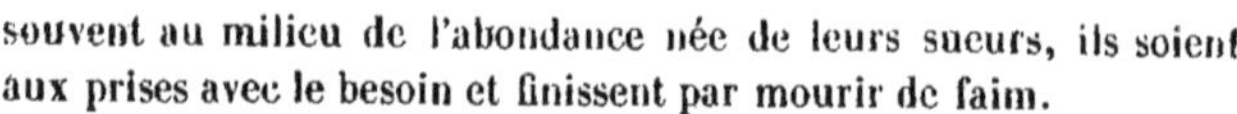

souvent au milieu de l'abondance née de leurs sueurs, ils soient aux prises avec le besoin et finissent par mourir de faim.

Les esprits philanthropiques s'occupent de nos jours activement de rechercher quelques moyens, sinon de faire disparaître cette injustice, du moins de l'adoucir ; mais il est plus facile de déplorer un mal que d'y trouver un remède. En Suisse, on propose de distribuer aux pauvres toutes les terres publiques, et bien des grands propriétaires offrent une partie de leurs domaines pour être répartis à des conditions raisonnables entre les familles indigentes, dont le nombre augmente rapidement et qui, dans les districts des montagnes, sont sur quelques points du pays aussi misérables que le pauvre irlandais. J'ai eu l'occasion de voir sur le Continent des exemples d'extrême misère; j'ai vu régner une excessive pauvreté partout où la maladie des pommes de terre avait sévi l'année précédente; mais, je l'avoue, je n'ai rien rencontré en Europe qui approche de la dégradation, de la saleté, de la misère de l'Irlandais, et cela même avant le cruel fléau qui a frappé de mort tant de milliers de ces malheureux.

En France, on a proposé récemment des remèdes violents contre le même mal. Des visionnaires, des insensés, ont demandé le parfait nivellement de la propriété, plan qui, mis à exécution dans toute son étendue, aboutirait à un pillage universel. La chose est aussi impraticable que de réduire les Alpes de la Suisse au niveau du pays plat de la Hollande et de la Belgique. L'inégalité des conditions humaines ne constitue pas le grand mal social qu'on déplore. Un pauvre n'est pas plus malheureux parce que son voisin est riche, à moins que ce dernier n'abuse de son pouvoir ; les pauvres ne sont pas non plus nécessairement plus indigents, si ce n'est par comparaison avec les riches de la communauté dans laquelle ils vivent. Tant que la richesse est un stimulant pour l'activité humaine, un instrument de bien, elle devient un avantage universel. Les fous, les aveugles, les sourds-muets, les estropiés, les malades, les vieillards infirmes, les enfants sans parents et sans amis, enfin tous ceux qui, par la volonté de la divine Providence, sont privés du pouvoir de s'aider et de se soutenir eux-mêmes, doivent être aidés et soutenus par la communauté. Mais que faut-il faire pour les ouvriers bien portants, qui veulent bien travailler mais qui ne

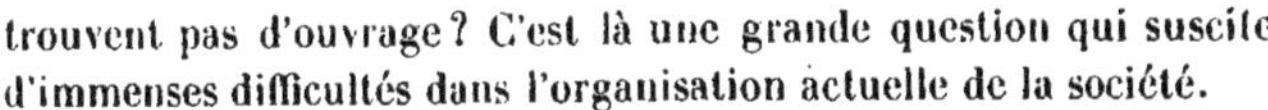

trouvent pas d'ouvrage? C'est là une grande question qui suscite d'immenses difficultés dans l'organisation actuelle de la société.

Je ne vois pas de motifs d'espérer pour le mal tel qu'il existe, un remède prompt, efficace, immédiat. Je ne crois pas à une prochaine fin du monde. La richesse ici-bas va partout croissant dans une proportion rapide qui dépasse même les rêves de la cupidité. La pauvreté sur cette terre, particulièrement dans l'ancien monde, semble grandir dans la même proportion. Plus la richesse augmente, plus la valeur de l'argent 'est diminuée; mais les salaires ne s'élèvent pas en proportion de la diminution de valeur de l'argent; le prix des objets nécessaires à la vie s'élève de plus en plus, tandis que par l'augmentation du nombre des travailleurs le prix du travail s'abaisse continuellement et que la paix générale favorise l'accroissement de la population : tout cela rend de plus en plus resserrée la condition des classes laborieuses, cela fait grandir sans mesure le fléau du manque de travail pour ceux qui veulent travailler.

Un des premiers devoirs d'un gouvernement doit être, non pas de donner de l'ouvrage, mais d'assurer les moyens d'en trouver à tous ceux qui en veulent, autant du moins que la chose est en son pouvoir. C'est le devoir de l'État de chercher dans les limites compatibles avec le bien général, et, sans porter atteinte aux droits individuels, de faire que chacun puisse s'employer suivant ses goûts et suivant son aptitude particulière. Les monopoles de toute espèce, à moins qu'ils ne soient la récompense du génie inventif, doivent être proscrits; le monopole de la terre est un mal grave de l'ancien monde. Le voyageur traverse des espaces immenses de terre inoccupés, incultes, où des milliers et des millions d'êtres humains vivraient à l'aise; et sur les limites de ces vastes déserts, des milliers d'hommes souffrent et meurent faute de pouvoir faire sortir de quoi manger, hors de cette terre dont ils sont exclus.

De ces déserts les uns appartiennent à la Couronne, d'autres à l'Église; d'immenses domaines sont à des individus puissants, qui les laissent incultes pour conserver leurs chasses. D'autres vastes espaces de terrain sont consacrés au même objet qui, s'il avait quelque valeur il y a des siècles, a cessé de nos jours d'être utile. Y a-t-il quelque bonne raison à alléguer pour ne pas faire en sorte que ces terres servent à la vie de ces milliers de malheureux qui meurent de faim et qui ne demandent que du travail ? Dans les temps féodaux, le haut baron ou le puissant seigneur se regardait comme obligé jusqu'à un certain point de pourvoir, sur le produit de son domaine, à la subsistance de ses vassaux, appelés à cultiver ses terres et à les défendre au besoin. Les choses ont bien changé sous ce rapport! Les propriétaires des grands domaines, qui semblent partout animés de nos jours d'un esprit commercial, pensent bien moins à venir en aide à leurs laboureurs qu'à exploiter leur propriété aux moindres frais possibles, à profiter de la concurrence entre les travailleurs, et à faire faire leur ouvrage au plus bas prix. Cela fait, une fois leur besogne exécutée, après avoir payé en argent la misérable pitance promise à leurs ouvriers, ils les renvoient sans plus s'embarrasser de ce qui les concerne. C'est la suite des raffinements modernes de l'économie politique, qui mesure tous les biens et toutes les valeurs exclusivement d'après l'argent. Au point de vue du bien-être physique du travailleur, l'esclavage de la Caroline du Sud est de beaucoup préférable (1).

C'est en vain, suivant mon humble opinion, qu'on espère quelque grand changement, quelque grande amélioration dans les institutions de la société; il n'y a pas assez de sagesse, pas assez de vertu pour les réaliser, encore moins pour les maintenir, s'ils se réalisaient. L'ambition, l'amour du pouvoir, l'avarice, la vanité, la cupidité, ces passions qui dessèchent le cœur et qui grandissent en proportion des moyens de les satisfaire, opposent d'insurmontables obstacles aux progrès et à l'influence des vrais principes du christianisme, qui sont l'égalité, l'humanité, la justice! Tant qu'on ne tient pas le pouvoir, on se persuade que si on l'avait, on n'en abuserait pas; dès qu'on le possède, c'est tout le contraire. Le pauvre se figure que s'il était riche il emploierait sa richesse uniquement à faire le bien, à rendre les autres heureux ; mais l'acquisition de la fortune vient souvent tarir toutes les sources de la sympathie et de l'humanité et stimuler la passion d'acquérir une opulence encore plus grande.

(1) Il semble que l'auteur est un peu prompt à désespérer ; Dieu n'a pas encore abandonné le genre humain, et c'est une impiété de douter qu'il ne le tire du mauvais pas où il est engagé et que la question du paupérisme ne puisse être résolue avec le secours de la Providence.

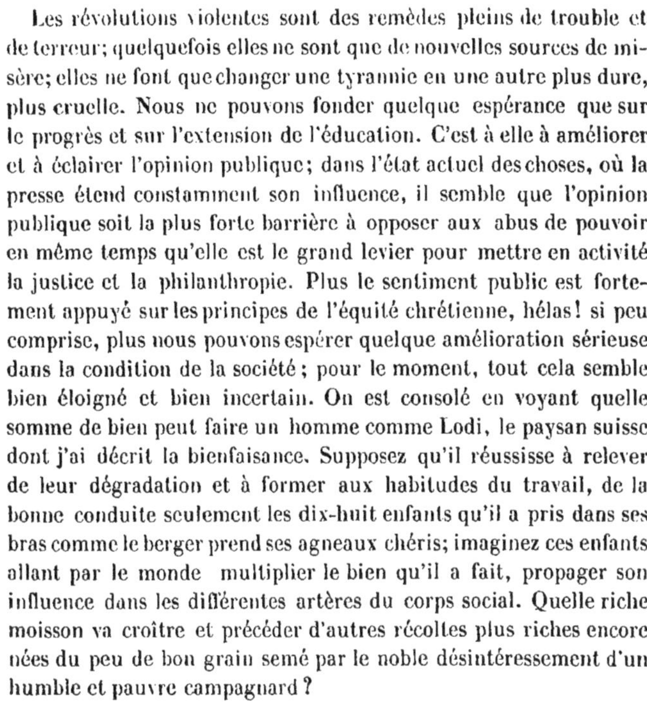

Les révolutions violentes sont des remèdes pleins de trouble et de terreur; quelquefois elles ne sont que de nouvelles sources de misère; elles ne font que changer une tyrannie en une autre plus dure, plus cruelle. Nous ne pouvons fonder quelque espérance que sur le progrès et sur l'extension de l'éducation. C'est à elle à améliorer et à éclairer l'opinion publique; dans l'état actuel des choses, où la presse étend constamment son influence, il semble que l'opinion publique soit la plus forte barrière à opposer aux abus de pouvoir en même temps qu'elle est le grand levier pour mettre en activité la justice et la philanthropie. Plus le sentiment public est fortement appuyé sur les principes de l'équité chrétienne, hélas! si peu comprise, plus nous pouvons espérer quelque amélioration sérieuse dans la condition de la société; pour le moment, tout cela semble bien éloigné et bien incertain. On est consolé en voyant quelle somme de bien peut faire un homme comme Lodi, le paysan suisse dont j'ai décrit la bienfaisance. Supposez qu'il réussisse à relever de leur dégradation et à former aux habitudes du travail, de la bonne conduite seulement les dix-huit enfants qu'il a pris dans ses bras comme le berger prend ses agneaux chéris; imaginez ces enfants allant par le monde multiplier le bien qu'il a fait, propager son influence dans les différentes artères du corps social. Quelle riche moisson va croître et précéder d'autres récoltes plus riches encore nées du peu de bon grain semé par le noble désintéressement d'un humble et pauvre campagnard?

Je crains que le lecteur ne pense que je m'écarte du devoir que m'impose le cadre de cet ouvrage, et c'est pourquoi j'abrége ces réflexions. Je ne me pardonnerais pas d'avoir vu, sans la plus profonde sympathie, le sort des classes laborieuses de l'ancien monde. Quant à présent, les cultivateurs des États-Unis ont les plus graves motifs, sans parler des devoirs de gratitude que la religion leur impose, de se féliciter des circonstances où ils sont placés. Il y a en Amérique de la terre pour tout le monde, accessible pour l'acquéreur le moins favorisé de la fortune, s'il veut travailler et qu'il joigne à son œuvre la sobriété et l'économie.

IMPORTANTES CONCLUSIONS PRATIQUES.

Je résumerai brièvement les points principaux sur lesquels je pense qu'il est utile d'appeler l'attention des cultivateurs américains et de ceux des autres pays.

1° **Drainage souterrain et labours profonds.** — Les drainages souterrains et les labours profonds sont le point de départ de toute amélioration agricole. Le système de drainage profond et de défoncement de *Deanston* ont réalisé en Angleterre d'immenses bénéfices; ils tendent à devenir la plus grande des améliorations qui puissent être introduites dans l'Agriculture. Dans les Flandres, le drainage souterrain ne paraît pas prévaloir ; mais le drainage superficiel est exécuté avec beaucoup de soin, et les labours profonds que les cultivateurs donnent à la bêche, valent mieux que le défoncement à la charrue, bien qu'ils coûtent quelquefois un peu plus cher. Enfin, dans les districts les mieux cultivés, la terre est complétement remuée et retournée à la profondeur de soixante centimètres, une fois tous les six ans.

2° **Engrais.**—Le second point qui, plus que tout autre, réclame l'attention du cultivateur, est de faire des engrais et d'en augmenter la quantité. Il est facile de reconnaître que le plus grand nombre des fermiers n'utilisent pas la moitié des ressources placées à leur portée sous ce rapport, que des moyens de créer ou de recueillir des engrais sont négligés ou gaspillés, et que la perte résultant de cette négligence représenterait une somme effrayante si on l'exprimait en argent. Dans plus d'une ferme anglaise on laisse perdre ou l'on néglige d'employer des ressources en engrais dont la valeur dépasse le revenu de la terre. Qu'il me soit permis de rappeler ici ce que j'ai dit sur l'immense valeur de la fumure liquide et sur les moyens de la recueillir, sujet que j'ai traité en détail.

3° **Parcage du bétail.** — Le troisième point à prendre en grande considération, est le parcage du bétail. Il existe de grandes pâtures qui ne peuvent être livrées à la charrue ; on peut y mettre les moutons et les jeunes bêtes d'élève, mais le cultivateur peut trouver un immense avantage à parquer ses bœufs et ses vaches en même temps que ses moutons et de la même manière. Il les nourrira à moindres frais; ils pourront être mieux surveillés et ils donneront, de l'avis des agriculteurs les plus compétents, autant ou plus en viande, en beurre et en fromage que s'ils étaient nourris suivant la méthode ordinaire. Cela doit dominer, par-dessus tout, la considération de l'accroissement extraordinaire de la masse de ses engrais solides et liquides. Après le travail, le fumier est le plus grand élément de la prospérité du cultivateur.

4° **Amélioration du bétail.** — Le quatrième objet sur lequel j'appellerai l'attention du fermier est l'amélioration de ses bestiaux. On ne peut donner trop d'éloges à l'habileté couronnée de succès que les Anglais ont déployée dans l'amélioration de leurs races de moutons, de porcs, de bêtes à cornes, et je dois ajouter de chevaux. Je ne puis pas dire que toutes ces races soient les plus convenables aux conditions économiques des États-Unis; je ne répéterai pas l'opinion que j'ai déjà exprimée à ce sujet. Les diverses races d'animaux sont appropriées à des localités particulières; mais l'étendue des États-Unis présente toutes sortes d'aspects de sols et de climats; l'Agriculture y prend différents caractères, étant dirigée tantôt vers la production des animaux de boucherie ou de travail, tantôt vers celle de la laine fine ou grossière, courte ou longue, ou bien vers l'entretien des vaches à lait. Tous ces points doivent être pris en considération dans le choix des races de bestiaux. L'espèce de Durham à courtes cornes, améliorée, se développera dans toute sa force et dans toute sa beauté sur les fertiles prairies du Kentucky et de l'Ohio et sur les riches prairies de l'ouest, tandis qu'elle deviendra misérable et presque naine sur les pâturages pierreux et stériles des États du Nord. Mais j'appelle surtout l'attention des cultivateurs de ma patrie sur l'amélioration de leurs bestiaux par le choix des reproducteurs et par des soins assidus. Ils peuvent importer avec avantage des animaux d'espèces améliorées, les croiser avec les meilleurs de la race du pays, et, par-dessus tout, choisir toujours avec soin leurs élèves et ne conserver que les meilleurs, ne jamais sacrifier pour la boucherie un veau ou un agneau de qualité supérieure, et ne jamais se contenter d'un reproducteur médiocre, sous peine de voir dégénérer leur bétail.

5° **Culture des végétaux améliorés.** — Je signalerai ensuite aux fermiers l'amélioration des végétaux cultivés et l'intro-

duction de nouvelles plantes. Je leur recommanderai avec instance les plantes fourragères, telles que les turneps, les rutabagas, les carottes, les panais et les betteraves. Outre que ces racines sont fort utiles à la santé des animaux, elles augmentent leur produit en viande et en lait et mettent le fermier à même de faire consommer ses pailles avec avantage, de ménager les fourrages les plus coûteux et d'augmenter le nombre de ses bestiaux.

L'amélioration des plantes peut marcher de front avec celle des animaux par le choix des graines les plus parfaites de chaque espèce. La belle variété d'orge nommée *orge-chevalier* et la plupart des variétés de froment d'Europe proviennent de quelques plantes individuelles choisies dans tout un champ pour être l'objet des soins de prédilection du cultivateur. Il faut surtout avoir égard à la différence de l'époque de la maturité, au rendement et à la qualité du grain.

6° Nouvelles cultures. — L'introduction de cultures nouvelles est un objet fort important. Le lin n'est pas aussi répandu aux États-Unis qu'il pourrait l'être avec avantage, surtout eu égard à la valeur de la graine pour l'engraissement du bétail. Il n'est point d'aliment qui lui soit supérieur pour engraisser les moutons et les bêtes à cornes. Je n'oserais trop conseiller la culture, dans mon pays, des plantes oléifères de Hollande et de Belgique, telles que le colza, la navette et le pavot; c'est à l'expérience à en décider. Il y a beaucoup à réfléchir et à étudier sur la betterave à sucre, en raison des facilités de fabriquer le sucre de cette plante à bas prix et de faire consommer les résidus aux bestiaux. A part la production du sucre, la valeur de la betterave est très-grande comme plante fourragère et ne peut être trop recommandée comme servant à maintenir le bétail en bon état pendant la dernière période du printemps. Peu de récoltes rapportent plus et laissent la terre en meilleur état pour une céréale.

On sème, comparativement aux États-Unis, peu de vesces, de sainfoin et de luzerne. Ces plantes sont excellentes quand on leur donne un sol convenable. La luzerne semée de bonne heure au printemps est extrêmement utile dans tout système de parcage; elle enrichit la terre tout en donnant des produits énormes. Les cultivateurs américains ont, comme fourrage d'arrière saison, la meilleure de toutes les plantes, le maïs, également utile par son fourrage et par son grain. Je puis dire avec le grand Arthur Young : « Heureuse par-dessus toutes les autres, la terre où peut croître le maïs ! » Dans les États du centre de l'Union, on pourrait, paraît-il, introduire le sainfoin avec avantage ; l'expérience a prouvé que les hivers sont trop durs pour cette plante dans les États du Nord. Le fourrage en est excellent et très-nourrissant. Les vesces donnent un abondant fourrage vert. Le seigle de la St.-Jean, dont j'ai parlé ci-dessus, peut être fauché trois fois et donner encore une bonne récolte de grains. C'est un excellent fourrage à faire consommer sur place; il en est de même du Raygrass d'Italie, qui donne plusieurs coupes très-abondantes.

J'ajoute que je serais heureux de voir aussi la culture de la vigne s'étendre dans les États de l'Union. Dans quelques parties de la France, de l'Allemagne, de la Suisse, cette plante couvre des pentes rapides, où ni charrettes ni cheval ne peuvent arriver, où l'on doit transporter le fumier, quelquefois la terre, à dos d'homme, et enlever de même les récoltes. Il ne manque pas aux États-Unis de terres pour cette culture, sans qu'on doive prendre autant de peine. Comme objet de commerce, le vin serait probablement lucratif; comme objet de luxe, on ne peut nier ses avantages. Je parle des vins légers comme ceux de France, qui ne peuvent nuire, à moins qu'on n'en boive à l'excès. Les vins forts d'Espagne et de Portugal, fabriqués par quelque procédé artificiel, sont chargés d'alcool; les vins légers de France sont le pur jus de la grappe; ils réjouissent et n'empoisonnent pas. Ils remplacent pour les classes laborieuses le thé et le café ; ils constituent un innocent allégement à leurs rudes fatigues. En voyageant dans les pays vignobles au temps des vendanges, je n'y ai pas vu d'ivrognerie; j'ajoute que je n'ai rencontré nulle part de peuple plus sobre que celui de ces départements de France.

Dans les circonstances favorables et pleines d'avenir des États-Unis, l'Agriculture doit grandir en importance pour cette contrée comme pour le reste du monde civilisé; ses grains peuvent devenir nécessaires pour nourrir l'ancien monde.

Ici se termine la tâche que j'avais entreprise, de décrire, d'après mes propres observations, l'Agriculture et l'économie rurale de l'Europe. Je recommande mon livre à l'indulgence et à la bonne foi du lecteur; c'était pour un individu isolé une trop grande besogne, telle du moins que j'aurais voulu l'accomplir. Je dois me trouver satisfait d'avoir fait de mon mieux, espérant que mes amis seront également satisfaits, sachant avec quelle sollicitude j'ai mis mes soins à ce travail. On ne devait pas s'attendre à y trouver un système complet d'Agriculture; j'ai cherché constamment à réunir les renseignements qui pouvaient avoir le plus d'utilité, et à les présenter sous une forme simple et pratique. J'ai omis des détails trop généralement connus; j'ai insisté sur ce qui m'a paru utile à développer. Quant aux opinions que j'ai exprimées sur les sujets que j'ai traités, je me borne à dire qu'elles sont *miennes*; que je suis prêt à les modifier, si des informations plus exactes m'en démontrent la nécessité, et qu'enfin mes opinions toutes personnelles ne prétendent nullement s'imposer au jugement indépendant ni au sentiment de qui que ce soit.

L'Agriculture d'Europe succombe sous des charges écrasantes qu'ignore l'Agriculture des États-Unis; fasse le Ciel qu'il en soit ainsi bien longtemps pour cette dernière! Le poids des impôts est vraiment énorme dans la plupart des pays de l'ancien monde; les classes improductives y sont trop nombreuses. D'innombrables armées permanentes; des gouvernements beaucoup trop dispendieux, et dans de larges limites, irresponsables envers les peuples; des établissements ecclésiastiques et leur personnel levant de grosses contributions sur le travail et donnant peu de chose en échange : tout cela doit vivre aux dépens du sol et du travail de celui qui le cultive. Les fermiers des États-Unis, exempts de toutes ces charges, sont réellement heureux; puissent-ils apprécier les avantages d'un partage qui n'a pas d'égal en bonheur dans le sort des conditions humaines! C'est à eux qu'on peut appliquer ce beau vers du poëte immortel :

O fortunatos nimium, si sua bona nôrint
Agricolæ!

Trois fois heureux, l'homme des champs, s'il connaissait son bonheur !

FIN.

TABLE DES MATIÈRES.

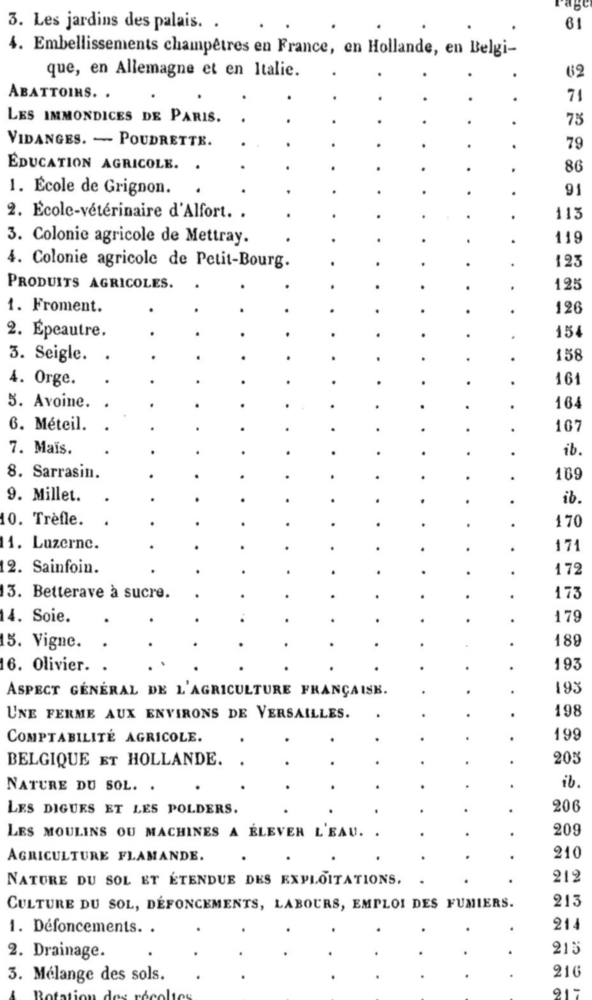

FIN DE LA TABLE.

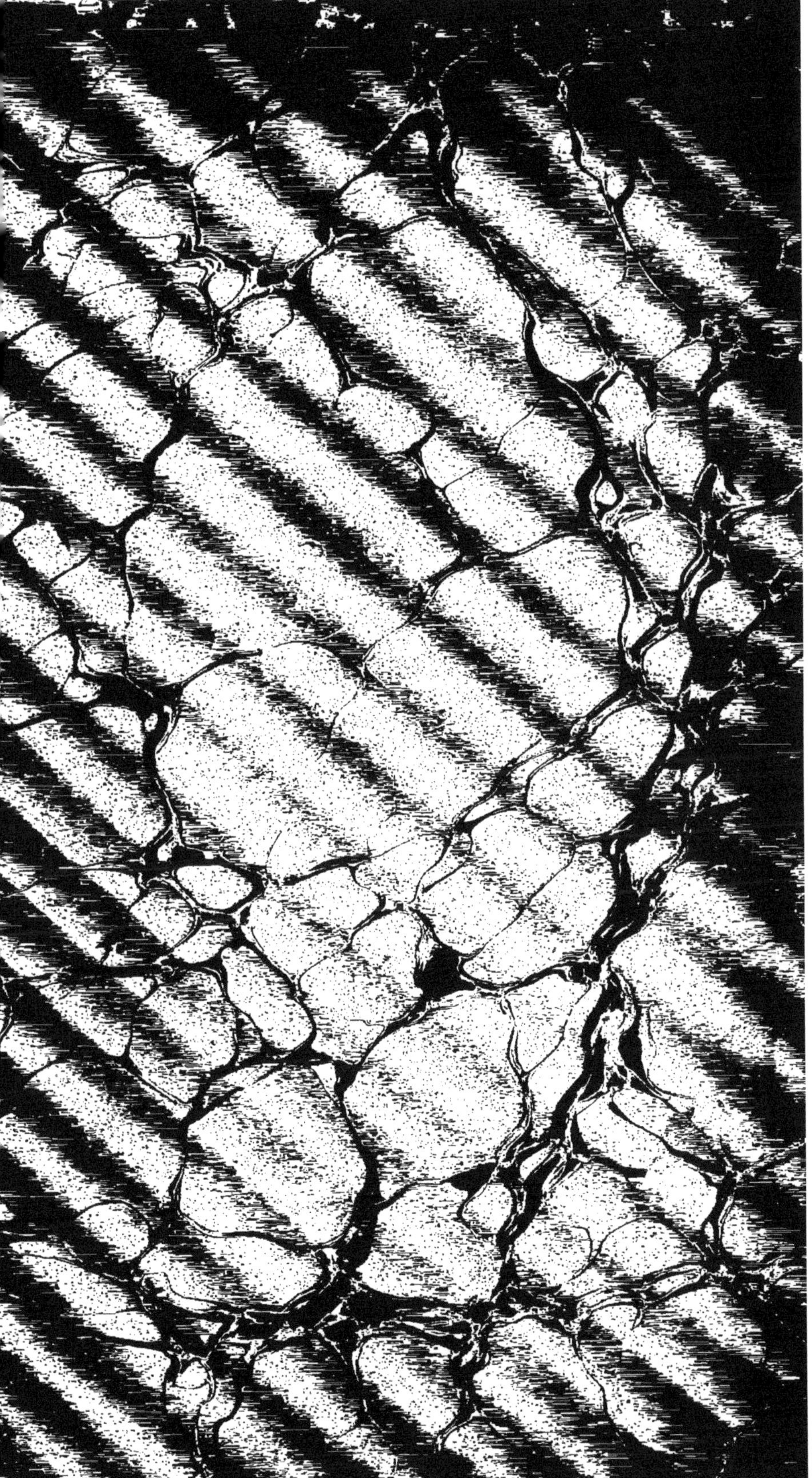

www.ingramcontent.com/pod-product-compliance
Ingram Content Group UK Ltd.
Pitfield, Milton Keynes, MK11 3LW, UK
UKHW012013240726
13965UKWH00002B/333